注册消防工程师资格考试辅导用书

消防安全技术实务模考通关试卷

2023年版

主　编　韩海云
副主编　王滨滨　张福东　杨卫国　赵　杨

中国劳动社会保障出版社

图书在版编目（CIP）数据

消防安全技术实务模考通关试卷：2023年版/注册消防工程师资格考试辅导用书编委会编．--北京：中国劳动社会保障出版社，2023

注册消防工程师资格考试辅导用书

ISBN 978-7-5167-5917-2

Ⅰ.①消⋯　Ⅱ.①注⋯　Ⅲ.①消防-安全技术-资格考试-习题集　Ⅳ.① TU998.1-44

中国国家版本馆 CIP 数据核字（2023）第 085007 号

中国劳动社会保障出版社出版发行

（北京市惠新东街 1 号　邮政编码：100029）

*

三河市潮河印业有限公司印刷装订　　新华书店经销

787 毫米 ×1092 毫米　16 开本　13.5 印张　301 千字

2023 年 5 月第 1 版　2023 年 5 月第 1 次印刷

定价：50.00 元

营销中心电话：400-606-6496　（010）64962347

中国人事考试图书网址：https://rsks.class.com.cn

版权专有　　侵权必究

如有印装差错，请与本社联系调换：（010）81211666

我社将与版权执法机关配合，大力打击盗印、销售和使用盗版图书活动，敬请广大读者协助举报，经查实将给予举报者奖励。

举报电话：（010）64954652

前　言

为满足应试人员全方位备考需求，准确理解注册消防工程师资格考试大纲和教材，更好地开展复习备考，我们特邀长期从事消防实践工作和教学研究的专家，对考试大纲和教材进行深入分析，对历年考试情况进行认真研判，结合注册消防工程师资格考试规律，组织编写了"注册消防工程师资格考试辅导用书"。

本套辅导用书围绕消防安全技术实务、消防安全技术综合能力和消防安全案例分析三个考试科目，分别开发了历年真题试卷、模考通关试卷、考前冲刺试卷三个系列、九种图书。本套辅导用书坚持以考试大纲为指导，以国家消防技术标准规范为依据，以历年考试重点、难点为基础，以满足不同层次读者在不同学习阶段的不同学习需求为出发点进行编写。

历年真题试卷在系统收录2015—2022年8套考题的基础上，结合消防技术标准规范更新情况，替换少量自编题，真实体现历年考试难度，其中两套考试真题读者可扫描目录页二维码领取。

模考通关试卷旨在满足应试人员模拟考试环境、进行考前练兵的需求，通过提供专家精心命题、规范组卷的5套高质量仿真试题，覆盖考点、模拟实战，尤其适合考前一个月突击检查。

考前冲刺试卷收录了一套纸质试卷和一套电子试卷，后者可通过关注"火焰蓝消防课堂"微信公众号后领取。

上述三个系列均提供了试题的参考答案及解析。

需要特别说明的是，本套辅导用书的内容如有与新颁行国家消防技术标准规范不一致之处，应以新颁行国家消防技术标准规范为准。

由于编者水平所限，书中难免存在不足，恳请读者批评指正。

有关本套辅导用书的意见和建议，欢迎各位读者及时通过微信公众号"火焰蓝消防课堂"和QQ群号"812367680"反映。我们也会将相关增补内容及时在上述微信公众号和QQ群中公布。

目 录

消防安全技术实务模考通关试卷（一） ……………………………………………… 1

消防安全技术实务模考通关试卷（二） ……………………………………………… 20

消防安全技术实务模考通关试卷（三） ……………………………………………… 39

消防安全技术实务模考通关试卷（四） ……………………………………………… 57

消防安全技术实务模考通关试卷（五） ……………………………………………… 78

消防安全技术实务模考通关试卷（一）参考答案及解析 …………………………… 98

消防安全技术实务模考通关试卷（二）参考答案及解析 …………………………… 120

消防安全技术实务模考通关试卷（三）参考答案及解析 …………………………… 143

消防安全技术实务模考通关试卷（四）参考答案及解析 …………………………… 163

消防安全技术实务模考通关试卷（五）参考答案及解析 …………………………… 185

后记 ……………………………………………………………………………………… 209

消防安全技术实务
模考通关试卷（一）

一、单项选择题（共 80 题，每题 1 分。每题的备选项中，只有 1 个最符合题意）

1. 在建筑火灾全面发展的后期，室内可燃物减少，燃烧速度减慢，温度逐渐下降，当降到火场温度最大值的（   ），火灾进入衰减阶段。
   A. 80%
   B. 70%
   C. 60%
   D. 50%

2. 爆炸极限是评定气体生产、储存场所火险类别的根据，也是选择电气防爆形式的根据。生产、储存爆炸下限大于或等于（   ）的可燃气体的工业场所，可选用任一防爆型电气设备。
   A. 3%
   B. 5%
   C. 8%
   D. 10%

3. 下列物质中，遇水反应且释放可燃气体的易燃固体是（   ）。
   A. 硝化纤维
   B. 硫黄
   C. 金属钠
   D. 白磷

4. 某 2 层木材家具制造厂，每层建筑面积为 1 800 m^2，该厂房一层内油漆喷涂工段建筑面积为 150 m^2，与厂房其他区域进行了防火分隔。该厂房的火灾危险性分类为（   ）。
   A. 甲类
   B. 乙类
   C. 丙类
   D. 丁类

5. 某影剧院共地上 3 层，总座位数 1 600 人，室外设计地面至三层屋面面层的高度为

24 m。屋面上设置有水箱间、电梯机房、风机机房、咖啡厅等功能用房，功能用房的最高高度为 5 m，总建筑面积为 800 m²，该影剧院的建筑分类为（　　）。

A. 低层公共建筑

B. 多层公共建筑

C. 二类高层公共建筑

D. 一类高层公共建筑

6. D 级建筑材料及制品燃烧性能等级应给出的附加信息包括（　　）。

A. 烟熏特性等级

B. 烟气毒性等级

C. 温升特性等级

D. 燃烧滴落物/微粒等级

7. 某建筑高度为 54 m 的公寓，每户内房间之间隔墙的耐火极限至少应为（　　）h。

A. 1.50

B. 0.50

C. 0.75

D. 1.00

8. 某高层建筑内设置一台充可燃油的高压电容器，拟采用水喷雾灭火系统保护，下列关于水雾喷头的选型要求正确的是（　　）。

A. 离心雾化型水雾喷头

B. 撞击型水雾喷头

C. 柱状过滤网 + 撞击型水雾喷头

D. 柱状过滤网 + 离心雾化型水雾喷头

9. 下列装修材料中，可作为 A 级装修材料使用的是（　　）。

A. 直接粘贴在金属复合板上的单位面积质量为 250 g 的布质壁纸

B. 施涂于石膏板上的无机装修涂料

C. 施涂于纤维石膏板上，湿涂覆比为 1 kg/m²，且涂层干膜厚度为 0.8 mm 的有机装修涂料

D. 直接粘贴在玻镁板上的单位面积质量为 250 g 的纸质壁纸

10. 某加油站设置有 1 个容积为 50 m³ 的 93# 汽油罐，1 个容积为 50 m³ 的 95# 汽油罐，1 个容积为 30 m³ 的 97# 汽油罐，1 个容积为 50 m³ 的 0# 柴油罐，1 个容积为 30 m³ 的 –10# 柴油罐，站内设有加油机和油气回收处理装置。按照《汽车加油加气加氢站技术标准》，该加油站选址不恰当的是（　　）。

A. 位于城市中心的商业区

B. 距离重要公共建筑 35 m

C. 距离明火地点 25 m

D. 距离散发火花地点 21 m

11. 某建筑高度为 25 m 的 5 层工业厂房，设有室内消火栓系统，因该厂房最有利点室内消火栓的栓口动压力大于（　　）MPa，需要设置减压装置。

　　A. 0.70

　　B. 0.50

　　C. 0.35

　　D. 0.25

12. 关于电气线路敷设的说法，错误的是（　　）。

　　A. 敷设电气线路时应避开炉灶、烟囱等高温部位

　　B. 室内明敷的电气线路，在有可燃物的吊顶或难燃性、可燃性墙体内敷设的电气线路，应具有相应的防火性能或防火保护措施

　　C. 室外电缆沟或电缆隧道在进入建筑、工程或变电站处，防火分隔部位的耐火极限不应低于 1.50 h，门应采用甲级防火门

　　D. 电气线路敷不应直接敷设在可燃物上

13. 某地下人防工程一层改建为电影院，设置有集中火灾自动报警系统和自动喷水灭火系统，采用不燃材料装修，根据《人民防空工程设计防火规范》的规定，该电影院一个防火分区的允许最大建筑面积为（　　）m^2。

　　A. 1 000

　　B. 1 200

　　C. 1 500

　　D. 2 000

14. 某乡镇新建粮食仓库，仓库室外消火栓的设计流量为 50 L/s，每个室外消火栓设计出流量为 15 L/s，距离该仓库 30 m 内有 2 个市政消火栓为 DN150，流量为 15 L/s，市政给水管网为枝状。根据以上情况，该粮食仓库的室外消火栓数量至少为（　　）个。

　　A. 2

　　B. 3

　　C. 4

　　D. 5

15. 某建筑高度为 40 m 的地上 8 层办公楼，建筑面积为 12 000 m^2，设有火灾自动报警系统和室内外消火栓系统等自动消防设施。若火灾自动报警系统故障停用，则室内消火栓系统的消防泵无法由（　　）直接启动。

　　A. 消火栓按钮

　　B. 出水干管上设置的低压压力开关

　　C. 高位消防水箱出水管上设置的流量开关

　　D. 报警阀压力开关

16. 关于二类高层民用建筑消防用电负荷供电说法错误的是（　　）。

A. 消防用电负荷可采用 1 回 10 kV 的专用回路和自备燃油发电机组供电

B. 消防用电负荷可由 1 个 35 kV 变电所的两回专用 10 kV 架空线路供电

C. 在负荷较小时，消防用电负荷可以采用 1 回 6 kV 及以上专用的架空线路

D. 至少需要设置 1 台消防专用变压器来保证建筑的消防用电的可靠性

17. 某工业厂房配电电缆，要选用能阻燃又能耐火的电缆，下列类型符合要求的是（　　）。

A. B_1 级阻燃电缆

B. 交联聚乙烯电缆

C. 有机耐火电缆

D. 矿物绝缘电缆

18. 某省级防灾调度指挥中心内设置的通信机房和控制室，拟采用闭式细水雾灭火系统进行保护，室内环境最高温度为 33 ℃，则闭式细水雾灭火系统应优先选择的喷头类型是（　　）。

A. 公称动作温度为 57 ℃，RTI 值为 50（m·s）$^{0.5}$

B. 公称动作温度为 68 ℃，RTI 值为 80（m·s）$^{0.5}$

C. 公称动作温度为 57 ℃，RTI 值为 80（m·s）$^{0.5}$

D. 公称动作温度为 68 ℃，RTI 值为 50（m·s）$^{0.5}$

19. 下列组件中，不属于干粉灭火系统储存装置的是（　　）。

A. 容器阀

B. 减压阀

C. 选择阀

D. 瓶头阀

20. 某工厂车间使用人工煤气作为燃料，关于车间内可燃气体探测器的选型和设置，错误的是（　　）。

A. 探测器采用氢气敏感型人工煤气可燃气体探测器

B. 探测器采用一氧化碳敏感型人工煤气可燃气体探测器

C. 探测器设置在车间靠近地面处

D. 探测器设置在车间靠近顶棚处

21. 某博物馆设有全淹没式 IG541 灭火系统，关于防护区灭火设计用量说法错误的是（　　）。

A. 相同条件下，该博物馆所处位置的海拔越高，所需的灭火剂储存量越小

B. 相同条件下，该博物馆的净容积越大，所需的灭火剂储存量越大

C. 相同条件下，该博物馆的最低环境温度越高，所需的灭火剂储存量越大

D. 相同条件下，该博物馆气体灭火系统的设计浓度越高，所需的灭火器储存量越大

22. 下列新建筑采用临时高压消防给水系统，关于高位消防水箱设置说法正确的

是（　　）。

　　A. 建筑面积为 20 000 m²，建筑高度为 24 m 的 3 层博物馆，不设置高位消防水箱

　　B. 建筑面积为 15 000 m²，建筑高度为 15 m 的单层体育馆，不设置高位消防水箱

　　C. 建筑面积为 15 000 m² 的 2 层丙类厂房，不设置高位消防水箱

　　D. 建筑面积为 9 600 m²，建筑高度为 30 m 的 10 层住宅，不设置高位消防水箱

23. 某医院有甲、乙两座住院楼，甲楼为 6 层，乙楼为 16 层。甲楼消火栓消防用水设计流量为 15 L/s，自动喷水灭火系统设计流量为 25 L/s，乙楼消防用水设计流量为 30 L/s，自动喷水灭火系统设计流量为 50 L/s，两座住院楼共用消防给水系统，该系统一起火灾的消防用水设计流量至少应为（　　）L/s。

　　A. 40

　　B. 45

　　C. 75

　　D. 80

24. 某大型商业综合体在其内设有集中控制型应急照明和疏散指示系统，其灯具配电回路设计错误的是（　　）。

　　A. 地下一层每两个防火分区的灯具共用同一配电回路

　　B. 防烟楼梯间前室及合用前室内设置的灯具由前室所在楼层的配电回路供电

　　C. 自备发电机房灯具单独设置配电回路

　　D. 避难层和避难层连接的下行楼梯间单独设置配电回路

25. 下列关于厂房内供暖系统设置说法正确的是（　　）。

　　A. 面粉加工厂房内采用明火

　　B. 甲类厂房采用燃气红外线辐射供暖

　　C. 生产过程中散发可燃蒸气的厂房采用不循环使用的热风供暖

　　D. 生产过程中散发的粉尘受到水、水蒸气的作用能引起爆炸的厂房采用循环使用的热风供暖

26. 新建一座地下一层汽车库，汽车库室内地面与室外出入口地坪的高差为 5 m，停车数设计为 150 辆，建筑面积为 4 000 m²，汽车库设计有符合防火规范要求的消防设施，以下关于汽车库安全疏散设计符合防火要求的是（　　）。

　　A. 汽车库的人员安全出口和汽车疏散出口采用共用设计

　　B. 汽车库的人员疏散楼梯间采用封闭楼梯间，楼梯间采用乙级防火门，疏散楼梯宽度设计为 1 m

　　C. 汽车库室内任一点至最近人员安全出口的最远疏散距离为 50 m

　　D. 汽车库设有双车道汽车疏散出口 1 个，车道宽度 5 m

27. 某单层展览厅，耐火等级为一级，建筑面积为 20 000 m²，展览厅采用不燃或难燃装修材料，该展览厅每个防火分区的最大允许建筑面积为（　　）m²。

A. 2 500
B. 10 000
C. 5 000
D. 4 000

28. 某发电厂要在 6 kV 以上的配电线路上敷设测温式电气火灾探测器，下列电气火灾探测器类型中符合要求的是（　　）。
    A. 热敏电阻式
    B. 缆式
    C. 光栅光纤式
    D. 空气管式

29. 某建筑高度为 23.5 m 的商场，地上 5 层，建筑面积为 36 000 m^2，商场设有格栅吊顶，吊顶的通透面积占吊顶总面积的 71%。该商场设有湿式自动喷水灭火系统，系统配水支管布置在梁下。喷头布置间距为 3 m，则喷头溅水盘与吊顶上表面的最小距离应为（　　）mm。
    A. 450
    B. 600
    C. 750
    D. 900

30. 下列地下民用建筑或场所中，墙面可以采用 B$_1$ 级装修材料的是（　　）。
    A. 观众厅
    B. 宾馆的客房
    C. 大学实验室
    D. 歌舞厅

31. 下列建筑或场所中，按中危险级配置灭火器的是（　　）。
    A. 煤粉厂房和面粉厂房的碾磨部位
    B. 樟脑或松香提炼厂房、焦化厂精萘厂房
    C. 酒精度为 60 度以上的白酒库房
    D. 油浸变压器室和高、低压配电室

32. 某大型商场设有自带电源集中控制型消防应急照明和疏散指示系统，在一层的某防火分区需要设置 440 个 A 型消防灯具和一个消防应急照明配电箱，则该防火分区的消防应急照明配电箱内灯具供电回路为（　　）路。
    A. 6
    B. 7
    C. 8
    D. 9

33. 根据火灾风险源分析原理，下列设备、设施中属于主动防火的是（　　）。
   A. 消防电梯
   B. 防火间距
   C. 防火分区
   D. 疏散走道

34. 下列场所消防车道的设置方案中，错误的是（　　）。
   A. 建筑高度为 55 m 的公寓，设置的消防车道的坡度为 7%
   B. 建筑高度为 24 m 的 4 层中药材仓库，长 70 m、宽 30 m，沿建筑的两个长边设置尽头式消防车道，回车场的尺寸为 10 m×10 m
   C. 河道边临空建造的高度为 25 m 的 3 层剧场，沿建筑的一个长边设置消防车道
   D. 建筑高度为 54 m 的住宅，沿建筑的一个长边设置消防车道

35. 下列场所中，应设置室内消火栓系统的是（　　）。
   A. 建筑占地面积为 200 m² 的甲类仓库
   B. 建筑高度为 30 m 的 10 层住宅
   C. 建筑高度为 10 m 的 3 层商场
   D. 建筑体积为 3 000 m³ 的汽车车站

36. 某独立建造的地下 1 层商店营业厅总建筑面积为 2 000 m²，设有自动喷水灭火系统和火灾自动报警系统，该营业厅的下列装修做法中，错误的是（　　）。
   A. 营业厅内隔断装修材料的燃烧性能等级为 B_1 级
   B. 营业厅内固定柜台装修材料的燃烧性能等级为 B_1 级
   C. 营业厅地上门厅墙面装修材料的燃烧性能等级为 B_1 级
   D. 营业厅地上附属休息室地面装修材料的燃烧性能等级为 B_2 级

37. 下列关于防火分区内手动火灾报警按钮的设置，说法正确的是（　　）。
   A. 防火分区内任何位置到最邻近的手动火灾报警按钮的步行距离不应大于 25 m
   B. 防火分区内任何位置到最邻近的手动火灾报警按钮的步行距离不应大于 30 m
   C. 防火分区内任何位置到最邻近的手动火灾报警按钮的直线距离不应大于 25 m
   D. 防火分区内任何位置到最邻近的手动火灾报警按钮的直线距离不应大于 30 m

38. 关于吸气式感烟火灾探测器，下列说法正确的是（　　）。
   A. 按使用方式可分为独立式和系统式
   B. 按其响应阈值范围可分为普通型和灵敏型
   C. 按其功能构成方式可分为探测型和报警型
   D. 按其采样方式可分为管路采样式和点型采样式

39. 某 4 层的商场内部中间设有一中庭，面积为 200 m²，净空高度为 22 m，中庭周围场所不需设置排烟系统，采用机械排烟设施，该中庭的计算排烟量至少应为（　　）m³/h。
   A. 15 000

B. 107 000

C. 40 000

D. 14 400

40. 某配电室设有一套组合分配式 IG541 气体灭火系统，输送灭火气体的主管道管径为 DN75，且管道安装环境腐蚀性较大。下列关于此主管道的选材及连接方式说法正确的是（   ）。

A. 主管道宜采用不锈钢管，宜采用螺纹连接

B. 主管道宜采用铜管，宜采用螺纹连接

C. 主管道宜采用不锈钢管，宜采用法兰连接

D. 主管道宜采用铜管，宜采用法兰连接

41. 下列可燃液体储罐类型中，可以选用泡沫炮作为主要灭火设施的是（   ）。

A. 非水溶性液体外浮顶储罐

B. 非水溶性液体内浮顶储罐

C. 水溶性液体立式储罐

D. 直径为 18 m 的固定顶储罐

42. 对石油库储存液化烃、易燃和可燃液体的火灾危险性分类描述正确的是（   ）。

A. $28 \leqslant$ 特征或液体闪点 $F_t < 45$ 是甲$_B$类

B. $45 \leqslant$ 特征或液体闪点 $F_t < 60$ 是乙$_B$类

C. 特征或液体闪点 $F_t < 28$ 是甲$_A$类

D. 操作温度超过其闪点的丙$_B$类液体应视为乙$_A$类液体

43. 下列火灾类型中，不适合采用干粉灭火系统进行扑救的是（   ）。

A. 灭火前可切断气源的气体火灾

B. 可熔化固体火灾

C. 可燃固体表面火灾

D. 活泼金属火灾

44. 某飞机制造公司中飞机发动机试验台的试车部位应设置的灭火系统类型为（   ）。

A. 泡沫灭火系统

B. 雨淋自动喷水灭火系统

C. 干粉灭火系统

D. 水喷雾灭火系统

45. 某档案室的室内未设吊顶和架空地板，采用悬挂式七氟丙烷气体灭火装置进行保护。下列部件中，不属于该档案室悬挂式七氟丙烷气体灭火装置组成部分的是（   ）。

A. 灭火剂储存容器

B. 集流管

C. 启动组件

D. 释放组件

46. 某二硫化碳仓库的下列防火措施中，正确的是（　　）。

A. 空桶及实桶露天堆放

B. 库房温度保持在 5～20 ℃之间

C. 桶装库房通风窗设在顶部

D. 库房采暖介质的设计温度为 120 ℃时，不需要对采暖设备采取隔离措施

47. 某厂内 10 kV 室内变电站，为该厂区内的 1 座甲类厂房供电，变电站和厂房均为单层，耐火等级均为一级，该厂区变电站的布置方案正确的是（　　）。

A. 变电站与甲类厂房一面贴邻，采用带防火窗的防火墙分隔

B. 变电站设置在有粉尘环境的区域内

C. 变电站设置在甲类厂房内，靠外墙设置

D. 变电站独立建造时，与甲类厂房的防火间距为 30 m

48. 在集中电源型消防应急照明和疏散指示系统中，下列关于集中电源说法错误的是（　　）。

A. 集中控制型系统中，集中设置的集中电源应由消防电源的专用应急回路供电

B. 灯具的主电源和蓄电池电源由集中电源采用两条回路提供

C. 集中电源应设置在消防控制室、低压配电室、配电间内或电气竖井内

D. 非集中控制型系统中，集中设置的集中电源应由正常照明线路供电

49. 下列防爆措施中不属于减轻性技术措施的是（　　）。

A. 设置泄压面

B. 加强通风除尘

C. 平面布置合理

D. 加强建筑结构主体的强度

50. 某电子设备室设置了高压二氧化碳气体灭火系统，下面关于二氧化碳灭火系统设置要求的说法，错误的是（　　）。

A. 二氧化碳灭火系统应设有自动控制、手动控制和机械应急操作三种启动方式

B. 自动控制应在接到两个独立的火灾报警信号后启动

C. 设有火灾自动报警系统的场所，二氧化碳灭火系统的动作信号及相关警报信号、工作状态和控制状态均应能在火灾报警控制器上显示

D. 防护区的门不可以从防护区内打开

51. 某建筑面积为 550 m² 的电影摄影棚设置了雨淋自动喷水灭火系统，采用火灾自动报警系统控制雨淋报警阀，发生火灾时，可直接控制雨淋泵连锁启动的是（　　）。

A. 配水管道上的水流指示器

B. 雨淋阀组上的电磁阀

C. 雨淋阀组上的压力开关

D. 保护区域内一只手动火灾报警按钮和一只感温火灾探测器的报警信息

52. 某大型车库内防火分区的防火墙上局部设有开口，当开口采用水幕系统进行防火分隔时，水幕系统的喷水强度应为（　　）L/（s·m）。

A. 1

B. 2

C. 3

D. 4

53. 某地铁地下两层地下站与站厅之间设置两组楼梯、自动扶梯，火灾时兼作疏散用的自动扶梯，设置错误的是（　　）。

A. 按一级负荷供电

B. 采用不燃材料制造

C. 平时采用双向运行

D. 在事故发生时继续保持运行

54. 某仓库储存 A 类和 B 类可燃物品，拟采用高倍数泡沫局部应用灭火系统进行保护，下列关于该系统的要求描述正确的是（　　）。

A. 覆盖 A 类火灾保护对象最高点的厚度不应小于 0.5 m

B. 对于汽油，覆盖起火部位的厚度不应小于 2 m

C. 达到规定覆盖厚度的时间不应大于 20 min

D. 泡沫混合液连续供给时间不应小于 10 min

55. 某市有三家加工企业厂房，第一家厂房物料火灾危险性为甲类，第二家厂房物料火灾危险性为乙类，第三家厂房物料火灾危险性为丙类且存在易燃粉尘，关于这三家厂房通风系统设置正确的是（　　）。

A. 甲类厂房内的空气可循环使用

B. 乙类厂房内的空气可循环使用

C. 为甲、乙类厂房服务的送风设备与排风设备可布置同一通风机房内

D. 丙类厂房空气在循环使用前经净化处理并使空气中的含尘浓度低于其爆炸下限的 25%

56. 某建筑高度为 50 m 的商业综合体，地下 3 层，设有自动喷水灭火系统和火灾自动报警系统。该商业综合体内设有柴油发电机房，柴油发电机房的下列防火分隔措施中，正确的是（　　）。

A. 柴油发电机房布置在地下三层

B. 柴油发电机房布置在地下一层，采用耐火极限 2.00 h 的防火隔墙和 1.50 h 的不燃性楼板与其他部位分隔，门应采用乙级防火门

C. 柴油发电机房总储存量为 1 m³ 的储油间，采用耐火极限为 3.00 h 的防火隔墙与发

电机间分隔

D. 柴油发电机房无须设自动喷水灭火系统

57. 某一类高层建筑，其 1# 配电室作为一个气体灭火防护区，内设有四台预制式七氟丙烷气体灭火系统和火灾探测器，气体灭火控制器直接连接火灾探测器，处于自动控制状态。下列关于其联动控制，说法错误的是（　　）。

A. 四台预制式七氟丙烷气体灭火系统动作响应时差不应大于 2 s
B. 任意两只火灾探测器报警后，启动气体灭火系统
C. 气体灭火控制器，可设定不大于 30 s 的延迟喷射时间
D. 配电室内火灾探测器报警信号应能反馈至消防控制室

58. 某写字楼 2 层划分为 2 个防火分区，防火分区 1 的建筑面积为 2 500 m²，防火分区 2 的建筑面积为 1 000 m²，防火分区 2 利用通向防火分区 1 的甲级防火门作为安全出口，下列关于该写字楼防火分隔和疏散设施设置错误的是（　　）。

A. 防火分区 1 和防火分区 2 之间用防火墙分隔
B. 防火分区 1 设有 2 个直通室外的安全出口
C. 防火分区 1 和防火分区 2 之间的防火墙上设宽度为 9 m 的防火卷帘
D. 防火分区 2 设有 1 个直通室外的安全出口

59. 某酒店设有消防控制室、厨房操作间、消防水泵房、餐厅等，各部位装修材料燃烧性能不符合要求的是（　　）。

A. 消防水泵房地面材料的燃烧性能等级为 A 级
B. 消防控制室地面装修材料的燃烧性能等级为 B_1 级
C. 厨房地面的材料的燃烧性能等级为 B_1 级
D. 餐厅墙面装饰材料的燃烧性能等级为 A 级

60. 某大型商业综合体中设置了 3 个独立的功能区，关于该商业综合体消防控制室设置和功能错误的是（　　）。

A. 该综合体可以只设 1 个消防控制室
B. 该综合体若设 3 个消防控制室，则需确定一个主消防控制室
C. 若有多个消防控制室，主消防控制室应能控制所有消防设备
D. 若设 3 个消防控制室，分消防控制室之间可显示设备的运行状态信息

61. 高压钠灯的额定功率只要大于（　　）W，不应直接安装在可燃物体上或采取其他防火措施。

A. 25
B. 60
C. 200
D. 100

62. 某商业建筑室内步行街两侧的防火玻璃墙采用防护冷却系统进行保护，喷头设置

高度为 6 m，则该系统的喷水强度至少应为（　　）L/（s·m）。

A. 0.5

B. 0.7

C. 0.9

D. 1

63. 某电影制片厂设有一个 1 000 m² 的电影摄影棚，内部设置的自动喷水灭火系统应采用（　　）。

A. 雨淋系统

B. 湿式系统

C. 干式系统

D. 预作用系统

64. 某 3 层陶瓷制品烘干厂房，该厂房使用的燃料油闪点为 68 ℃，该厂房的耐火等级至少应为（　　）。

A. 二级

B. 一级

C. 三级

D. 四级

65. 某建筑面积为 30 000 m² 的 4 层商场采用临时高压消防给水系统，消防水泵采用电动机驱动的消防水泵，水泵设计工作压力为 0.9 MPa，设计流量为 20 L/s，以下选择的消防水泵符合要求的是（　　）。

A. 选择电动机干式安装的消防水泵

B. 消防水泵零流量时的压力应为 1.08 ~ 1.44 MPa

C. 消防水泵所配驱动器的功率满足所选水泵流量扬程性能曲线上 80% 流量区间运行所需功率的要求

D. 当出流量为 30 L/s 时，其出口压力为 0.5 MPa

66. 某石化企业办公楼拟配置灭火器，其中不适合的灭火器类型是（　　）。

A. 磷酸铵盐干粉灭火器

B. 碳酸氢钠干粉灭火器

C. 泡沫灭火器

D. 水型灭火器

67. 某地铁车辆基地的设备用房与相邻房间的防火分隔设置，正确的是（　　）。

A. 车站（车辆基地）控制室采用耐火极限不低于 2.00 h 的防火隔墙和耐火极限不低于 1.50 h 的楼板与其他部位分隔

B. 变电所采用耐火极限不低于 1.50 h 的防火隔墙和耐火极限不低于 2.00 h 的楼板与其他部位分隔

C. 通信及信号机房采用耐火极限不低于1.50 h的防火隔墙和耐火极限不低于1.50 h的楼板与其他部位分隔

D. 消防水泵房与废水泵房合建，且采用耐火极限不低于2.00 h的防火隔墙和耐火极限不低于2.00 h的楼板与其他部位分隔

68. 下列建筑中，应设置消防电梯的是（　　）。

A. 建筑高度为33 m，建筑面积为1 800 m² 的住宅建筑

B. 建筑高度为32 m，建筑面积为3 000 m² 的综合体

C. 某综合楼，五、六层为总建筑面积为3 100 m² 的老年人照料设施

D. 某埋深大于10 m，建筑面积为2 500 m² 的独立建造的地下商场

69. 某建筑高度为26 m的地上4层制鞋厂房，长80 m，宽40 m，耐火等级为一级。该厂房下列灭火救援设施设置正确的是（　　）。

A. 消防车登高操作场地的长和宽分别为80 m和10 m

B. 消防车登高操作场地间隔布置，间距为35 m

C. 每层设置3个供消防救援人员进入的窗口

D. 供消防救援人员进入的窗口的下沿距室内地面1.5 m

70. 某建筑总高度为33 m的住宅，住宅各单元每层的建筑面积均为650 m²。关于该建筑住宅部分疏散设施设置说法错误的是（　　）。

A. 任一户门至最近安全出口的距离为15 m时，每个单元每层的安全出口设2个

B. 户门采用乙级防火门，疏散楼梯间采用敞开楼梯间

C. 疏散楼梯的净宽度不应小于1 m

D. 任一户门至最近疏散楼梯间入口的距离不大于10 m时，住宅单元可采用剪刀楼梯间

71. 某变电站的油浸式电力变压器采用水喷雾灭火系统进行保护，则该系统持续供给时间至少应为（　　）h。

A. 0.4

B. 1.0

C. 0.5

D. 1.5

72. 某高层宾馆，其中地上一层的某防烟分区采用机械排烟设施，下列关于其排烟口设置做法错误的是（　　）。

A. 排烟口均设置在靠近顶棚的墙面上

B. 排烟口与附近安全出口相邻边缘之间的水平距离为1 m

C. 防烟分区内任一点与最近的排烟口之间的水平距离为25 m

D. 吊顶与其排烟口最近边缘的距离为0.2 m

73. 关于消防控制室对机械加压送风系统的控制及其显示功能的说法，错误的是（　　）。

A. 消防控制室内应能直接手动远程控制加压送风机的启动

B. 消防控制室内应能显示楼梯间所有送风口的动作信号

C. 消防控制室内应能手动控制常闭式送风口的开启

D. 消防控制室内应能显示送风机的电源工作状态

74. 某建筑高度为 64 m 的商业综合体，地下 2 层，地上 15 层，设有火灾自动报警系统、机械排烟系统等自动消防设施。各层根据面积大小划分为 2~4 个防火分区。下列关于机械排烟系统设置说法正确的是（　　）。

A. 每层可以设置一套机械排烟系统

B. 该建筑地上部分的机械排烟系统可不分段独立设置

C. 为了增强排烟效果，采用机械排烟的防烟分区内可设置可开启外窗自然排烟

D. 机械排烟系统的竖向管道不得采用土建风道

75. 某建筑高度为 25 m 的 2 层轮船客运站候船室，建筑面积为 15 000 m^2，设有自动喷水灭火系统和火灾自动报警系统。候船室内的墙面可采用的装修材料是（　　）。

A. 木质人造板

B. 聚酯装饰板

C. 难燃胶合板

D. 无纺贴墙布

76. 下列建筑或场所中，可不设置消防水泵接合器的是（　　）。

A. 耐火等级为一级、建筑层数为 4 层的酚醛泡沫加工厂房

B. 耐火等级为二级、建筑层数为 5 层的钢铁热轧厂房

C. 耐火等级为二级、建筑层数为 6 层的教学楼

D. 耐火等级为二级、建筑面积为 15 000 m^2 的地下车库

77. 某地区拟建设一条城市交通隧道，长度 3 200 m，按照建筑防火规范要求，隧道拟采用纵向排烟方式，以下关于该隧道采用的机械排烟方式描述，错误的是（　　）。

A. 隧道的机械排烟系统与通风系统合用，通风系统设计为在火灾时能够快速转换为排烟模式

B. 排烟风速纵向气流的速度为 3 m/s

C. 烟气流经的风阀、消声器、软接等辅助设备，设计为能承受隧道火灾烟气排放温度，并能在 250 ℃下连续正常运行不小于 0.5 h

D. 隧道内用于火灾排烟的射流风机，采用一用一备

78. 预作用系统报警阀组的控制方式不包括（　　）。

A. 自动控制

B. 消防控制室（盘）远程控制

C. 仅由喷头启动控制

D. 现场手动应急操作

79. 某博物馆陈列室拟采用热气溶胶预制灭火系统进行保护，单台热气溶胶预制灭火系统装置的保护容积不应大于（　　）m³。

A. 40

B. 80

C. 120

D. 160

80. 按敏感部件形式分类，线型感温火灾探测器不包括（　　）。

A. 缆式

B. 空气管式

C. 分布式光纤

D. 采样管式

二、多项选择题（共20题，每题2分。每题的备选项中，有2个或2个以上符合题意，至少有1个错项。错选，本题不得分；少选，所选的每个选项得0.5分）

81. 下列关于机械排烟系统控制说法正确的有（　　）。

A. 机械排烟系统中的常闭排烟阀或排烟口应具有火灾自动报警系统自动、消防控制室手动和现场手动三种开启功能

B. 当火灾确认后，火灾自动报警系统应在15 s内联动开启相应防火分区的全部排烟阀、排烟口

C. 同一防烟分区内两只独立的感烟火灾探测器报警后，火灾自动报警系统应在60 s内联动相应防烟分区的全部活动挡烟垂壁开启到位

D. 消防联动控制器的手动控制盘应能手动控制排烟风机启动、停止，不受报警系统总线状态影响

E. 排烟防火阀在280 ℃时应自行关闭，其动作反馈信号作为关闭相应排烟风机的联动触发信号，并由消防联动控制器联动控制排烟风机关闭

82. 某博物馆展厅相邻防火分区间的防火墙长36 m，为满足展品运送的需要，防火墙上的开口部位采用防火卷帘进行分隔，下列关于该防火卷帘的功能和设置，正确的有（　　）。

A. 防火卷帘宽度为11 m

B. 防火卷帘能靠自重关闭

C. 防火卷帘的耐火极限为2.00 h

D. 防火卷帘无信号反馈的功能

E. 防火卷帘与楼板、梁、墙、柱之间的空隙应采用防火封堵材料封堵

83. 某寒冷地区的工业厂房设有干式自动喷水灭火系统，该系统报警阀的组件包括（　　）。

A. 报警阀

B. 自动滴水球阀

C. 水力警铃

D. 延迟器

E. 压力开关

84. 下列物质发生的火灾中，属于B类火灾的是（　　）。

A. 松香

B. 焦炭

C. 石蜡

D. 橡胶

E. 沥青

85. 某耐火等级为一级的剧场，地上6层，建筑高度为30 m，总建筑面积为22 000 m²，剧场无敞开式外廊，剧场内任一点均可直通疏散楼梯间。下列关于该剧场疏散楼梯间说法错误的有（　　）。

A. 剧场应采用封闭楼梯间

B. 疏散楼梯间的门应采用乙级防火门

C. 6层观众厅内任一点至最近疏散楼梯间的直线距离为40 m

D. 剧场可将直通室外的门设置在距疏散楼梯间不大于15 m处

E. 开向疏散楼梯间的烧水间门应采用乙级防火门

86. 某单位地下一层变配电室设有无管网气体灭火系统，下列关于该气体灭火系统启动联动控制说法正确的有（　　）。

A. 按下地下一层的一只手动火灾报警按钮，变配电室内警报器鸣响

B. 变配电室内两只感烟火灾探测器报警后，气体灭火系统启动

C. 变配电室内一只感烟火灾探测器与一只感温火灾探测器报警后，启动气体灭火系统

D. 变配电室内两只感温火灾探测器报警后，联动打开气体灭火系统的选择阀

E. 变配电室内一只手动火灾报警按钮与一只感温火灾探测器报警后，联动关闭空调系统穿越的防火阀

87. 某厂房设有干式室内消火栓系统和火灾自动报警系统，消防水泵房内设置两台消防水泵，下列关于消防水泵控制说法正确的有（　　）。

A. 消防水泵不应设置自动停泵的控制功能

B. 消防水泵应确保从接到启泵信号到水泵正常运转的自动启动时间不应大于3 min

C. 消防水泵控制柜应设置机械应急启泵功能

D. 消防控制室应设置专用线路连接的手动直接启泵按钮

E. 消火栓按钮可作为启动干式消火栓系统的快速启闭装置

88. 按照《消防应急照明和疏散指示系统技术标准》，下列关于消防应急照明灯具设置部位的地面最低水平照度说法正确的有（　　）。

A. 大型商场的楼梯间的地面最低水平照度不应低于 10.0 lx

B. 消防电梯前室的地面最低水平照度不应低于 5.0 lx

C. 室内商业步行街两侧商铺的地面最低水平照度不应低于 3.0 lx

D. 高层综合楼避难滑梯装设处的地面最低水平照度不应低于 5.0 lx

E. 宾馆客房的地面最低水平照度不应低于 1.0 lx

89. 下列关于防烟分区长边最大允许长度说法错误的有（　　）。

A. 公共建筑内空间净高为 3 m 时，防烟分区的长边最大允许长度不应大于 34 m

B. 丙类厂房内空间净高为 6 m 时，防烟分区的长边最大允许长度不应大于 36 m

C. 采用自然排烟的丁类厂房内空间净高为 7 m 时，防烟分区的长边最大允许长度不应大于 60 m

D. 高层宾馆内空间净高为 4 m、走道宽度 2.5 m，防烟分区的长边最大允许长度不应大于 60 m

E. 丙类仓库内空间净高为 7 m 时，防烟分区的长边最大允许长度不应大于 60 m

90. 某医院门诊楼设置了火灾自动报警系统、湿式自动喷水灭火系统等自动消防设施。下列关于消防控制室对消防设施的控制及其显示功能说法正确的有（　　）。

A. 应能手动控制防火卷帘升降，并显示其下降到楼板面的动作信号

B. 应能显示防烟排烟系统的手动、自动工作状态

C. 应能显示消防水泵和稳压泵的运行状态

D. 应能显示消防电梯的故障状态和停用状态

E. 应能显示消防水池、高位消防水箱等水源的高水位、低水位报警信号，以及正常水位

91. 下列建筑的耐火等级均为一级，建筑间的防火间距符合现行国家标准《建筑设计防火规范》要求的有（　　）。

A. 单层硫黄回收厂房与建筑高度为 24 m 的住宅建筑的距离为 25 m

B. 单层卷烟厂包装厂房与建筑高度为 28 m 的住宅建筑的距离为 10 m

C. 单层车辆装配厂房与建筑高度为 55 m 的住宅建筑的距离为 12 m

D. 变压器总油量为 5 t 的室外变电站与建筑高度为 33 m 的住宅建筑的距离为 15 m

E. 供热锅炉房与建筑高度为 54 m 的住宅建筑的距离为 16 m

92. 某饮料酒仓库建筑面积为 200 m²，拟设置水喷雾灭火系统进行保护。该种类自动喷水灭火系统的启动方式有（　　）。

A. 电动启动

B. 液动启动

C. 气动启动

D. 现场手动启动

E. 末端试水装置启动

93. 某地下 1 层歌舞厅划分为 3 个防火分区，并设有 1 个避难走道，各防火分区通

向避难走道的设计疏散总净宽度分别为 2 m、3 m、2 m。关于该避难走道说法错误的有（　　）。

A. 避难走道的防火隔墙的耐火极限为 2.50 h
B. 避难走道直通地面的出口为 2 个
C. 避难走道墙面的燃烧性能等级为 A 级
D. 各防火分区至避难走道入口处设置使用面积为 5 m² 的防烟前室
E. 防火分区开向避难走道入口处的防烟前室的门采用乙级防火门

94. 火灾自动报警系统的供电线路明敷时，系统线路施工采取的措施中，正确的有（　　）。

A. 线路采用耐火电缆，穿金属导管保护，并刷防火涂料
B. 线路采用阻燃电缆，穿封闭式金属槽盒，并包覆防火材料
C. 线路采用矿物绝缘类不燃性电缆直接明敷
D. 线路采用阻燃电缆，穿金属导管，并刷防火涂料
E. 线路采用耐火电缆，在电缆井内直接明敷

95. 下列设有自动喷水灭火系统的建筑或场所中，其自动喷水灭火系统应按中危险级Ⅱ级设置的有（　　）。

A. 舞台（除葡萄架）
B. 净空高度为 4.5 m、物品高度为 3 m 的超级市场
C. 总建筑面积为 900 m² 的地下商场
D. 总建筑面积为 5 000 m² 的商场
E. 汽车停车库

96. 某公共建筑层高为 4 m，每层建筑面积为 1 250 m²，共 4 层。该建筑一层为民营养老机构，床位共 40 张；二层至四层为旅馆，有客房共计 90 间。下列关于该建筑室内消火栓系统、自动灭火系统和灭火器配置说法正确的是（　　）。

A. 该建筑应设置室内消火栓系统
B. 该建筑应设置自动灭火系统，并宜选择自动喷水灭火系统
C. 养老机构内单具灭火器最小配置灭火级别为 3A
D. 旅馆内多功能厅单具灭火器最小配置灭火级别为 3A
E. 灭火器计算单元最小需配灭火级别的修正系数可为 0.5

97. 某耐火等级为一级的教学楼，地上 5 层，建筑高度为 20 m，各层使用人数为：二层 400 人，三层 350 人，四层 300 人，五层 280 人。下列关于该教学楼疏散楼梯说法错误的有（　　）。

A. 五层至四层的疏散楼梯总净宽度不应小于 2.8 m
B. 四层至三层的疏散楼梯总净宽度不应小于 3.5 m
C. 三层至二层的疏散楼梯总净宽度不应小于 3 m
D. 二层至一层的疏散楼梯总净宽度不应小于 3 m

E. 该教学楼采用敞开楼梯间

98. 某建筑高度为 120 m 的酒店设有避难层,关于该避难层说法错误的有（   ）。

A. 2 个避难层之间的高度不宜大于 50 m

B. 2 个避难层之间的高度通常大于 50 m 小于 100 m

C. 通向避难层的疏散楼梯在避难层分隔

D. 管道井和设备间采用耐火极限为 1.50 h 的防火隔墙与避难区分隔

E. 避难层设置消防专线电话和应急广播

99. 某中学教学楼在建筑外墙设置供消防救援人员进入的窗口,以下不符合规范要求的是（   ）。

A. 每个防火分区设置 2 个,间距 30 m

B. 净高度和净宽度为 1.5 m

C. 下沿距室内地面 1.5 m

D. 设置位置与消防车登高操作场地在同一侧

E. 设置消防救援窗标志

100. 下列关于消防电梯及其前室说法正确的有（   ）。

A. 设置在谷物筒仓工作塔内的消防电梯可不设前室

B. 前室靠外墙设置,在首层可经过长度为 35 m 的通道通向室外

C. 前室的使用面积不应小于 6 m²,前室的短边不应小于 2.4 m

D. 前室内可开外窗

E. 前室的门采用防火卷帘

消防安全技术实务
模考通关试卷（二）

一、单项选择题（共80题，每题1分。每题的备选项中，只有1个最符合题意）

1. 沥青油燃烧时，其中油品中的水分汽化不易挥发，使液面沸腾，甚至发生沸溢，液体燃烧形成沸溢需要具备3个条件，以下不是必要条件的是（　　）。
   A. 沸程宽，比重相差较大
   B. 闪点低，易点燃
   C. 含有乳化水
   D. 黏度较大

2. 硫的熔点低，硫燃烧时属于固体燃烧类型中的（　　）。
   A. 蒸发燃烧
   B. 表面燃烧
   C. 分解燃烧
   D. 阴燃

3. 根据《建筑材料及制品燃烧性能分级》，建筑材料及制品的燃烧性能等级标识中，d0 表示（　　）的等级。
   A. 烟气毒性
   B. 燃烧滴落物/微粒
   C. 产烟特性
   D. 燃烧持续时间

4. 下列关于耐火极限判定条件说法错误的是（　　）。
   A. 承载能力是承重或非承重建筑构件在一定时间内抵抗垮塌的能力
   B. 耐火完整性是指一定时间内防止火焰和热气穿透或在背火面出现火焰的能力
   C. 隔热性是指耐火隔热性，指一定时间内其背火面温度不超过规定值的能力
   D. 构件失去耐火完整性时间大于失去隔热性时间，大于失去承载能力时间

5. 某建筑面积为280 m² 的独立单层镁粉厂房，其耐火等级最低为（　　）。
   A. 一级

B. 二级

C. 三级

D. 四级

6. 下面关于某工厂内功能区设置描述错误的是（　　）。

   A. 桶装、瓶装甲类液体不应露天存放

   B. 液化石油气储罐区宜布置在本区域全年最小风频的上风向

   C. 石油储罐区布置在地势较低的地带

   D. 煤的露天堆场布置在本区域全年最小风频的下风向

7. 某高度为 120 m 的酒店，标准层建筑面积为 2 460 m²，屋顶设置了直升机停机坪，下列项目不属于停机坪消防检查的是（　　）。

   A. 停机坪距离设备机房、电梯机房的距离

   B. 建筑通往停机坪的出口个数

   C. 在停机坪的适当位置是否设置消火栓

   D. 停机坪划定的尺寸

8. 某油储罐区改造建设隔油池去除含油废水中可浮性油类物质实现废水预处理后排放。以下隔油池设计不符合《石油化工企业设计防火标准》要求的是（　　）。

   A. 隔油池的保护高度为 300 mm

   B. 隔油池盖板选用难燃材料

   C. 隔油池的进出水管道设水封

   D. 距隔油池池壁 5 m 以内有 2 个水封井和 1 个检查井。其井盖与盖座接缝处全部密封，且选用无孔洞井盖

9. 某食用油生产企业，拟为厂区的钢制单盘式、双盘式内浮顶储罐配置泡沫灭火系统。下列关于泡沫堰板设置、泡沫产生器保护周长和泡沫混合液供给强度和与连续供给时间描述正确的是（　　）。

   A. 泡沫堰板距离罐壁不应小于 0.5 m

   B. 单个泡沫产生器保护周长不应大于 24 m

   C. 非水溶性液体的泡沫混合液供给强度不应小于 6 L/(min·m²)

   D. 泡沫混合液连续供给时间不应小于 30 min

10. 下列关于建筑防爆的基本措施中，属于减轻性技术措施的是（　　）。

    A. 防止撞击、摩擦产生火花

    B. 预防燃气泄漏，设置可燃气体浓度报警装置

    C. 生产设备应尽可能保持密闭状态，防止"跑、冒、滴、漏"

    D. 采取合理的建筑布置

11. 某新建加油加气合建站，有 2 台加气机、6 台加油机、1 套 CNG 储气设施，1 个 50 m³ 地下柴油储罐，3 个地下汽油储罐分别为 50 m³ 93# 汽油储罐、50 m³ 95# 汽油储罐、

30 m³ 97# 汽油储罐。以下加油加气合建站的灭火器材配置符合要求的是（　　）。

A. 加气机配置 2 具 4 kg 手提式干粉灭火器

B. 加油机配置 4 具 4 kg 手提式干粉灭火器和 4 具 6 L 泡沫灭火器

C. CNG 储气设施配置 2 台 35 kg 推车式干粉灭火器

D. 配置灭火毯 4 块、沙子 2 m³

12. 某二级耐火等级的 KTV 设自动喷水灭火系统。建筑高度为 23.4 m，"一"字形疏散内走道的两端各设置了一座疏散楼梯间，其中一座紧靠东侧外墙，另一座与西侧外墙有一定距离。2 个疏散楼梯间中间的房间门与最近一座疏散楼梯间入口门的允许最大直线距离为（　　）m。

A. 15

B. 20

C. 31.25

D. 27.5

13. 某 3 层大型超市建筑面积为 10 000 m²，建筑消防扑救面位于建筑物北侧的长边，超市设有地下和地上停车场，关于超市室外消火栓设置描述正确的是（　　）。

A. 室外消火栓设计流量为 5 L/s

B. 建筑北侧的室外消火栓数量设置 1 个，南侧室外消火栓数量设置 1 个

C. 在超市地下停车场出入口附近 2 m 处设置室外消火栓

D. 室外消火栓设置在停车场周边，与最近一排汽车的距离为 8 m

14. 某高层综合体，耐火等级一级，地上 15 层，地下 1 层，地下一层为设备用房，下列关于建筑平面布置说法正确的是（　　）。

A. 地上五层为卡拉 OK 厅，每个厅、室的面积为 210 m²

B. 卡拉 OK 厅各厅、室之间采用耐火极限为 1.50 h 的防火隔墙和 1.50 h 的不燃烧性楼板及乙级防火门分隔

C. 地上四层为电影院，每个观众厅的建筑面积为 350 m²

D. 柴油发电机房内的储油间（柴油储量为 0.8 m³），油箱密闭，设置了通向室外的通气管，通气管可不设置阻火器

15. 下列灭火剂中，具有化学抑制作用的是（　　）。

A. IG100 灭火剂

B. 二氧化碳

C. IG541 灭火剂

D. 七氟丙烷灭火剂

16. 某大型钢铁企业设置了预制干粉灭火装置。下列关于该装置设置要求说法错误的是（　　）。

A. 灭火剂储存量不得大于 150 kg

B. 管道长度不得大于 25 m

C. 工作压力不得大于 2.5 MPa

D. 一个防护区或保护对象宜用一套预制灭火装置保护

17. 下列关于自动喷水灭火系统说法错误的是（　　）。
    A. 雨淋系统应采用开式洒水喷头
    B. 干式系统的配水管道应设置加速排气阀
    C. 湿式系统应依靠配套的火灾自动报警系统启动消防水泵
    D. 预作用系统应由火灾自动报警系统自动开启预作用报警阀的电磁阀，并转换为湿式系统

18. 下列场所中，可以采用 K 型热气溶胶灭火系统保护的是（　　）。
    A. 电子计算机房
    B. 通信机房
    C. 电缆隧道
    D. 人员密集场所

19. 某燃气公司设置水喷雾系统保护 LNG 储罐，水雾喷头与储罐外壁之间的距离不应大于（　　）m。
    A. 0.5
    B. 0.4
    C. 0.6
    D. 0.7

20. 某大型城市综合体中的变配电间、计算机主机房、通信设备间等场所内设置了组合分配式七氟丙烷气体灭火系统。下列关于该系统组件的说法中，错误的是（　　）。
    A. 在通向每个防护区的灭火系统主管道上，应设压力讯号器或流量讯号器
    B. 选择阀的公称直径应与其对应的防护区灭火系统的主管道公称直径相等
    C. 输送启动气体的管道宜采用铜管
    D. 输送气体灭火剂的管道应采用不锈钢管

21. 某室外房间发生火灾，以下条件下有可能已经发生轰燃的是（　　）。
    A. 顶棚附近的气体温度约 400 ℃
    B. 辐射热通量约为 15 kW/m^2
    C. 火焰从窗户喷出
    D. 热烟气从窗户喷出

22. 下列关于与基层墙体、装饰层之间无空腔的建筑外墙保温系统的做法中，错误的是（　　）。
    A. 建筑高度为 140 m 的住宅建筑，保温材料的燃烧性能等级为 A 级
    B. 建筑高度为 27 m 的住宅建筑，采用 B$_2$ 级保温材料

C. 建筑高度为 28 m 的住宅建筑，采用 B_1 级保温材料，外墙上门、窗的耐火完整性为 0.25 h

D. 建筑高度为 23 m 的住宅建筑，采用 B_1 级保温材料，外墙上门、窗的耐火完整性为 0.25 h

23. 某 LPG 加气站有 2 个 LPG 储罐，储量分别为 30 m³、20 m³，该加气站的级别是（　　）。

A. 一级

B. 二级

C. 三级

D. 四级

24. 在铁路列车车厢内配置灭火器，下列灭火器中，推荐选用的种类是（　　）。

A. 水基型灭火器

B. 卤代烷灭火器

C. 二氧化碳灭火器

D. 碳酸氢钠干粉灭火器

25. 下列关于建筑防火防爆说法错误的是（　　）。

A. 某钢铁冶金企业的输煤廊的散热器表面平均温度为 120 ℃

B. 电解食盐厂房采用电热散热器供暖

C. 活性炭制造与再生厂房采用不循环使用的热风供暖

D. 供暖管道的表面温度为 120 ℃时，采用不燃材料与可燃物隔开

26. 在有结构梁突出的顶棚上设置的点型感烟火灾探测器，当梁突出顶棚的高度小于（　　）mm 时，可忽略梁对探测器保护面积的影响。

A. 200

B. 300

C. 400

D. 500

27. 某华北地区的石油管道输转站拟扩建汽油、柴油和原油储罐罐区，罐区采用临时高压给水系统，以下对储罐区室外消火栓设置，设计正确的是（　　）。

A. 防护墙内外均设置室外消火栓

B. 室外消火栓布置间距为 120 m

C. 室外消火栓处不配置消防水带和消防水枪

D. 地下式室外消火栓井的直径为 1.5 m

28. 某新建集成电路芯片生产厂房，建筑高度为 15 m，层数 3 层，设有 2 个防火分区，Ⅰ号防火分区为生产调度控制和备料区，Ⅱ号防火分区为流水线和包装区。下列关于该厂房建筑构件选用符合要求的是（　　）。

A. 洁净室的顶棚和壁板选用有机复合材料。每层顶棚和疏散走道的耐火极限为 0.50 h

B. Ⅰ号和Ⅱ号防火区之间设置不燃烧体隔墙封闭到顶。隔墙及其相应顶板的耐火极限为 1.50 h，隔墙上的门窗耐火极限为 1.00 h

C. 穿过防火分区隔墙和顶板的管线周围空隙采用难燃材料紧密填塞

D. 技术竖井井壁采用不燃烧砖砌，耐火极限为 2.00 h，井壁上检查门的耐火极限为 0.50 h

29. 某城市新建地铁项目，其中地下车站部分的排烟风机采用与补风机、加压送风机共用机房，以下关于排烟风机设计符合《地铁设计防火标准》的是（　　）。

A. 设置在机房内的排烟管道及其连接件的耐火极限为 1.00 h

B. 地下车站的排烟风机在 280 ℃时应能连续工作不小于 0.5 h

C. 地下区间的排烟风机的运转时间不小于区间乘客疏散所需的最长时间，且在 280 ℃时应能连续工作不小于 0.5 h

D. 火灾时需要运行的风机，从静态转换为事故状态所需时间小于 30 s，从运转状态转换为事故状态所需时间小于 60 s

30. 下列关于水喷雾灭火系统水雾喷头选型和设置要求说法错误的是（　　）。

A. 离心雾化型水雾喷头应带柱状过滤网

B. 室内散发粉尘的场所设置的水雾喷头应带防尘罩

C. 扑救电气火灾，应选用离心雾化型水雾喷头

D. 管道工作压力不应大于 1.7 MPa

31. 某办公室内设置有格栅吊顶，镂空面积与总面积的比例为 15%，点型感烟火灾探测器的设置位置应在（　　）。

A. 吊顶上方

B. 吊顶下方

C. 吊顶上方及下方

D. 由试验结果确定

32. 某建筑面积为 300 m² 的展厅，层高为 7 m，已知某感烟火灾探测器保护面积为 80 m²，该建筑安全修正系数为 0.8，该展厅内感烟火灾探测器设置的数量至少是（　　）个。

A. 2

B. 3

C. 4

D. 5

33. 某民用建筑内设置的火灾自动报警系统，需要配备总数为 600 点的设备，其中联动控制模块为 400 点。该建筑火灾自动报警系统的火灾报警控制器（联动型）至少要设置总线回路数量是（　　）条。

A. 3

B. 4
C. 5
D. 6

34. 某地计划新建净空高度不超过 8 m，物品高度不超过 3.5 m 的一座大型超市，该场所的火灾危险等级应按不低于（   ）确定。

A. 中危险级Ⅰ级

B. 中危险级Ⅱ级

C. 严重危险级Ⅰ级

D. 严重危险级Ⅱ级

35. 下列火灾中，不适合采用水喷雾灭火系统进行扑救的是（   ）。

A. 松节油火灾

B. 饮料酒火灾

C. 菜籽油火灾

D. 花生油火灾

36. 某建筑高度为 280 m 的综合楼，首层室内面积标高为 ±0.000 m，室外灭火救援场地地面标高为 –0.600 m，首层层高为 5 m，地上其余楼层的层高均为 4.8 m。下列关于该建筑避难层做法错误的是（   ）。

A. 第一个避难层位于第十一层

B. 通向避难层的疏散楼梯在避难层同层错位

C. 避难层的避难人数可按照 5 人 /m² 计算

D. 避难层可兼作设备层，设备管道区应采用耐火极限不低于 2.50 h 的防火隔墙与避难区分隔

37. 某工厂的碎煤车间安装的下列类型的防爆电气设备，不符合规范要求的是（   ）。

A. 增安型

B. 正压型

C. 本质安全型

D. 浇封型

38. 某 6 层、高度为 20 m 的新建住宅，住宅安装有干式消防竖管，以下干式消防竖管设置不符合《消防给水及消火栓系统技术规范》的是（   ）。

A. 干式消防竖管宜设置在楼梯间休息平台

B. 干式消防竖管仅配置消火栓栓口，不设水带和水枪

C. 干式消防竖管设置消防车供水的接口，接口设置在首层单元出入口

D. 竖管顶端设置自动排气阀

39. 某建筑的下列场所中，消防灯具光源应急点亮的响应时间不应大于 0.25 s 的是（   ）。

A. 会议室

B. 走道
C. 自动扶梯上方
D. 前室

40. 某石化企业，下列关于其可燃气体探测报警系统的设计做法，错误的是（　　）。
A. 可燃气体报警控制器能联动启动保护区域的火灾声光警报器
B. 可燃气体的报警信号由可燃气体报警控制器接入火灾自动报警系统
C. 线型可燃气体探测器的保护区域长度为 80 m
D. 厂区设有消防控制室，但可燃气体报警控制器设置在保护区域附近

41. 某 2 层地上大型超市，每层建筑面积为 8 000 m^2，所设置的自动喷水灭火系统应至少设置（　　）个水流指示器。
A. 3
B. 4
C. 5
D. 6

42. 消防设备的供配电设计应保证供电的可靠性，某高层医院门诊楼内消防设备供电做法，正确的是（　　）。
A. 喷淋泵由变配电室采用一路专线放射式供电
B. 消防配电线路宜按楼层划分
C. 防火卷帘的供电应在最末一级配电箱处切换
D. 门诊楼由一区域变电站引来两路高压电来保证用电可靠

43. 东北某地一木器加工厂半成品堆场，占地面积为 10 000 m^2。场地内需配置灭火器，下列可选用的灭火器类型是（　　）。
A. MF/ABC5
B. MPZ/AR6
C. MFT50
D. MTT50

44. 对某大型综合体进行火灾风险评估，以下关于火灾危险源识别正确的是（　　）。
A. 电气控制箱为第二类危险源
B. 火灾探测器失效属于第二类危险源
C. 服装店电加热熨斗属于第二类危险源
D. 防火门损坏属于第一类危险源

45. 某变压器室设置了细水雾灭火系统进行保护。下列关于细水雾灭火系统组件及管道要求说法错误的是（　　）。
A. 开式系统应按防护区设置分区控制阀
B. 闭式系统应按楼层或防火分区设置分区控制阀

C. 分区控制阀应为带开关锁定或开关指示的阀组

D. 系统管网的最高点处应设置泄水阀

46. 某大型油罐区拟采用水喷雾灭火系统对罐壁进行防护冷却。冷却甲_B类液体储罐的水雾喷头工作压力不应小于（　　）MPa。

A. 0.2

B. 0.35

C. 0.1

D. 0.15

47. 下列建筑中，当其楼梯间的前室或合用前室采用敞开阳台时，楼梯间可不设置防烟系统的是（　　）。

A. 建筑高度为 85 m 的酒店建筑

B. 建筑高度为 55 m 的生产建筑

C. 建筑高度为 81 m 的住宅建筑

D. 建筑高度为 55 m 的办公楼

48. 某城市外环高速路段需要新建隧道，隧道采用单洞双向车流，隧道长度为 2 km，拟采用机械排烟系统，隧道内机械排烟系统宜选择的排烟方式是（　　）。

A. 纵向分段排烟方式

B. 重点排烟方式

C. 纵向排烟方式

D. 横向排烟方式

49. 下列气体灭火系统分类中，按系统应用方式进行分类的是（　　）。

A. 二氧化碳灭火系统、七氟丙烷灭火系统和惰性气体灭火系统

B. 管网灭火系统和预制灭火系统

C. 全淹没灭火系统和局部应用灭火系统

D. 自压式气体灭火系统、内储压式气体灭火系统和外储压式气体灭火系统

50. 某书库地面面积为 20 m^2，房间高度为 3 m，内有 3 排书架分别安在房中间，书架高度为 2.9 m，该房间内至少应设置（　　）只感烟火灾探测器。

A. 1

B. 2

C. 3

D. 4

51. 某二级耐火等级的 4 层旅馆，房间数为 80 间，总建筑面积为 3 600 m^2，设置了室内外消火栓系统、自动喷水灭火系统、火灾自动报警系统等。下列关于该场所配置手提式灭火器的说法中，正确的是（　　）。

A. 单具灭火器的最低配置基准为 3A，最大保护距离为 15 m

B. 单具灭火器的最低配置基准为2A，最大保护距离为15 m
C. 单具灭火器的最低配置基准为3A，最大保护距离为20 m
D. 单具灭火器的最低配置基准为2A，最大保护距离为20 m

52. 某石油储备库拟在库区内增设泡沫炮系统，下列类型油罐可以选择泡沫炮作为主要灭火设施的是（   ）。

A. 非水溶性液体外浮顶储罐
B. 非水溶性液体内浮顶储罐
C. 直径15 m的固定顶储罐
D. 直径23 m的固定顶储罐

53. 某物业公司计划将车库内安装的自动喷水灭火系统改造成泡沫–水喷淋系统，加装设备满足泡沫混合液的连续供给时间应不小于（   ）min。

A. 60
B. 30
C. 20
D. 10

54. 某新建修车厂车库设有20个修车位，面积为3 000 m²，下列灭火系统适用于该修车库的是（   ）。

A. 干粉灭火系统
B. 泡沫–水喷淋系统
C. 高倍数泡沫灭火系统
D. 二氧化碳等气体灭火系统

55. 某设计院接到为拟新建的液体储罐区设计水喷雾灭火系统的任务。当用水喷雾灭火系统冷却甲$_B$、乙、丙类液体储罐时，关于其冷却范围及保护面积的规定，下列表述错误的是（   ）。

A. 着火的地上固定顶储罐及距着火储罐罐壁1.5倍着火罐直径范围内的相邻地上储罐应同时冷却
B. 当相邻地上储罐超过3座时，可按3座较大的相邻储罐计算消防冷却水用量
C. 着火罐的保护面积应按罐壁外表面面积计算，相邻罐的保护面积可按实际需要冷却部位的外表面面积计算，但不得小于罐壁外表面面积的1/2
D. 着火的浮顶罐及相邻储罐均应冷却

56. 下列建筑中，允许不设置消防电梯的是（   ）。

A. 深埋为12 m，总建筑面积为8 000 m²的地下车库
B. 建筑高度为25 m的图书馆
C. 建筑高度为50 m的办公楼
D. 建筑高度为33 m的住宅建筑

57. 下列关于防烟分区划分的说法中，错误的是（   ）。
   A. 防烟分区不应跨越防火分区
   B. 某有吊顶的空间，当吊顶开孔率为 25% 时，吊顶内空间高度可计入储烟仓厚度
   C. 一个防火分区内可划分为多个防烟分区
   D. 设置排烟设施的建筑内，敞开楼梯和自动扶梯穿越楼板的开口部设置挡烟垂壁

58. 下列关于火灾自动报警系统组件设置的做法中，错误的是（   ）。
   A. 火灾报警控制器和消防联动控制器安装在墙上时，正面操作距离为 1.5 m
   B. 避难层每隔 20 m 设置 1 个消防专用电话分机
   C. 在宽度 2 m 内走道顶棚上设置的感烟火灾探测器的安装间距为 12 m
   D. 在水泵控制柜内设置消防模块，用于联动启泵

59. 某用于储存电子产品的仓库，高度为 10 m，地上 3 层，局部 4 层为配电和空调机房，仓库体积为 4 800 m^3，该仓库应设置的室内消火栓不少于（   ）个。
   A. 3
   B. 4
   C. 5
   D. 6

60. 某建筑高度为 60 m 的综合楼采用一路市政电源供电，柴油发电设备作为备用电源。下列关于建筑内消防水泵供电设计，不合理的是（   ）。
   A. 消防水泵由总配电室放射式供电
   B. 双电源切换装置设置在消防水泵房内
   C. 消防水泵供电线路上设有剩余电流动作保护
   D. 消防水泵采用分时启动

61. 自然排烟是利用火灾烟气的热浮力和外部风压等作用，通过建筑物的外墙或屋顶开口将烟气排至室外的排烟方式，下列关于自然排烟的说法中，错误的是（   ）。
   A. 防烟分区内任一点与最近的自然排烟窗之间的水平距离不应大于 25 m
   B. 设置在防火墙两侧的自然排烟窗之间最近边缘的水平距离不应小于 2 m
   C. 净空高度大于 9 m 的中庭的自然排烟窗应设置集中手动开启装置和自动开启设施
   D. 当房间面积不大于 200 m^2 时，自然排烟窗的开启方向可不限

62. 下列关于预作用自动喷水灭火系统工作原理的说法中，错误的是（   ）。
   A. 在准工作状态下，由稳压设施维持雨淋阀入口前管道内的充水压力
   B. 在准工作状态下，雨淋阀后的管道内应充以有压气体
   C. 当火灾导致系统动作后，预作用阀开启后管道开始排气充水
   D. 当火灾导致喷头热敏感元件动作后，配水管道开始排气充水

63. 某液化气站选用柴油机消防水泵，下列选用柴油机消防水泵的做法，错误的是（   ）。

A. 采用压缩式点火型柴油机
B. 安装时校核海拔高度和环境温度对柴油机额定功率的影响
C. 柴油机消防水泵的蓄电池应保证消防水泵随时自动启泵的要求
D. 柴油机消防水泵应具备连续工作的性能，试验运行时间不应小于 8 h

64. 某大型影城的一间 IMAX 放映机室，设置七氟丙烷全淹没式灭火系统防护，房间室内净高为 3 m，防护区外墙设置泄压口，其下沿距离防护区楼地板的高度应不低于（　　）m。
A. 1.8
B. 2
C. 2.2
D. 2.4

65. 某地下餐厅的内部装修材料中，允许采用 B_1 级燃料性能等级的是（　　）。
A. 顶棚装修材料
B. 墙面壁纸
C. 铺地材料
D. 餐厅桌椅

66. 下列关于建筑物总平面布局说法错误的是（　　）。
A. 黄磷仓库与相邻高层仓库的防火间距为 13 m
B. 电石仓库与某市级文物古建筑防火间距为 50 m
C. 煤粉厂房与锅炉房之间的间距为 50 m
D. 白兰地蒸馏车间专用 10 kV 变配电站采用设置乙级防火窗，与该厂房一面贴邻

67. 下列关于建筑排烟系统联动控制要求的做法错误的是（　　）。
A. 排烟口的开启由其所在防烟分区内两只独立火灾探测器的报警信号作为联动触发信号
B. 排烟风机启动由其所排烟保护的防烟分区内一只火灾探测器与一只手动火灾报警按钮的报警信号作为联动触发信号
C. 排烟风机入口处的总管上设置的 280 ℃排烟防火阀在关闭后联动控制风机停止，不受联动控制器状态影响
D. 排烟口具有火灾自动报警系统自动开启、消防控制室手动开启和现场手动开启功能，其开启信号联动排烟风机启动

68. 某老年人日间照料中心，其消防应急照明备用电源的连续供电时间不应低于（　　）min。
A. 90
B. 20
C. 30

D. 60

69. 某地下车库设有 160 个车位，面积为 5 000 m²，该车库的耐火等级最低要求是（　　）。
A. 一级
B. 二级
C. 三级
D. 四级

70. 下列关于电线电缆截面选择原则表述错误的是（　　）。
A. 通过短路电流时，线芯温度不超过电线电缆绝缘所允许的长期工作温度
B. 通过短路电流时，不超过所允许的短路强度，高压电缆要校验热稳定性
C. 满足机械强度的要求
D. 低压电线电缆应符合负载保护的要求

71. 下列场所或部位中，按规范可不设置排烟设施的是（　　）。
A. 民用建筑中设置在三层且房间建筑面积为 250 m² 的网吧
B. 建筑面积为 6 000 m² 的丁类生产车间
C. 公共建筑内一层建筑面积为 200 m² 且经常有人停留的休息厅
D. 公共建筑中地上二层 1 个 40 m² 的无窗仓库

72. 某石油库储罐区拟设置泡沫灭火系统进行保护。下列关于泡沫比例混合装置选择要求表述错误的是（　　）。
A. 固定式系统，应选用平衡式、机械泵入式、囊式压力比例混合装置或泵直接注入式比例混合流程
B. 单罐容量不小于 10 000 m³ 的固定顶储罐、外浮顶储罐、内浮顶储罐，应选择平衡式或机械泵入式比例混合装置
C. 全淹没高倍数泡沫灭火系统或局部应用中倍数、高倍数泡沫灭火系统，应选用机械泵入式、平衡式或囊式压力比例混合装置
D. 保护油浸变压器的泡沫喷雾系统，选用囊式压力比例混合装置

73. 一座建筑高度为 80 m 的住宅建筑，矩形平面尺寸为 80 m×20 m，下列关于该建筑消防车登高操作场地设计错误的是（　　）。
A. 消防车登高操作场地的平面尺寸为 100 m×10 m
B. 消防车登高操作场地的平面尺寸为 80 m×10 m
C. 消防车登高操作场地靠建筑外墙一侧的边缘距离建筑外墙为 5 m
D. 消防车登高操作场地的坡度为 5%

74. 对某大型商业综合体进行消防安全检查，以下设置没有问题的是（　　）。
A. 某商铺的墙面悬挂大量毛毯进行装饰
B. 售票厅醒目位置设置楼层平面疏散示意图，每个影厅门口设置平面疏散示意图

C. 室内步行街中间走道区域设置店铺

D. 中庭内设置海洋球等游乐设施或店铺

75. 某综合楼，地上 28 层，地下 3 层，室外出入口地坪标高为 +0.600 0 m，地下三层的地面标高为 –10.000 m。下列关于该建筑平面布置做法错误的是（　　）。

A. 燃油锅炉房设置在地下一层靠外墙部位，疏散门直通楼梯间

B. 将干式变压器室布置在首层，其疏散门直通楼梯间

C. 将消防水泵房布置在地下三层，其疏散门直通楼梯间

D. 消防控制室设在地下一层靠外墙的位置

76. 某大型商业中心的人防工程共有 2 层，地下二层对外招商，不可以进驻的商业业态是（　　）。

A. 儿童游乐厅

B. 电火锅餐厅

C. 服装店

D. 手机商店

77. 某住宅建筑的高度为 80 m，下列关于其防烟系统设计错误的是（　　）。

A. 当采用独立前室且其仅有 1 个门与走道或房间相通时，可仅在楼梯间设置机械加压送风系统

B. 前室的机械加压送风口设置在前室的顶部或正对前室入口的墙面时，楼梯间可采用自然通风系统

C. 防烟楼梯间、独立前室及消防电梯前室应采用自然通风系统，当不能设置自然通风系统时，应采用机械加压送风系统

D. 独立前室有 2 个面积分别不小于 1 m² 的不同朝向可开启外窗时，楼梯间可不设置防烟系统

78. 下列关于电气线路及装置设置做法错误的是（　　）。

A. 配电线路敷设在有可燃物的闷顶时，采取穿阻燃硬质塑料管做防火保护

B. 穿金属导管保护的配电线路紧贴通风管道外壁敷设

C. 卤钨灯引入线采用瓷管作隔热保护

D. 纸制品仓库内使用 LED 灯具

79. 某新建燃煤电厂，机组容量为 125 MW，下列关于灭火设施设计不符合《火力发电厂与变电站设计防火标准》要求的是（　　）。

A. 在电缆夹层、控制室、电缆隧道、电缆竖井及屋内配电装置处设置火灾自动报警系统

B. 封闭式运煤栈桥为钢结构，设置闭式水灭火系统及火灾自动报警系统

C. 油浸变压器容量为 90 MW，设置火灾自动报警系统、水喷雾灭火系统或其他灭火系统

D. 燃煤电厂采用独立的消防给水系统

80. 下列关于建筑内疏散楼梯间做法错误的是（　　）。

A. 设置敞开式外廊的2层图书馆，设置3座梯段净宽度均为1.2 m的与敞开式外廊相连的敞开式疏散楼梯间

B. 建筑高度为15 m的3层卡拉OK厅，设置2座梯段净宽度均为1.2 m的封闭楼梯间

C. 建筑高度为26 m的老年人照料中心，采取防烟楼梯间，楼梯段净宽度为1.2 m

D. 建筑高度为33 m的住宅建筑，户门采用乙级防火门，每个单元设置2座梯段净宽度为0.9 m的敞开楼梯间

二、多项选择题（共20题，每题2分。每题的备选项中，有2个或2个以上符合题意，至少有1个错项。错选，本题不得分；少选，所选的每个选项得0.5分）

81. 下列储存物品中，属于乙类储存火灾危险性分类的有（　　）。

A. 丁醚
B. 赛璐珞棉
C. 樟脑油
D. 硝酸铵
E. 硝酸铜

82. 某城市中心区拟新增2个加油加气站，以下关于2个加油加气站规划和选址符合《汽车加油加气加氢站技术标准》的最佳安全性要求的是（　　）。

A. 建1个一级加油站和1个一级加油加气合建站
B. 建1个二级加油站和1个CNG加气母站
C. 建1个二级加油站和1个CNG加气站
D. 建1个二级加油站和1个LPG加气站
E. 加油加气站建在城市干道的交叉路口附近并靠近城市道路

83. 下列关于锅炉房防火防爆做法正确的有（　　）。

A. 燃油锅炉房与综合楼贴邻布置时，采用防火隔墙与贴邻建筑分隔
B. 设置在屋顶的锅炉房，距离屋面的安全出口为5 m
C. 燃气锅炉房设置爆炸泄压设施且设置独立的通风系统
D. 单独建造的单台热水锅炉的额定热功率不大于2.8 MW的单层二级燃煤锅炉房，高8 m，与相邻一类高层宾馆裙房的防火间距为9 m
E. 锅炉房的储油间总储存量为0.8 m³，应采用耐火极限不低于3.00 h的防火隔墙与锅炉间分隔

84. 某大型商场建筑面积为15 000 m²，标准层高度为5 m，内部设置自动喷水灭火系统。下列关于该自动喷水灭火系统说法错误的有（　　）。

A. 系统的喷水强度为6 L/(min·m²)
B. 设置1套湿式报警阀组

C. 所用闭式洒水喷头的公称动作温度高于环境最高温度 30 ℃

D. 系统的作用面积为 100 m²

E. 采用湿式系统时，系统最不利点处喷头的工作压力为 0.1 MPa

85. 下列汽车库需要设置自动灭火系统的有（　　）。

A. 停车位为 50 个，总建筑面积为 1 500 m² 的地上车库

B. 修车位为 10 个，总建筑面积为 2 000 m² 的地上车库

C. 停车数为 10 辆的室内无车道且无人员停留的机械式汽车库

D. 停车位为 100 个，总建筑面积为 3 500 m² 的地上车库

E. 停车数为 30 辆的地下车库

86. 某省会城市的广播电台在办公楼内新建 300 m² 电子信息系统机房，该机房由 200 m² 的主机房和 100 m² 的磁盘介质档案室组成。以下关于该机房的建设方案符合消防安全要求的是（　　）。

A. 电子信息系统机房建设在地下一层

B. 主机房设置 2 个安全出口

C. 主机房采用高压细水雾灭火系统

D. 磁盘介质档案室采用二氧化碳灭火系统

E. 电子信息系统机房作为独立的防火分区

87. 下列关于消防车道设置做法正确的有（　　）。

A. 某回字形综合楼，沿街道建筑长 180 m，沿街部分设置 1 个穿过此建筑物的消防车道

B. 消防车道穿过建筑物的洞口处地面标高为 0.300 m，洞口顶部的标高为 4.500 m，门洞净宽度为 4 m

C. 某服装厂，高 25 m，共 5 层，占地面积 3 500 m²，沿其 2 个长边设置尽头式消防车道，回车场尺寸为 12 m × 13 m

D. 高层厂房周围的环形消防车道有 1 处与市政道路连通

E. 高层住宅建筑沿建筑的 1 个长边设置消防车道，该长边所在建筑立面应为消防车登高操作面

88. 某办公楼建筑高度为 80 m，每层为一个防火分区，有两部防烟楼梯间，设有火灾自动报警系统、室内消火栓系统和防烟排烟系统等消防设施。下列关于防烟系统的联动设计，符合规范要求的有（　　）。

A. 三层的两只感烟火灾探测器报警后，两部防烟楼梯前室的二层至四层送风口均打开

B. 首层的一只手动火灾报警按钮和一只感温火灾探测器报警后，10 s 内所有送风机均启动

C. 手动打开前室内常闭送风口，前室的防烟系统送风机启动

D. 一层走道和二层一前室的两个感烟火灾探测器报警后，该前室防烟系统的送风机启动

E. 手动启动送风机，该送风机担负的送风口联动开启

89. 某单位办公楼建筑高度为 20 m，地上部分为办公室和单身员工宿舍，地下一层为车库（车库内未设置取暖设施，车库未设置吊顶），建筑内全部设置自动喷水灭火系统进行保护。下列关于该场所自动喷水灭火系统的做法中，正确的有（　　）。

　　A. 车库内设置预作用系统

　　B. 地上部分房间内设置边墙型洒水喷头

　　C. 车库内采用直立型喷头

　　D. 地上部分走廊内设置隐蔽型喷头

　　E. 系统设置的洒水喷头，其公称动作温度高于环境最低温度 30 ℃

90. 下列关于防火分隔的做法中，正确的有（　　）。

　　A. 家禽养殖场在防火墙上设置一个耐火极限为 2.50 h 的防火门

　　B. 某高层办公楼的通风、空调系统，风管在穿越防火分隔处的变形缝两侧设防火阀，平时处于常开状态

　　C. 氧气瓶仓库采用耐火极限为 4.00 h 的防火墙划分防火分区，防火墙设置 1 m 宽的甲级防火门

　　D. 某高层酒店内防火分区的一个分隔部位的宽度为 33 m，该分隔部位使用宽度为 11 m 的防火卷帘进行分隔，该防火卷帘具有火灾时靠自重自动关闭功能

　　E. 某餐饮场所内厨房的排油烟管道，在与竖向排风管连接的支管处应设置公称动作温度为 70 ℃ 的防火阀

91. 某石油化工储罐区设有固定顶、卧式、内浮顶和外浮顶储罐，下列储罐中需要装设通气管阻火器的是（　　）。

　　A. 储存煤油的固定顶储罐

　　B. 储存甲醛的地上卧式储罐

　　C. 储存重柴油的覆土卧式油罐

　　D. 储存原油的外浮顶储罐

　　E. 储存苯乙炔并采用氮气密封保护系统的内浮顶储罐

92. 下列关于气体灭火系统工作原理和操作控制的说法中，正确的有（　　）。

　　A. 组合分配系统启动时，选择阀应在容器阀开启前或同时打开

　　B. 管网灭火系统应设自动控制、手动控制和机械应急操作 3 种启动方式

　　C. 自动控制装置应接到任一火灾信号后联动启动

　　D. 单元独立式系统具有同时保护但不能同时灭火的特点

　　E. 手动控制装置和手动与自动转换装置应设在防护区疏散出口的门外便于操作的地方，安装高度为中心点距地面 1.6 m

93. 某人防工程内建设溜冰馆的冰场，需要用防火卷帘分隔防火分区，以下对防火卷帘的设置描述，正确的是（　　）。

A. 当防火分隔部位的宽度为 24 m 时，防火卷帘的最大宽度是 12 m

B. 当防火分隔部位的宽度为 36 m 时，防火卷帘的最大宽度是 12 m

C. 防火卷帘与楼板、梁和墙、柱之间的空隙应采用防火封堵材料封堵

D. 火灾时自动降落的防火卷帘，能够反馈降落信号

E. 防火卷帘的耐火极限为 2.00 h

94. 下列关于火灾自动报警系统联动控制做法正确的有（　　）。

A. 确认火灾后，由发生火灾的报警区域开始，火灾自动报警系统顺序启动全楼疏散通道的消防应急照明和疏散指示系统

B. 建筑首层确认火灾后，只启动首层、二层和地下各层的火灾声光警报器

C. 应能联动控制所有电梯强制停于首层或电梯转换层

D. 应能联动切断火灾区域及相关区域的非消防电源

E. 消防应急广播与普通广播或背景音乐广播合用时，联动强制切入消防应急广播状态

95. 某单层农药厂乐果厂房，其周边布置有二级耐火等级的多个建筑以及储油罐，下列关于该浸出厂房与周边建（构）筑物防火间距做法正确的有（　　）。

A. 与氨压缩机房（建筑高度为 23.8 m）的防火间距为 12 m

B. 与燃煤锅炉房（建筑高度为 8 m）的防火间距为 25 m

C. 与桐油制备厂房（建筑高度为 22 m）的防火间距为 13 m

D. 与硫黄回收厂房（建筑高度为 25 m）的防火间距为 12 m

E. 与汽油储罐（钢制，容量为 20 m³）的防火间距为 15 m

96. 下列关于建筑物防烟排烟系统说法正确的有（　　）。

A. 建筑中需要防烟的场所可以同时设机械加压送风系统和自然通风系统

B. 建筑中需要排烟的场所可以同时设机械排烟和自然排烟

C. 建筑中需要排烟的场所同时需要设补风系统

D. 建筑中排烟系统可以和通风、空调系统合用

E. 送风阀、排烟阀都是常闭，防火阀、排烟防火阀都是常开

97. 下列关于建筑中疏散门做法正确的有（　　）。

A. 建筑高度为 23.4 m 的医院门诊楼，封闭楼梯间在每层均设置双向弹簧门并向疏散方向开启

B. 某餐厅首层设置 1 个净宽 1.8 m 的推拉门

C. 某木工厂房，内置 3 个生产车间，每个车间工作人数 30 人，每个车间设置 3 个向房间内开启的疏散门

D. 某学生宿舍，每间核定人数 6 人，每个房间设置 1 个净宽为 0.9 m 并向房间内开启的门

E. 某搪瓷制品仓库，在仓库首层靠墙的外侧设置 2 个净宽 3 m 的推拉门

98. 某医院病房楼高 33 m，每层建筑面积为 2 000 m²，设置火灾自动报警系统和自动

灭火系统等。下列关于该病房楼内部装修做法正确的有（　　）。

A. 墙面采用复合壁纸装修

B. 地面铺装 PVC 卷材地板

C. 窗帘采用化纤织物

D. 顶棚采用水泥刨花板装修

E. 隔断采用玻璃钢装修

99. 某高层写字楼采用临时高压消防给水系统，选用离心式消防水泵作为消火栓泵和喷淋泵，离心式消防水泵的吸水管、出水管和阀门等设计安装正确的是（　　）。

A. 每组消防水泵设置 2 个吸水管连接

B. 每组消防水泵至少有 1 条输水干管与消防给水环状管网连接

C. 消防水泵吸水口的淹没深度为 500 mm

D. 采用旋流防止器的消防水泵吸水口的淹没深度为 300 mm

E. 消防水泵的吸水管上设置暗杆阀门，阀门设有开启刻度和标志

100. 对某加油站采用事故树方法进行火灾风险评估，以下关于求解的最小割集和最小径集描述正确的是（　　）。

A. 最小割集是引起顶事件发生的充分必要条件

B. 最小割集表示顶事件发生的原因组合

C. 最小割集表示系统的安全性

D. 最小径集表示系统的危险性

E. 最小径集表示系统安全的最佳方案

消防安全技术实务
模考通关试卷（三）

一、单项选择题（共80题，每题1分。每题的备选项中，只有1个最符合题意）

1. 下列关于火灾探测器说法正确的是（   ）。
   A. 吸气式感烟火灾探测器可分为线型和点型
   B. 线性感温火灾探测器可分为定温型和差温型
   C. 一氧化碳探测器可接入火灾报警控制器的探测器回路
   D. 高海拔地区可使用光电感烟火灾探测器

2. 某商业综合体建筑，其办公区、酒店区、商业区分别设置消防控制室。下列关于消防控制室功能说法错误的是（   ）。
   A. 三个消防控制室，应确定一个为主消防控制室
   B. 主消防控制室应能显示建筑内所有火灾报警信号和联动控制状态信号
   C. 主消防控制室应能控制建筑内所有的消防设备
   D. 分消防控制室可以互相传输、显示状态信息，但不应互相控制

3. 下面平板状建筑材料的燃烧性能等级属于 B_1 级的建筑构件燃烧性能等级的是（   ）。
   A. C级
   B. D级
   C. E级
   D. F级

4. 下列场所中，宜选择感温火灾探测器的是（   ）。
   A. 通信机房
   B. 车库
   C. 发电机房
   D. 电梯机房

5. 某地下车库出口处需要设置室外消火栓，消火栓选址距离车库出入口的范围宜是（   ）m。
   A. 5～20

B. 10～40

C. 5～40

D. 10～40

6. 根据防烟系统的联动控制设计要求，当（　　）时，送风机不会动作。

　　A. 联动控制器处于自动状态，同一防烟分区内1只火灾探测器和1只手动火灾报警按钮报警

　　B. 送风机控制柜处于手动状态，现场手动启动送风机

　　C. 送风机控制柜处于手动状态，联动控制器上手动控制送风口开启

　　D. 联动控制器处于自动状态，前室常闭送风口开启的动作反馈信号

7. 下列关于建筑灭火器配置计算修正系数说法错误的是（　　）。

　　A. 同时设置室内消火栓系统和自动喷水灭火系统时，修正系数为0.5

　　B. 仅设室内消火栓系统时，修正系数为0.9

　　C. 仅设有自动喷水灭火系统时，修正系数为0.7

　　D. 同时设置室内消火栓系统和气体灭火系统时，修正系数为0.3

8. 下列建筑需要设置室外消火栓系统的是（　　）。

　　A. 建筑体积1 000 m^3 的水泥刨花板储存仓库

　　B. 建筑体积2 000 m^2，采用防火保护的钢结构单层机械磨具厂

　　C. 建筑体积3 000 m^3 的砖混结构3层瓷器加工厂

　　D. 居住区人数为500人的2层独栋别墅区

9. 某高层综合楼共8层，地下一、二层为设备用房和车库，首层和二层为超市，三层至八层为办公楼，该建筑内的柴油发电机房的设置中，错误的是（　　）。

　　A. 柴油发电机房设在地下一层

　　B. 燃料管道在进入建筑物前设置自动和手动切断阀

　　C. 柴油发电机房储油量为1 m^3，储油间与其他部位隔离，应设甲级防火门

　　D. 设置火灾自动报警系统

10. 下列建筑场所中，有关平面布置描述错误的是（　　）。

　　A. 三级耐火等级的商店建筑共2层

　　B. 地下商场不应经营、储存和展示甲类火灾危险性物品

　　C. 托儿所不应设置在地下或半地下

　　D. 建筑面积为180 m^2，使用人数为35人的老年人照料设施中的老年人公共活动用房设置在地下一层

11. 某商场二层的两个防火分区A和B之间设置了防火卷帘，其联动控制正确的是（　　）。

　　A. A防火分区的感烟火灾探测器动作后，防火卷帘下降至距楼板面1.8 m处；感温火灾探测器动作后，防火卷帘下降到楼板面

B. B防火分区的两只感温火灾探测器动作后，防火卷帘下降到楼板面
C. A防火分区的一只感烟火灾探测器动作后，防火卷帘下降到楼板面
D. 能在消防控制室内的消防联动控制器上手动控制防火卷帘的升降

12. 下列关于耐火极限表述正确的是（　　）。
A. 失去耐火完整性的时间＞失去隔热性的时间＞失去承载能力的时间
B. 失去承载能力的时间＞失去耐火完整性的时间＞失去隔热性的时间
C. 失去耐火完整性的时间＞失去承载能力的时间＞失去隔热性的时间
D. 失去隔热性的时间＞失去耐火完整性的时间＞失去承载能力的时间

13. 下列关于疏散楼梯间设置做法正确的是（　　）。
A. 建筑高度为25 m的6层医院建筑应采用封闭楼梯间
B. 建筑高度为33 m的10层商场采用封闭楼梯间
C. 建筑高度为25 m的老年人日间照料设施采用防烟楼梯间
D. 建筑高度为23 m的2层图书馆建筑采用敞开楼梯间

14. 下列建筑需要设置室内消火栓系统的是（　　）。
A. 建筑占地面积为200 m^2的甲类厂房
B. 体积为3 000 m^3的展览馆
C. 1 000个座位的礼堂
D. 建筑高度为23 m的教学楼

15. 某商用厨房的电炸锅油温控制装置故障，油温过热发生火灾，该火灾的类型是（　　）。
A. B类可燃液体火灾
B. D类金属火灾
C. E类电气火灾
D. F类烹调油火灾

16. 某综合楼地下车库的感烟火灾探测器经常误报故障，不可能的原因是（　　）。
A. 地下车库灰尘大，有汽车尾气
B. 火灾探测器与底座接触不良
C. 火灾探测器内部故障
D. 火灾探测器通信信号总线故障

17. 公共图书馆的阅览室的地面最低水平照度不应低于（　　）lx。
A. 3.0
B. 1.0
C. 5.0
D. 10.0

18. 下列建筑防爆措施中，属于减轻性措施的是（   ）。
    A. 加强通风除尘
    B. 利用惰性介质进行保护
    C. 消除静电火花
    D. 加强建筑结构主体的强度和刚度

19. 某地为保护环境，拟推广乙醇汽油的使用，新建乙醇汽油储存设施。保护乙醇汽油储罐的泡沫灭火系统宜选用的泡沫液是（   ）。
    A. 氟蛋白泡沫液
    B. 抗溶性泡沫液
    C. 高倍数泡沫液
    D. 水成膜泡沫液

20. 下列场所或部位中，不需设置雨淋系统的是（   ）。
    A. 超过2 000个座位的会堂或礼堂的舞台葡萄架下部
    B. 建筑面积为400 m^2的演播室
    C. 建筑面积为400 m^2的电影摄影棚
    D. 日装瓶数量大于3 000瓶的液化石油气储配站的灌瓶间、实瓶库

21. 下列关于可燃气体探测报警系统设计的说法，符合规范要求的是（   ）。
    A. 可燃气体探测器都是点型探测器
    B. 独立式可燃气体探测器可接入火灾报警控制器的探测回路
    C. 一氧化碳探测器应设置在空间的下方
    D. 可燃气体报警控制器应能显示所有可燃气体探测器探测的可燃气体浓度值

22. 二氧化碳灭火器结构组成不包括（   ）。
    A. 虹吸管
    B. 压力表
    C. 保险销
    D. 器头

23. 下列物质中，暴露在空气中短时间内会自燃起火的为（   ）。
    A. 氢化钾
    B. 碳化钙
    C. 三氯化钛
    D. 硝化纤维胶片

24. 某地下车库拟设置泡沫–水喷淋系统进行保护。保护非水溶性液体的泡沫–水喷淋系统当选用非吸气型喷头时，应选用（   ）。
    A. 水成膜泡沫液
    B. 高倍数泡沫液

C. 氟蛋白泡沫液

D. 抗溶性泡沫液

25. 某地铁站为 2 条线路的换乘车站,且与地下人防工程的商业中心相连通,以下关于安全出口设置符合《地铁设计防火标准》的是(　　)。

　　A. 换乘站厅公共区应设置 4 个直通室外的安全出口

　　B. 站厅相邻 2 个最近安全出口之间的水平距离是 15 m

　　C. 站厅公共区与商业中心的安全出口可以互相借用

　　D. 站厅公共区与商业中心的连通口和上、下联系楼梯或扶梯可作为相互间的安全出口

26. 模拟某机场候机厅的零售商店火灾,需要求解火灾过程中火灾烟气扩散速度、火场温度、可燃物产物组分浓度的空间分布及其随时间的变化,需要采用的模型是(　　)。

　　A. 经验模型

　　B. 区域模型

　　C. 场模型

　　D. 场区混合模型

27. 检查某工业场所的消防控制室,下列设置中错误的是(　　)。

　　A. 消防控制室与其他部位采用耐火极限不低于 1.50 h 的防火隔墙和耐火极限不低于 1.00 h 的楼板分隔

　　B. 消防控制室开向建筑内的门采用乙级防火门

　　C. 消防控制室设置在首层靠外墙部位

　　D. 消防控制室的门直通室外

28. 某医院需在消防水泵房内设置流量和压力测试装置,下列关于医院消防水泵和测试装置描述正确的是(　　)。

　　A. 消防水泵房内单台消防给水泵的流量大于 20 L/s、设计工作压力大于 0.5 MPa

　　B. 消防水泵流量检测装置的计量精度应为 0.5 级,最大量程的 75% 应大于最大一台消防水泵设计流量值的 175%

　　C. 消防水泵压力检测装置的计量精度应为 0.5 级,最大量程的 65% 应大于最大一台消防水泵设计压力值的 165%

　　D. 每台消防水泵出水管上应设置 DN100 的试水管

29. 某新建地铁站拟采用机械防烟系统和机械排烟系统与正常通风系统合用,以下关于该站防烟排烟设计正确的是(　　)。

　　A. 通风系统由正常运转模式转为防烟或排烟运转模式的时间为 200 s

　　B. 站厅公共区内划分为 2 个防烟分区,分别为 1 600 m² 和 2 400 m²

　　C. 挡烟垂壁或划分防烟分区的建筑结构应为不燃材料且耐火极限为 0.30 h

　　D. 挡烟垂壁的下缘至地面、楼梯或扶梯踏步面的垂直距离为 2.4 m

30. 某办公建筑高 110 m,每层设 4 个防火分区。下列关于建筑内避难走道说法正确

的是（　　）。

A. 避难走道防火隔墙的耐火极限不应低于 3.00 h，楼板的耐火极限不应低于 1.00 h
B. 避难走道内部装修材料的燃烧性能等级可为 B_1 级
C. 防火分区至避难走道入口的防烟前室，使用面积为 6 m^2，开向前室的门应采用乙级防火门，前室开向避难走道的门应采用甲级防火门
D. 避难走道内应设应急广播和消防专线电话

31. 某地下商场拟设置自动喷水灭火系统进行保护，宜采用快速响应洒水喷头。当采用快速响应洒水喷头时，该系统应为（　　）。

A. 湿式系统
B. 水幕系统
C. 干式系统
D. 预作用系统

32. 以下场所适宜设置自动跟踪定位射流灭火系统的是（　　）。

A. 建筑高度为 13 m 的体育馆
B. 建筑高度 9 m 的铝制轮毂加工厂房
C. 建筑面积 10 000 m^2 的原油储罐区
D. 高度 12 m 的橡胶高架仓库

33. 下列关于大型商业综合体餐饮场所的说法，错误的是（　　）。

A. 餐厅桌椅摆放不应占用、堵塞疏散通道、安全出口
B. 厨房排油烟罩、油烟道定期清洗
C. 厨房的墙面、地面可采用 B_1 级装修材料
D. 餐饮区不准使用木炭、卡式炉、酒精炉等明火加热食物

34. 下列属于消防联动控制器功能的是（　　）。

A. 显示火灾显示盘的工况
B. 显示消防水池水位信息
C. 控制火灾声光警报器启动和停止
D. 显示防烟排烟系统的手动、自动工作状态

35. 某地上 4 层谷物筒仓的工作塔，其有爆炸危险的生产部位宜设置在第（　　）层靠外墙位置。

A. 三
B. 四
C. 二
D. 一

36. 某 5 层综合体耐火等级为一级，裙房与建筑主体连通。裙房地上 3 层，地下 1 层，商业业态包括商业营业厅及餐厅等。裙房第二层的百人疏散宽度指标应为（　　）m/百人。

A. 0.65
B. 1
C. 0.75
D. 0.85

37. IG541混合气体灭火系统的灭火设计浓度不应小于灭火浓度的（　　）倍，惰化设计浓度不应小于灭火浓度的（　　）倍。
   A. 1.1，1.3
   B. 1.4，1.2
   C. 1.3，1.1
   D. 1.2，1.4

38. 某地上汽车库，耐火等级为二级，建筑面积为1 000 m²，车位数为100个，以下关于该车库的消防设施，设计正确的是（　　）。
   A. 该车库可不设置消防给水系统
   B. 该车库可不设置自动喷水灭火系统
   C. 该车库应设置泡沫－水喷淋系统
   D. 该车库可不设置火灾报警系统

39. 发生火灾时，预作用喷水灭火系统的雨淋阀可由（　　）开启。
   A. 火灾探测器
   B. 水流指示器
   C. 闭式喷头
   D. 压力开关

40. 下列建筑材料中，燃烧性能等级属于B_1级的是（　　）。
   A. 天然木材
   B. 半硬质PVC塑料地板
   C. 纯毛装饰布
   D. 硬PVC塑料地板

41. 下列装修材料中，属于B_1级墙面装修材料的是（　　）。
   A. 复合壁纸
   B. 聚酯装饰板
   C. 水泥刨花板
   D. 纸质装饰板

42. 下列消防救援口设置的说法中，符合规范要求的是（　　）。
   A. 一类高层办公楼，在三层以上设置消防救援口
   B. 救援口净高度和净宽度均为1.5 m
   C. 某展览馆，每层共3个防火分区，每个防火分区设置1个救援口

D. 多层医院顶层外墙面，连续设置无间隔的广告屏幕

43. 某长度大于 1 500 m，可通行运输危险化学品车辆的隧道的承重结构体的耐火极限不低于（　　）h。
A. 1.00
B. 1.50
C. 2.00
D. 2.50

44. 下列关于电气火灾监控系统设置说法错误的是（　　）。
A. 养老院必须设置电气火灾监控系统
B. 电气火灾监控系统应由电气火灾监控设备、剩余电流式电气火灾监控探测器、测温式电气火灾监控探测器和故障电弧探测器部分或全部设备组成
C. 独立式电气火灾监控探测器的报警信息应传至消防控制室或有人值班场所
D. 剩余电流式电气火灾监控探测器设置在最末一级配电箱

45. 某新建 24 层，高度为 73 m 的住宅，设有室内消火栓系统，消火栓栓口动压和消防水枪充实水柱的设计参数符合要求的是（　　）。
A. 0.35 MPa，10 m
B. 0.35 MPa，13 m
C. 0.25 MPa，10 m
D. 0.25 MPa，13 m

46. 某新建商用石油库，储存原油、汽油和柴油，以下关于石油库内平面布置不符合《石油库设计规范》的是（　　）。
A. 按照原油、汽油和柴油类别分别集中布置
B. 铁路装卸区布置在石油库的边缘地带，铁路线与石油库出入口的道路平行设置
C. 公路装卸区布置在石油库临近库外道路的一侧，并设围墙与其他各区隔开
D. 消防车库布置在储罐区全年最小频率风向的上风侧

47. 某石油化工企业的乙烯装置的裂解反应系统设有装置内火炬，以下关于火炬系统设置表述，不符合《石油化工企业设计防火标准》的是（　　）。
A. 火炬设长明灯
B. 排入火炬的废物含有可燃气体或可燃气体和可燃液体混合物
C. 火炬的辐射热不应影响人身及设备的安全
D. 距火炬筒 50 m 处，设置可燃气体放空

48. 某大型超市拟在钢质防火卷帘上部设置防护冷却水幕，用以通过喷水冷却的方式提高防火卷帘的耐火时间。此时应选择采用的喷头类型为（　　）。
A. 开式洒水喷头
B. 水幕喷头

C. 闭式喷头

D. 边墙型喷头

49. 下列关于机械加压送风系统的说法，符合规范要求的是（　　）。

A. 送风口的风速不宜大于 10 m/s

B. 设置机械加压送风系统的封闭楼梯间、防烟楼梯间，应在其顶部设置不小于 1 m² 的固定窗

C. 靠外墙的防烟楼梯间，尚应在其外墙上每 5 层内设置总面积不小于 2 m² 的可开启外窗

D. 采用机械加压送风的场所，宜同时设置自然通风设施

50. 下列多层厂房中，设置机械加压送风系统的封闭楼梯间可不采用乙级防火门的是（　　）。

A. 建筑高度为 25 m 的 8 层医院

B. 5 层的办公楼

C. 硫黄回收厂房

D. 3 层的服装加工厂房

51. 某公司控制机房采用组合分配式气体灭火系统进行保护，该系统灭火剂储存装置的容器阀和集流管之间应设（　　）。

A. 选择阀

B. 安全阀

C. 泄压阀

D. 单向阀

52. 下列物质起火，属于 E 类火灾的是（　　）。

A. 变压器

B. 金属铝粉车间

C. 柴油储罐

D. 计算机仓库

53. 着火房间热烟气蔓延到楼道后，热烟气在楼道顶棚迅速蔓延的主要传热方式是（　　）。

A. 热传导

B. 热对流

C. 热辐射

D. 热蔓延

54. 某酒店房间应用 t^2 模型进行火灾场景模拟，酒店床品床垫为聚酯床垫，火灾蔓延速度分级为（　　）。

A. 极快

B. 快速

C. 中速

D. 慢速

55. 通信机房和电子计算机房等场所的电气设备火灾，S型热气溶胶的灭火设计密度不应小于（　　）g/m³。

   A. 120

   B. 130

   C. 140

   D. 150

56. 对于建筑高度为33 m的体育馆，消防车登高操作场地的最小长度和宽度是（　　）。

   A. 20 m，10 m

   B. 15 m，10 m

   C. 15 m，15 m

   D. 10 m，10 m

57. 不属于影响公共建筑疏散设计指标主要因素的是（　　）。

   A. 人员密度

   B. 疏散宽度指标

   C. 人员心理承受能力

   D. 疏散距离指标

58. 某燃煤电厂的机组容量为50 MW，下列消防设施设计不符合《火力发电厂与变电站设计防火标准》的是（　　）。

   A. 电缆夹层、控制室、电缆隧道、电缆竖井设计火灾自动报警系统

   B. 电子设备间设计水喷雾灭火系统

   C. 封闭式运煤栈桥采用钢结构，设计开式水灭火系统

   D. 油浸变压器设置水喷雾灭火系统

59. 某包装纸箱仓库配置灭火器，以下灭火器不适用的是（　　）。

   A. 水型灭火器

   B. 磷酸铵盐干粉灭火器

   C. 碳酸氢钠干粉灭火器

   D. 泡沫灭火器

60. 以下关于粉尘爆炸描述错误的是（　　）。

   A. 颗粒越细小，爆炸危险性越大

   B. 空气中含水量越高，粉尘的最小引爆能量越低

   C. 含氧量的增加，爆炸浓度极限范围扩大

D. 粉尘中存在可燃气体时，粉尘爆炸的危险性增大

61. 某医院门诊楼建筑高度 35 m，下列供电方式不能满足其消防负荷供电要求的是（　　）。
A. 电源来自 1 个发电厂，同时另设 1 台自备发电机组
B. 电源来自 2 个区域变电站
C. 电源来自 2 个发电厂
D. 电源来自 1 个区域变电站

62. 某修车库建筑面积为 800 m²，设置 4 个修车位，下列关于该车库的室内消火栓设置说法错误的是（　　）。
A. 用水量设计为 10 L/s
B. 系统管道内的压力应保证一个消火栓的水枪充实水柱到达室内任何部位
C. 室内消火栓水枪的充实水柱为 7 m
D. 相邻室内消火栓的间距为 40 m

63. 某公司拟在天然气液化站与接收站的集液池或储罐围堰区设置局部应用式高倍数泡沫灭火系统。当高倍数泡沫灭火系统用于扑救 B 类火灾时，其泡沫连续供给时间不宜小于（　　）min。
A. 30
B. 40
C. 15
D. 20

64. 为确保灭火后的气体灭火系统防护区及时通风换气，地下防护区和无窗或设固定窗扇的地上防护区，应设置机械排风装置。通信机房的通风换气次数应不少于每小时（　　）次。
A. 2
B. 3
C. 5
D. 10

65. 七氟丙烷灭火系统不适用于扑救（　　）。
A. 固体表面火灾
B. 液体表面火灾
C. 联胺火灾
D. 灭火前可切断气源的气体火灾

66. 下列建筑中，不需要设置消防电梯的是（　　）。
A. 32 m 的住宅建筑
B. 33 m 的商场

C. 地上部分设消防电梯，地下埋深大于 10 m，总建筑面积为 5 000 m² 的商场

D. 每层建筑面积为 20 000 m² 的高层酒店

67. 下列关于消防车道设置说法错误的是（　　）。

A. 消防车道的坡度为 9%

B. 座位数 4 000 个的礼堂应设置环形消防车道

C. 占地面积为 5 000 m² 的商店建筑，可沿建筑的 2 个长边设置消防车道

D. 建筑高度为 25 m 的 2 层空分厂房应设环形消防车道

68. 某综合楼高度为 14 m，总建筑面积为 1 500 m²，地上 5 层，地下 1 层，地上部分为商业和办公用房，地下一层为设备用房，该建筑地下部分最低耐火等级为（　　）。

A. 二级

B. 一级

C. 三级

D. 四级

69. 下列场所灭火器配置方案中，错误的是（　　）。

A. 加油加气站配备磷酸铵盐干粉灭火器

B. 碱金属（钾、钠）库房配置二氧化碳灭火器

C. 酒精库房配置水基型泡沫灭火器

D. 液化石油气灌瓶间配置碳酸氢钠干粉灭火器

70. 下列关于排烟系统中补风口的说法，不符合规范要求的是（　　）。

A. 补风口与排烟口设置在同一空间内相邻的防烟分区时，补风口位置不限

B. 补风口与排烟口水平距离不应少于 5 m

C. 人员密集场所机械补风口的风速不宜大于 10 m/s

D. 自然补风口的风速不宜大于 3 m/s

71. 细水雾灭火系统应按喷头的型号、规格储存备用喷头，其数量不应小于相同型号、规格喷头实际设计使用总数的（　　），且分别不应少于（　　）只。

A. 1%，10

B. 10%，10

C. 1%，5

D. 5%，10

72. 某高度 35 m 的医院建筑，一楼为门诊大厅，设中庭，下列关于中庭与周围连通空间进行防火分隔的做法，错误的是（　　）。

A. 采用耐火隔热性和耐火完整性为 1 h 的防火玻璃墙

B. 采用耐火极限为 3.00 h 的防火卷帘

C. 中庭回廊应设置自动喷水灭火系统和火灾自动报警系统

D. 中庭内设木质装饰物

73. 下列建筑的场所内或部位中，应设置排烟设施的是（　　）。
   A. 建筑面积为 400 m² 的木器加工车间
   B. 占地面积为 1 000 m² 的服装仓库
   C. 办公楼内建筑面积为 50 m² 的无窗资料室
   D. 民用建筑内长度为 20 m 的疏散走道

74. 某高层住宅，下列关于其机械加压送风系统的设置，符合规范要求的是（　　）。
   A. 送风机的进风口设在机械加压送风系统的上部，且采取防止烟气侵袭的措施
   B. 楼梯间每层设一个常开式百叶送风口
   C. 送风机的进风口与排烟风机的出风口布置在同一垂直层面，两者边缘最小垂直距离 10 m
   D. 送风机的进风口设置在排烟风机出风口的上方

75. 某高层综合楼用途为宾馆、办公和商业。下列关于其内部场所地面水平最低照度说法正确的是（　　）。
   A. 逃生用缓降器存放处，地面水平最低照度不应低于 5.0 lx
   B. 消防电梯间前室，地面水平最低照度不应低于 3.0 lx
   C. 避难层，地面水平最低照度不应低于 1.0 lx
   D. 自动扶梯上方，地面水平最低照度不应低于 1.0 lx

76. 某半地下人防工程超市，其采光窗井分别与高层写字楼、相邻面为防火墙的二级耐火等级的丙类仓库、三级耐火等级陶瓷建材城、二级耐火等级的 6 层住宅相邻，下列描述的防火间距不符合要求的是（　　）。
   A. 距离高层写字楼距离为 13 m
   B. 距离丙类仓库为 5 m
   C. 距离陶瓷建材城为 13 m
   D. 距离住宅为 5 m

77. 由应急照明控制器、应急照明配电箱和消防灯具组成的消防应急照明和疏散指示系统类型是（　　）。
   A. 集中控制集中电源型
   B. 集中控制自带电源型
   C. 非集中控制集中电源型
   D. 非集中控制自带电源型

78. 在 IIB 级别、T4 组别的爆炸性气体危险环境中选用隔爆型的防爆电气设备，下列防爆电气设备中，可采用的是（　　）。
   A. ExeIIBT4
   B. ExdIIAT4
   C. ExdIICT4

D. ExeIIBT3

79. 某地下车库建筑面积为 10 000 m²，设置车位 300 个，该车库的室外消火栓的消防用水量设计正确的是（　　）L/s。
A. 5
B. 10
C. 15
D. 20

80. 下列消防配电设计方案中，不符合规范要求的是（　　）。
A. 主消防泵为电动机水泵，备用消防泵为柴油机水泵，主消防泵可采用一路电源供电
B. 当消防备用电源采用中压柴油发电机组时，火灾确认后要在 60 s 内供电
C. 防烟排烟风机可采用放射式或树干式供电
D. 消防负荷的配电线路所设置的保护电器要具有接地故障保护功能

二、多项选择题（共 20 题，每题 2 分。每题的备选项中，有 2 个或 2 个以上符合题意，至少有 1 个错项。错选，本题不得分；少选，所选的每个选项得 0.5 分）

81. 下列物品中，储存与生产火灾危险性类别不同的有（　　）。
A. 植物油
B. 白兰地
C. 樟脑
D. 桐油制品
E. 赤磷

82. 某新建变电站，以下关于火灾自动报警系统的设置，符合《火力发电厂与变电站设计防火标准》的有（　　）。
A. 通信机房设置点型感烟火灾探测器
B. 控制室设置吸气式火灾探测器
C. 室外储存备用的油浸变压器不设火灾自动报警系统
D. 电缆竖井设置点型感烟火灾探测器
E. 继电器室设置吸气式火灾探测器

83. 某医院建筑，建筑高度为 23 m，地上标准层每层划分为面积相近的 3 个防火分区，防火分隔部位的宽度为 30 m，该商业建筑的下列防火分隔做法中，正确的有（　　）。
A. 防火墙从楼地面基层隔断至梁、楼板或屋面板的底面基层
B. 防火墙上设置火灾时能自动关闭的甲级防火门、窗
C. 可燃气体管道穿过防火墙
D. 建筑外墙为难燃性墙体，防火墙凸出墙的外表面 0.5 m
E. 设置总宽度为 12 m、耐火极限为 3.00 h 的特级防火卷帘

84. 某综合楼一层营业厅用活动挡烟垂壁划分为 A 和 B 2 个防烟分区，由 1 套排烟系统担负，关于其联动控制的做法，符合规范要求的有（　　）。

A. 防烟分区 A 内的任 2 只感烟火灾探测器报警，联动控制挡烟垂壁在 10 s 内下落，30 s 内挡烟垂壁开启到位

B. 防烟分区 A 内的 2 只感烟火灾探测器报警，联动控制该营业厅的排烟口开启

C. 防烟分区 B 内的 2 只感温火灾探测器报警，联动控制该防烟分区的排烟口开启

D. 营业厅内任一排烟阀开启，动作信号联动控制排烟风机启动

E. 手动控制挡烟垂壁下落，下落到位后联动启动排烟机

85. 某住宅区的地下人防工程为地下 2 层，2 层层高相等。地下二层室内地面与室外出入口地坪高差为 15 m，以下对人防工程设置符合《人民防空工程设计防火规范》平面布置防火要求的有（　　）。

A. 地下一层开设使用液化石油气经营的餐厅

B. 地下一层开设社区幼儿园

C. 地下一层开设社区医院

D. 地下二层开设卡拉 OK 厅

E. 地下二层开设食品超市

86. 下列场所中，应采用预作用系统的是（　　）。

A. 人员密集场所

B. 准工作状态时严禁系统误喷的场所

C. 严重危险级 Ⅱ 级的场所

D. 准工作状态时严禁管道充水的场所

E. 替代干式系统的场所

87. 一、二级耐火等级建筑内疏散门或安全出口不少于 2 个，且其室内任一点至最近疏散门或安全出口的直线距离不应大于 30 m 的场所是（　　）。

A. 舞厅

B. 展览厅

C. 娱乐场所多功能厅

D. 餐厅

E. 营业厅

88. 与基层墙体、装饰层之间无空腔的办公楼的外墙外保温系统，当建筑高度为 25 m 时，下列保温材料中，燃烧性能符合要求的保温材料的燃烧性能等级为（　　）。

A. B_2 级

B. A 级

C. B_3 级

D. B_1 级

E. B_4 级

89. 某市级博物馆设置组合分配式 IG541 灭火系统,则该系统启动方式有（　　）。

A. 自动控制

B. 手动控制

C. 火源控制

D. 温度控制

E. 机械应急操作

90. 某礼堂舞台设有消防水幕系统作为防火分隔,关于该系统供水水泵启闭方式设计正确的是（　　）。

A. 经专家论证后消防水泵控制柜可设置在手动启动状态,但应确保 24 h 有人工值班

B. 消防水泵设置为自动启泵和停泵

C. 消防水泵由消防水泵出水干管上设置的压力开关信号直接自动启动,消防水泵房内的压力开关宜引入消防水泵控制柜内

D. 消防控制柜或控制盘设置专用线路连接的手动直接启泵按钮

E. 消防水泵控制柜设置机械应急启泵功能

91. 下列关于雨淋自动喷水灭火系统联动控制设计的说法,符合规范要求的有（　　）。

A. 由同一报警区域内 2 只及以上独立的感温火灾探测器或 1 只感烟火灾探测器与 1 只手动火灾报警按钮的报警信号,作为雨淋阀组开启的联动触发信号

B. 电动启动的雨淋系统,火灾自动报警系统可以直接启动雨淋泵,不受消防联动控制器处于自动或手动状态影响

C. 消防雨淋泵出水干管上设置的压力开关可直接启动雨淋泵,不受消防联动控制器处于自动或手动状态影响

D. 雨淋阀组压力开关可直接启动雨淋泵,不受消防联动控制器处于自动或手动状态影响

E. 高位消防水箱出水管上的流量开关可直接启动雨淋泵,不受消防联动控制器处于自动或手动状态影响

92. 四川境内某藏传寺庙内设有壁画和彩绘,进行消防保护改造时需要加装消防给水系统,以下关于消防给水设计说法正确的是（　　）。

A. 室外消火栓给水管应布置成环状,环状管道应用阀门分成若干独立段,寺庙古建筑群的防火保护区内,每段内消火栓数量为 2 个

B. 向室外消火栓环状管网输水的进水管有 2 条,室外消火栓给水管道的直径为 DN65

C. 采用地下式室外消火栓,应设明显的永久性标志

D. 室外消火栓距临街文物建筑的排檐垂直投影边线距离大于建筑物的檐高尺寸,且不小于 5 m

E. 古寺庙内设置室内消火栓

93. 下列关于锅炉房防火防爆设计的做法正确的有（　　）。

A. 锅炉房设置在建筑外的专用房间内
B. 锅炉房设置在地下一层靠外墙位置,地上一层为图书馆
C. 锅炉房可不设火灾报警装置
D. 锅炉房可不设直通室外的出口
E. 锅炉房内总储存量为 0.8 m³ 的储油间采用耐火极限 3.00 h 的防火隔墙与锅炉间分隔

94. 七氟丙烷气体灭火系统的灭火剂储存量应为(　　)之和。
A. 防护区设计用量
B. 管道泄漏量
C. 储存容器内的剩余量
D. 灭火剂备用量
E. 管道内的剩余量

95. 某石油化工企业设有丙烯储罐区,以下关于储罐区选址和存放正确的是(　　)。
A. 丙烯储罐区位于厂区地势较高位置,加设防护墙作为防护措施
B. 丙烯储罐区位于厂区全年最小频率风向的上风侧
C. 桶装丙烯可以存放在远离办公区的露天室外
D. 丙烯储罐区与装卸区合并建设并与辅助生产区及办公区分开布置
E. 丙烯储罐区远离架空电力线,距离大于电杆高度的 2 倍以上

96. 下列照明灯具的防火措施中,不符合规范要求的有(　　)。
A. 有腐蚀性气体及特别潮湿的场所,应采用封闭型灯具
B. 人防工程内的潮湿场所应采用闭合型灯具
C. 照明与动力合用同一电源,有各自的分支回路,照明线路均应有短路保护装置
D. 插座和照明灯接在同一分支回路
E. 舞台暗装彩灯穿阻燃硬质塑料管敷设

97. 下列设置在建筑内需要开设甲级防火门的场所有(　　)。
A. 锅炉房
B. 变压器室
C. 柴油发电机房的储油间
D. 消防控制室
E. 歌舞厅

98. 某高校食堂需要配备灭火器,下列可以用来扑救烹饪物火灾的灭火器类型有(　　)。
A. 二氧化碳灭火器
B. 磷酸铵盐干粉灭火器
C. 碳酸氢钠干粉灭火器
D. 水基型泡沫灭火器

E. 水基型水雾灭火器

99. 安全疏散距离包括（　　）。

A. 房间内最远点到房门的疏散距离

B. 中间隔墙设门的房间从一侧房间到另一个房间的距离

C. 从窗口到房门的距离

D. 从房门到疏散楼梯间的距离

E. 从窗口到疏散楼梯间的距离

100. 下列关于防火间距说法正确的为（　　）。

A. 某 98 m 的综合体与 25 m、二级耐火等级的 4 层图书馆之间的防火间距为 13 m

B. 某占地面积 3 000 m²、高 22 m 的酒店与高度 26 m 的办公楼之间，办公楼与酒店相邻面为防火墙，则二者之间的防火间距最小为 3.5 m

C. 金属轮毂抛光厂房与 6 000 人的露天体育场之间的防火间距为 60 m

D. 某二级耐火等级、高 22 m 的毛纺织厂与旁边二级耐火等级、高 25 m 的 6 层服装仓库的防火间距为 10 m

E. 13 m 高的 2 层松香提炼厂房与独立设置的锅炉房的防火间距为 25 m

消防安全技术实务
模考通关试卷（四）

一、单项选择题（共80题，每题1分。每题的备选项中，只有1个最符合题意）

1. 下列燃烧形式属于预混燃烧的是（　　）。
 A. 木材燃烧
 B. 柴油燃烧
 C. 氢气燃烧
 D. 硝铵炸药爆炸

2. 某化工厂计划建一座甲醇仓库，拟采用气体灭火系统保护。下列气体灭火系统中，灭火设计浓度最低的是（　　）灭火系统。
 A. 氮气
 B. IG541
 C. 二氧化碳
 D. 七氟丙烷

3. 下列气体中，爆炸下限不小于10%的是（　　）。
 A. 氢气
 B. 甲烷
 C. 乙烯
 D. 氨气

4. 下列可燃液体中，火灾危险性为甲类的是（　　）。
 A. 二硫化碳
 B. 樟脑油
 C. 松节油
 D. 煤油

5. 下列储存物品仓库中，火灾危险性为丁类的是（　　）。
 A. 自熄性塑料制品仓库（制品无可燃包装）
 B. 岩棉仓库（制品有可燃包装）

C. 水泥刨花板制品仓库（制品有可燃包装）

D. 陶瓷制品仓库（制品无可燃包装）

6. 某单层厂房的屋面板采用金属夹芯板材。根据现行国家规范，该金属夹芯板芯材的燃烧性能等级最低为（　　）。

A. A 级

B. B_1 级

C. B_2 级

D. B_3 级

7. 某建筑高度为 85 m 的住宅建筑，首层和二层设有商业、储蓄所、理发店等营业场所，每个不超过 250 m^2，该住宅建筑构件耐火极限设计方案中，正确的是（　　）。

A. 居住部分与商业、储蓄所、理发店等营业场所之间应采用耐火极限不低于 1.50 h 且无门、窗、洞口的防火隔墙分隔

B. 居住部分与商业、储蓄所、理发店等营业场所之间楼板的耐火极限为 1.00 h

C. 居住部分楼板的耐火极限为 1.00 h

D. 居住部分分户墙的耐火极限为 2.00 h

8. 下列关于建筑机械排烟系统联动控制的说法，符合规范要求的是（　　）。

A. 由同一防烟分区内的一只火灾探测器与一只手动报警按钮报警信号可以联动触发开启所在区域的所有排烟口

B. 火灾确认后，火灾自动报警系统应能在 60 s 内联动关闭所在防火分区的空调送风系统

C. 排烟口手动开启后，火灾自动报警系统应联动开启所在防烟分区的所有排烟口

D. 排烟防火阀在 280 ℃时应自行关闭，并应连锁关闭排烟风机

9. 根据现行国家标准《气体灭火系统设计规范》，当 IG541 混合气体灭火剂喷放至设计用量的 95%时，其最短喷放时间应为（　　）s。

A. 30

B. 48

C. 70

D. 60

10. 根据现行国家标准《建筑防烟排烟系统技术标准》，下列民用建筑的排烟设计方案中，错误的是（　　）。

A. 设置机械排烟系统的总建筑面积 1 200 m^2 的 KTV，应在外墙或屋顶设置固定窗

B. 建筑的机械排烟系统沿水平方向布置时，每个防火分区的机械排烟系统应独立设置

C. 建筑高度 80 m 的综合楼，其排烟系统竖向分段独立设置，每段高度 40 m

D. 中庭设机械排烟设施和自动排烟窗

11. 根据现行国家标准，下列关于电气火灾监控系统设置的做法，错误的是（　　）。

A. 剩余电流式电气火灾探测器报警值设为 400 mA

B. 供电线路泄漏电流大于 500 mA 时，剩余电流式电气火灾监控探测器设置楼层配电箱

C. 剩余电流式电气火灾监控探测器设置在消防配电线路中

D. 非独立式剩余电流电气火灾监控探测器自身不具有报警功能，需配接电气火灾监控探测器

12. 华北北部某市开发区规划建设城市消防给水系统，下列市政消火栓设置，错误的是（　　）。

A. 市政消火栓选用干式地上式室外消火栓

B. 市政消火栓距路边为 0.5 ～ 2 m

C. 设有市政消火栓的市政给水管网，平时运行工作压力保证为 0.15 MPa

D. 火灾时水力最不利市政消火栓的出流量不小于 10 L/s，且供水压力从地面算起不小于 0.1 MPa

13. 按事故发展的时间顺序由初始事件开始推论可能的后果，从而进行危险源辨识的方法是（　　）。

A. 预先危险分析法

B. 事故树分析法

C. 事件树分析法

D. 安全检查表法

14. 下列关于建筑消防电梯设置说法错误的是（　　）。

A. 建筑高度为 33 m 的住宅可不设置消防电梯

B. 30 层的酒店建筑需设置消防电梯

C. 某高度为 23 m 综合楼，六层至七层为老年人照料设施，总建筑面积为 5 000 m² 可不设消防电梯

D. 高度为 33 m 且 2 层的服装加工厂，设置了普通电梯，任意平台上的工作人员不超过 2 人，可不设消防电梯

15. 某 16 层，建筑高度为 50 m 的病房楼，每层建筑面积 5 000 m²，划分为 4 个护理单元。该病房楼避难间的下列设计方案中，正确的是（　　）。

A. 每层楼设置避难间

B. 每层设置 2 个避难间，总面积不小于 100 m²

C. 避难间靠近楼梯间，采用耐火极限不低于 2.00 h 的防火隔墙和乙级防火门与其他部位分隔

D. 设置直接对外的可开启窗口，外窗应采用甲级防火窗

16. 某建筑高度为 23 m 的宾馆，设有送回风道（管）的集中空调系统，未设置自动灭火系统。该宾馆内的客房和公共用房有 4 种装修方案，各部位装修材料的燃烧性能等级见下表，其中正确的方案是（　　）。

各部位装修材料的燃烧性能等级

方案	顶棚	墙面	地面
1	A	B_1	B_2
2	B_1	B_1	B_2
3	B_1	B_2	B_1
4	A	B_1	B_1

A. 方案 1
B. 方案 2
C. 方案 3
D. 方案 4

17. 某新建石油输转泵站设有两个储罐区，设有罐区泡沫站，罐区泡沫站与可燃液体罐的距离不宜小于（　　）m。
A. 10
B. 20
C. 30
D. 40

18. 某新建火力发电厂内建筑物或场所，应设置室内消火栓的是（　　）。
A. 室内储煤场
B. 消防水泵房
C. 柴油发电机房
D. 供氢站（制氢站）

19. 某耐火极限为一级的展览建筑，地上3层，建筑高度为25 m，三层为开敞式外廊，每层有两个安全出口，三层位于两个安全出口之间的疏散门到最近的安全出口的直线距离最大为（　　）m。
A. 30
B. 35
C. 40
D. 45

20. 某建筑高度为45 m的办公楼建筑，其外墙保温系统保温材料的燃烧性能等级为B_1级。该建筑外墙及外墙保温系统的下列设计方案中，错误的是（　　）。
A. 外墙采用耐火完整性为0.5 h的门
B. 外墙保温系统中每层设置燃烧性能等级为A级的材料的水平防火隔离带
C. 防火隔离带高度为250 mm
D. 首层外墙保温系统采用厚度为15 mm的不燃材料防护层

21. 某地下一层人防工程建筑面积为 2 000 m²，底层室内地面与室外出入口地坪高差为 9 m，平战结合用于商业影院，设有自动喷水灭火系统，下列对该影院防火分隔和安全疏散设置，错误的是（　　）。

A. 疏散楼梯设置为封闭楼梯间

B. 商业影院划分为 1 个防火分区

C. 防火分区分隔处安全出口的门为甲级防火门

D. 电影院的疏散门向疏散方向开启，关闭后能从任何一侧手动开启

22. 某新建城市单洞单向交通隧道，隧道全长 2 km，只允许非危险化学品车辆通行，以下对隧道防火设计正确的是（　　）。

A. 隧道内穿过天然气管道，并且电缆线槽应与其他管道分开敷设

B. 隧道内设置纵向排烟方式的机械排烟设施

C. 承重结构体耐火极限测试采用 HC 标准升温曲线，耐火极限不低于 2.00 h

D. 隧道内的地下设备用房、风井和消防救援出入口的耐火等级为二级

23. 下列建筑外墙外保温材料设计方案中，错误的是（　　）。

A. 建筑高度 120 m 的住宅建筑，保温层与基层墙体、装饰层之间无空腔，选用燃烧性能等级为 A 级的外保温材料

B. 建筑高度 40 m 的办公楼，保温层与基层墙体、装饰层之间无空腔，选用燃烧性能等级为 B_1 级的外保温材料

C. 建筑高度 18 m 的医院门诊楼建筑，保温层与基层墙体、装饰层之间无空腔，选用燃烧性能等级为 B_1 级的外保温材料

D. 建筑高度 25 m 的旅馆建筑，保温层与基层墙体、装饰层之间有空腔，选用燃烧性能等级为 A 级的外保温材料

24. 某工厂润滑油站拟采用细水雾灭火系统进行保护，该系统最不利点喷头最低工作压力应为（　　）MPa。

A. 0.1

B. 1.2

C. 0.5

D. 0.7

25. 某地铁车站为 3 条线路换乘车站，3 条线路共用的站厅公共区设立最少安全出口数量和相邻两个安全出口最小水平距离设计正确的是（　　）。

A. 4 个，10 m

B. 4 个，20 m

C. 6 个，10 m

D. 6 个，20 m

26. 某地下变电站室内地面与室外出入口地坪高差为 11 m，以下对地下变电站的安全

疏散设置，错误的是（　　）。

　　A. 安全出口数量为 2 个

　　B. 地下室与地上层楼梯间分别设置

　　C. 地下室与地上层共用楼梯间，在地上首层采用耐火极限为 2.00 h 的不燃烧体隔墙和乙级防火门将地下部分与地上部分的连通部分完全隔开，并设有明显标志

　　D. 地下室变电站设置封闭楼梯间

27. 某医药公司的 3 层生产厂房，每层建筑面积为 2 000 m²，生产药品和原料火灾危险性为乙类，以下对地下变电站的安全疏散设置，错误的是（　　）。

　　A. 该厂房每层划分为 1 个防火分区

　　B. 每层安全出口数量为 2 个

　　C. 安全疏散门为电控自动门

　　D. 洁净厂房外墙设有消防专用窗，尺寸为 800 mm × 2 000 mm

28. 某室内净高为 6 m 的文物库拟设置七氟丙烷灭火系统。根据现行国家标准《气体灭火系统设计规范》，该气体灭火系统的下列设计方案中，错误的是（　　）。

　　A. 喷头最小保护高度不小于 0.3 m

　　B. 喷头安装高度为 1.5 m 时，保护半径为 7.2 m

　　C. 1 套组合分配系统保护 6 个防护区

　　D. 防护区实际应用的浓度不大于灭火设计浓度的 1.5 倍

29. 某地下 2 层人防工程建筑面积为 6 000 m²，设有车库和设备用房，以下设备用房消防备用照明设置不合理的是（　　）。

　　A. 消防控制室、避难走道，设有消防备用照明，照明照度值保持正常照明的照度值

　　B. 通风空调室、排烟机房，消防备用照明的照度值为正常照明照度值的 50%

　　C. 停车库内不设消防备用照明

　　D. 消防备用照明在工作电源断电后，能自动投合备用电源

30. 某丙类厂房，室外消火栓系统设计流量为 25 L/s，室内消火栓系统设计流量为 20 L/s，该厂房消火栓设计灭火用水量至少为（　　）m³。

　　A. 270

　　B. 216

　　C. 486

　　D. 540

31. 某建筑高度 54 m 的综合楼采用一路市政电源供电，柴油发电设备作为备用电源。下列消防供配电设计中，错误的是（　　）。

　　A. 该建筑属于一级消防负荷

　　B. 备用电源采用自动启动方式时，应能保证在 30 s 内供电

　　C. 防火卷帘应由消防电源双回线路供电

D. 柴油发电机应至少能保证消火栓泵60 min的用电

32. 某剧场舞台设有雨淋系统，雨淋报警阀采用电动控制。该雨淋系统雨淋报警阀的下列控制方案中，错误的是（　　）。

   A. 消防控制室可以手动控制开启雨淋报警阀

   B. 同一报警区域内一只感温火灾探测器与一只手动火灾报警按钮的报警信号，可以自动开启雨淋报警阀

   C. 雨淋报警阀上压力开关的动作信号，可以自动开启雨淋报警阀

   D. 雨淋报警阀处可以现场手动应急操作

33. 某场所内设置自动喷水灭火系统，喷头选用早期抑制快速响应（ESFR）喷头，该喷头的响应时间指数（RTI）值取值范围为（　　）。

   A. $RTI > 80 \ (m \cdot s)^{0.5}$

   B. $50 < RTI \leq 80 \ (m \cdot s)^{0.5}$

   C. $RTI \leq 50 \ (m \cdot s)^{0.5}$

   D. $RTI \leq 28 \pm 8 \ (m \cdot s)^{0.5}$

34. 某厂区用于储存水溶性甲、乙、丙类液体的固定顶储罐，采用低倍数泡沫灭火系统进行保护，该系统应选用（　　）形式。

   A. 液下喷射

   B. 半液下喷射

   C. 液上喷射

   D. 半液上喷射

35. 某耐火等级为一级的木器厂房，地上3层，建筑高度为24 m，厂房内设有自动灭火系统，根据现行国家标准《建筑设计防火规范》，该厂房首层任一点至最近安全出口的最大直线距离应为（　　）m。

   A. 40

   B. 45

   C. 50

   D. 60

36. 某商业中心设有3层汽车库和屋顶停车场，屋顶停车场与下部汽车库共用汽车坡道，3层汽车库每层的建筑面积为1 600 m²，屋顶停车场面积为1 000 m²，一层泊车位为40辆，二层泊车位为50辆，三层泊车位为50辆，屋顶停车场泊车位为20辆，该汽车库属于（　　）类。

   A. Ⅰ

   B. Ⅱ

   C. Ⅲ

   D. Ⅳ

37. 某室内无车道且无人员停留的机械式汽车库，停车数量200辆，以下对于该汽车库消防设施设置，错误的是（　　）。

　　A. 采用无门、窗、洞口的防火墙分隔为2个区域，每个区域停车数量为100辆
　　B. 设置火灾自动报警系统和自动喷水灭火系统，自动喷水灭火系统选用标准喷头
　　C. 楼梯间及停车区的检修通道上设置室内消火栓
　　D. 设置排烟设施，排烟口设置在运输车辆的通道顶部

38. 某城市一座邮政信函和邮袋库，共4层，建筑高度为20 m，呈矩形布置，长40 m、宽25 m，设有室内消火栓系统和自动喷水灭火系统。现按规范要求配备手提式ABC干粉灭火器，根据下表计算，每层配置的灭火器数量至少应为（　　）具。

A类火灾场所灭火器的最低配置基准选用表

危险等级	严重危险级	中危险级	轻危险级
单具灭火器最小配置灭火级别	3A	2A	1A
单位灭火级别最大保护面积/（m²/A）	50	75	100

　　A. 6
　　B. 5
　　C. 4
　　D. 3

39. 以下对某城市地下综合管廊防火分隔的描述，错误的是（　　）。

　　A. 综合管廊主结构体耐火极限为3.00 h的不燃性结构
　　B. 综合管廊内不同舱室之间采用耐火极限3.00 h的不燃性结构进行分隔
　　C. 天然气管道舱每隔500 m采用耐火极限3.00 h的不燃性墙体进行防火分隔
　　D. 容纳电力电缆的舱室防火分隔处的门采用甲级防火门

40. 某大型商业综合体，其室内步行街与临街门店采用防火玻璃墙分隔，设计单位拟设置防护冷却系统对防火玻璃墙进行冷却。根据现行国家标准《自动喷水灭火系统设计规范》，下列自动喷水灭火系统组件中，可组成防护冷却系统的是（　　）。

　　A. 水幕喷头、雨淋报警阀组
　　B. 开式洒水喷头、雨淋报警阀组
　　C. 闭式洒水喷头、湿式报警阀组
　　D. 闭式洒水喷头、干式报警阀组

41. 根据现行《建筑灭火器配置设计规范》，下列配置灭火器的场所中，危险等级属于严重危险级的是（　　）。

　　A. 油淬火处理车间
　　B. 高锰酸钾厂房
　　C. 工业用燃油锅炉房

D. 卷烟厂包装厂房

42. 下列关于可燃气体探测报警系统说法错误的是（　　）。

A. 可燃气体探测报警系统应由可燃气体报警控制器、可燃气体探测器和火灾声光警报器等组成

B. 可燃气体的检测报警应采用两级报警

C. 瓦斯探测器可安装在保护区的顶部

D. 检测比空气重的可燃气体时，探测器的安装高度宜距地坪 0.2 m 以内

43. 下列民用建筑房间中，可设 1 个疏散门的是（　　）。

A. 老年人全日照料中心内位于走道尽端，建筑面积为 20 m² 的房间

B. 幼儿园内位于袋形走道两侧，建筑面积为 50 m² 的房间

C. 教学楼内位于袋形走道一侧，建筑面积为 80 m² 的教室

D. 某歌舞厅位于两个安全出口之间、建筑面积为 120 m² 的房间，且经常人数为 20 人

44. 某图书仓库不宜选用的灭火器是（　　）灭火器。

A. 水型

B. 磷酸铵盐干粉

C. 泡沫

D. 二氧化碳

45. 根据现行国家标准《火灾自动报警系统设计规范》，下列属于区域火灾报警系统组成部分的是（　　）。

A. 消防广播

B. 消防控制室图形显示装置

C. 消火栓按钮

D. 消防电话

46. 某高层宾馆，消防应急照明和疏散指示系统为集中控制集中电源型，下列设备不属于其组成部分的是（　　）。

A. 应急照明控制器

B. 应急照明集中电源

C. 应急照明配电箱

D. 消防应急照明灯具

47. 某大型商场，其消防水池负担室内消火栓给水系统和自动喷水灭火系统的消防用水。室内消火栓给水系统的用水量为 20 L/s，火灾延续时间为 2 h；自动喷水灭火系统的用水量为 30 L/s，火灾延续时间为 1 h。灭火同时市政管网可向消防水池补水，补水量为 10 L/s，则该消防水池最小有效容积为（　　）m³。

A. 324

B. 234

C. 216

D. 180

48. 某地铁车站拟设置站内的商铺，下列对站内商铺设置方案，正确的是（　　）。
   A. 在站台层设置面积为 20 m² 的独立商铺 4 个
   B. 在乘客疏散区外设置的商铺设置面积为 40 m² 的独立商铺 2 个
   C. 在乘客疏散区外设置的商铺设置面积为 30 m² 的独立商铺 4 个
   D. 在乘客疏散区外设置的商铺设置面积为 30 m² 的独立商铺 3 个

49. 在对某商场配电线路进行安全检查时，发现了下列情形，不属于电气火灾隐患的是（　　）。
   A. 消防供电线路采用铝芯电线
   B. 有可燃物的吊顶内的配线，穿阻燃塑料管
   C. 明装金属管路入接线盒处，未加锁母
   D. 某处线路供电电压测量值为 225 V

50. 某商场地下车库疏散通道上设置有防火卷帘。根据现行国家标准《火灾自动报警系统设计规范》，下列关于该防火卷帘联动控制说法错误的是（　　）。
   A. 防火分区内任两只独立的感烟火灾探测器的报警信号应联动控制防火卷帘下降至距楼板面 1.8 m 处
   B. 任一只专门用于联动防火卷帘的感烟火灾探测器的报警信号应联动控制防火卷帘下降至距楼板面 1.8 m 处
   C. 防火分区内任两只独立的感温火灾探测器的报警信号应联动控制防火卷帘下降到楼板面
   D. 防火分区内任一只专门用于联动防火卷帘的感温火灾探测器的报警信号应联动控制防火卷帘下降到楼板面

51. 根据现行国家标准《火灾自动报警系统设计规范》，下列关于消防控制室设计的说法，错误的是（　　）。
   A. 集中报警系统必须设置消防控制室
   B. 消防控制室内必须设外线电话
   C. 消防控制室应有相应的竣工图纸、应急预案等文件资料
   D. 消防控制室内设备面盘后的维修距离不宜小于 0.5 m

52. 某新建石油化工企业，工厂总平面布置不符合《石油化工企业设计防火标准》的是（　　）。
   A. 全厂性办公楼、中央控制室、中央化验室、总变电所等重要设施应布置在相对高处
   B. 罐区泡沫站布置在罐组防火堤外的非防爆区，与可燃液体罐的防火间距 30 m
   C. 事故水池和雨水监测池布置在厂区边缘的较低处，事故水池距明火地点的防火间距

15 m，距可能携带可燃液体的高架火炬防火间距 60 m

D. 区域性含油污水提升设施布置在装置及单元外，距离明火地点、重要设施及工艺装置内的变配电、机柜间等的防火间距 15 m，距可能携带可燃液体的高架火炬防火间距 60 m

53. 根据现行国家标准《建筑灭火器配置设计规范》，下列建筑灭火器的配置方案中，正确的是（　　）。

A. 某办公楼，将一间计算机房和五间办公室作为一个计算单元配置灭火器

B. 某酒店建筑首层的门厅与二层相通，两层按照一个计算单元配置灭火器

C. 某电影摄影棚，建筑面积为 1 000 m²，配置 10 具 MF/ABC4 型手提式灭火器

D. 民用机场检票厅，配置的 MF/ABC4 型手提式灭火器，最大保护距离为 20 m

54. 某纸箱包装仓库，2 层，建筑高度为 8 m，长度为 60 m，宽度为 10 m，在仓库长边两端设有 2 部疏散楼梯，该仓库至少应设置室内消火栓的数量是（　　）个。

A. 2
B. 4
C. 6
D. 8

55. 某石油库所在地区海拔为 1 200 m，采用轴流深井泵从消防水井吸水，下列对轴流深井泵设置正确的是（　　）。

A. 轴流深井泵安装于水井时，在水泵出流量为 150% 设计流量时，其最低淹没深度是第一个水泵叶轮底部水位线以上 4.8 m

B. 轴流深井泵安装于水井时，在水泵出流量为 150% 设计流量时，其最低淹没深度是第一个水泵叶轮底部水位线以上 4 m

C. 轴流深井泵安装于水井时，在水泵出流量为 150% 设计流量时，其最低淹没深度是第一个水泵叶轮底部水位线以上 3.2 m

D. 轴流深井泵安装于水井时，在水泵出流量为 150% 设计流量时，其最低淹没深度是第一个水泵叶轮底部水位线以上 1.2 m

56. 北方地区某宾馆建筑面积为 30 000 m²，设置有自动喷水灭火系统。当洒水喷头与配水管道间采用消防洒水软管连接时，下列符合规范规定的是（　　）。

A. 消防洒水软管适用于中危险级Ⅱ级场所

B. 消防洒水软管适用于湿式系统

C. 消防洒水软管适用于未设吊顶的场所

D. 消防洒水软管的长度不应超过 1.9 m

57. 某大型超市地上 3 层，每层建筑面积均为 1 500 m²，层高均为 5 m，每层采用格栅式吊顶进行装饰。该超市内安装有湿式自动喷水灭火系统，并且喷头设置在吊顶上方。该自动喷水灭火系统最低喷水强度应为（　　）L/(min·m²)。

A. 6

B. 7.8

C. 8

D. 10.4

58. 某新建停车数量为150辆，面积为5 000 m² 的汽车库与养老院组合建造，防火分隔设计错误的是（　　）。

A. 汽车库与养老院采用耐火极限2.00 h的楼板完全分隔

B. 汽车库与养老院的安全出口和疏散楼梯分别独立设置

C. 汽车库外墙门、洞口的上方，设置耐火极限为1.00 h、宽度为1 m、长度不小于开口宽度的不燃性防火挑檐

D. 汽车库外墙上、下层开口之间墙高度为1 m

59. 根据现行国家标准《建筑设计防火规范》，宜布置在民用建筑附近的厂房是（　　）。

A. 液化石油气储罐

B. 制氧厂

C. 电解食盐厂房

D. 棉花加工厂

60. 下列场所中，应在疏散走道和主要疏散路径地面上增设能保持视觉连续疏散指示标志的场所是（　　）。

A. 总建筑面积为1 000 m² 的半地下商店

B. 座位数为1 500个的电影院

C. 总建筑面积为3 000 m² 的商店

D. 建筑面积为1 500 m² 的高铁候车厅

61. 某建筑面积为2 000 m² 的汽车库，用于可燃气体和可燃液体运输槽车停车，该汽车库最少划分防火分区数是（　　）个。

A. 1

B. 2

C. 3

D. 4

62. 根据现行国家标准《火灾自动报警系统设计规范》，不属于点型火灾探测器的是（　　）。

A. 紫外火焰探测器

B. 单波段红外火焰探测器

C. 图像型火焰探测器

D. 光栅光纤火灾探测器

63. 下列关于水喷雾灭火系统用于保护甲$_B$、乙、丙类液体储罐的设置要求中，错误的是（　　）。

A. 固定顶储罐和按固定顶储罐对待的内浮顶储罐的冷却水环管宜沿罐壁顶部单环布置

B. 储罐抗风圈或加强圈无导流设施时，其下面应设置冷却水环管

C. 当储罐上的冷却水环管分割成两个或两个以上弧形管段时，各弧形管段间不应连通，并应分别从防火堤外连接水管，且应分别在防火堤外的进水管道上设置能识别启闭状态的控制阀

D. 冷却水立管应用管卡固定在罐壁上，其间距不宜大于 6 m

64. 某建筑面积为 6 000 m² 的地下 3 层车库，最低室内地面与室外出入口地坪的高差为 11 m，设置自动喷水灭火系统，下列关于该车库安全疏散的说法，不符合《汽车库、修车库、停车场设计防火规范》的是（　　）。

A. 该车库采用封闭楼梯间

B. 楼梯间和前室的门采用乙级防火门

C. 疏散楼梯的宽度为 1.1 m

D. 室内任一点至室外最近出口的疏散距离为 60 m

65. 某办公楼层高 3 m，内有一间 200 m² 的办公房，下列关于其排烟设置说法正确的是（　　）。

A. 该场所不需要设置排烟设施

B. 如采用自然排烟，该场所自然排烟窗的开口有效面积不应小于 2 m²

C. 如采用机械排烟，该场所的排烟计算量不应小于 12 000 m³/h

D. 如采用机械排烟，该场所的排烟计算量不应小于 15 000 m³/h

66. 某住宅建筑高度为 81 m。根据现行国家标准《建筑防烟排烟系统技术标准》，该建筑送风系统的下列设计方案中，错误的是（　　）。

A. 采用机械加压送风系统的防烟楼梯间，独立前室只有一个门与走道相通，仅在楼梯间设置机械加压送风系统

B. 采用机械加压送风系统的防烟楼梯间，前室的机械加压送风口设置在其顶部，楼梯间采用自然通风系统

C. 采用自然通风方式的防烟楼梯间，在最高部位设置面积不小于 2 m² 的固定窗

D. 采用自然通风方式的防烟楼梯间，楼梯间的外墙上每 5 层内设置总面积 2 m² 的可开启外窗或开口，且布置间隔 3 层

67. 某 6 层教学楼，高度为 20 m，室内消火栓栓口动压和消防水枪充实水柱的最低要求是（　　）。

A. 0.25 MPa，10 m

B. 0.25 MPa，13 m

C. 0.35 MPa，10 m

D. 0.35 MPa，13 m

68. 根据现行国家标准《消防给水及消火栓系统技术规范》，下列关于消防水泵说法错误的是（　　）。

A. 双路电源自动切换时间不应大于 2 s
B. 消防水泵应确保从接到启泵信号到水泵正常运转的自动启动时间不应大于 2 min
C. 消防水泵机械应急启动时，应确保消防水泵在报警 5 min 内正常工作
D. 消防水泵控制柜与消防水泵设置在同一空间时，其防护等级不应低于 IP30

69. 某建筑面积为 5 000 m² 的地上 3 层车库，根据《汽车库、修车库、停车场设计防火规范》应设置排烟系统，并划分防烟分区，下列对该车库排烟系统设置正确的是（　　）。

A. 该车库划分为 2 个防烟分区
B. 采用顶棚下突出 0.4 m 的梁划分防烟分区
C. 自然排烟口位于外墙下方，并应设置方便开启的装置
D. 房间外墙上的排烟窗宜沿外墙周长方向均匀分布，排烟窗的下沿高于室内净高的 1/2

70. 某综合楼的变配电室拟配置灭火器。该变配电室不应配置的灭火器是（　　）。

A. 七氟丙烷灭火器
B. 碳酸氢钠干粉灭火器
C. 磷酸铵盐干粉灭火器
D. 装有金属喇叭喷筒的二氧化碳灭火器

71. 某餐厅建筑高度 15 m，共 5 层，每层营业面积 1 000 m²，第二层是燃料为天然气的火锅餐厅，该中心设有自动喷水灭火系统和自然排烟系统，根据现行国家标准《建筑内部装修设计防火规范》，该火锅餐厅的下列室内装修材料选用方案中，正确的是（　　）。

A. 顶棚采用燃烧性能等级为 B_1 级的装修材料
B. 墙面采用燃烧性能等级为 B_1 级的装修材料
C. 桌椅采用燃烧性能等级为 B_1 级的装修材料
D. 地面采用燃烧性能等级为 B_1 级的装修材料

72. 某 20 层高层宾馆，消防应急照明和疏散指示系统由 1 台应急照明控制器、20 台应急照明配电箱和 600 只消防应急灯具组成。火灾确认后，应急照明控制器由正常工作状态转为应急状态时，发出应急转换控制信号，但 11 层消防应急灯具未正常点亮。如果 11 层消防应急照明灯具没有故障，那么，以下不可以排除的故障原因是（　　）。

A. 应急照明控制器未向 11 层的应急照明配电箱发出联动控制信号
B. 11 层应急照明配电箱与灯具的通信中断
C. 11 层应急照明配电箱与灯具的供电线路中断

D. 应急照明控制器与 11 层的应急照明配电箱之间通信中断

73. 某企业计划在一综合性建筑内安装局部应用自动喷水灭火系统。下列关于局部应用系统的要求中，错误的是（　　）。

　　A. 局部应用系统应用于室内最大净空高度不超过 8 m 的民用建筑中
　　B. 设置局部应用系统的场所应为轻危险级或中危险级Ⅰ级场所
　　C. 局部应用系统应采用特殊响应洒水喷头
　　D. 局部应用系统喷头的持续喷水时间不应低于 0.5 h

74. 某体育场东西长 120 m，南北宽 120 m，消防扑救面为南面，室外消火栓设计流量为 40 L/s，该建筑周边室外消火栓至少应布置的数量和位置正确的是（　　）。

　　A. 在南北两侧各布置 1 个
　　B. 在南侧布置 2 个，北侧布置 1 个
　　C. 在北侧布置 2 个，南侧布置 1 个
　　D. 在南北两侧各布置 2 个

75. 某耐火等级一级的办公楼，地上 25 层，高 70 m，该办公楼每层划分为 2 个防火分区，符合国家标准要求，根据现行国家标准《建筑设计防火规范》，下列供消防人员进入办公楼的救援窗口的下列设计方案中，正确的是（　　）。

　　A. 除首层和二层外，其余各层要设救援窗口
　　B. 救援窗口的净高度为 0.8 m
　　C. 救援窗口应与消防车登高操作场地相对应
　　D. 每层设置 3 个救援窗口

76. 某石化企业附属油罐区建设有完备的泡沫灭火系统。为便于识别各种组件和管道，防止误操作，设备表面应进行涂色。下列关于泡沫灭火系统主要组件涂色的做法中，错误的是（　　）。

　　A. 泡沫液泵、泡沫液储罐、泡沫管道、管道过滤器涂红色
　　B. 泡沫消防水泵、给水管道宜涂绿色
　　C. 当管道较多，泡沫系统管道与工艺管道涂色有矛盾时，可涂相应的色带或色环
　　D. 隐蔽工程管道可不涂色

77. 某新建写字楼办公区，设有 6 栋建筑，1 号楼、2 号楼、3 号楼相邻，1 号楼占地面积为 500 m²，高 30 m；2 号楼占地面积为 600 m²，高 20 m；3 号楼占地面积为 500 m²，高 20 m；4 号楼、5 号楼、6 号楼相邻，4 号楼占地面积为 400 m²，高 30 m；5 号楼占地面积为 500 m²，高 20 m；6 号楼占地面积为 600 m²，高 20 m。该办公区建筑室外消火栓系统设计流量至少是（　　）L/s。

　　A. 15
　　B. 25
　　C. 30

D. 40

78. 住宅楼每层的公共部位建筑面积超过 100 m² 时，应配置 1 具（　　）A 的手提式灭火器；每增加 100 m² 时，增配 1 具（　　）A 的手提式灭火器。

A. 1，2
B. 2，1
C. 2，2
D. 1，1

79. 根据现行国家标准《火灾自动报警系统设计规范》，下列关于探测器设置说法错误的是（　　）。

A. 点型感烟火灾探测器最大安装高度是 12 m
B. 一氧化碳火灾探测器可设置在气体能够扩散到的任何部位
C. 点型探测器宜水平安装。当倾斜安装时，倾斜角不应大于 45°
D. 点型探测器至空调送风口边的水平距离不应小于 0.5 m，并宜接近回风口安装

80. 下列关于大型商业综合体内儿童游乐场说法正确的是（　　）。

A. 儿童游乐场设在商场四层
B. 儿童游乐场设置一个独立的安全出口
C. 儿童游乐场的部分墙壁采用海绵作为装饰
D. 儿童游乐场设在商场的地下一层

二、多项选择题（共 20 题，每题 2 分。每题的备选项中，有 2 个或 2 个以上符合题意，至少有 1 个错项。错选，本题不得分；少选，所选的每个选项得 0.5 分）

81. 对于储罐区低倍数泡沫灭火系统的选择，适宜选用液下喷射泡沫灭火系统灭火保护的油罐类型有（　　）。

A. 储存甲醇的固定顶储罐
B. 储存汽油的内浮顶储罐
C. 储存原油的外浮顶储罐
D. 储存汽油的固定顶储罐
E. 储存煤油的固定顶储罐

82. 根据现行国家标准《火灾自动报警系统设计规范》，消防联动控制器应具有切断火灾区域及相关区域非消防电源的功能。当火灾发生后，可立即切断的非消防电源有（　　）。

A. 自动扶梯电源
B. 空调电源
C. 视频监控系统电源
D. 普通动力负荷
E. 地下室排水泵电源

83. 根据现行《火灾自动报警系统设计规范》，关于火灾自动报警系统布线说法正确的是（　　）。

　　A. 火灾自动报警系统的传输线路，应采用电压等级不低于交流 300 V/500 V 的铜芯绝缘电线电缆

　　B. 火灾自动报警系统穿管敷设铜芯传输线路的线芯最小截面面积不应小于 1 mm²

　　C. 火灾自动报警系统线路暗敷设时，应采用金属管、可挠（金属）电气导管或 B_1 级以上的刚性塑料管保护，并应敷设在难燃烧体的结构层内，且保护层厚度不宜小于 30 mm

　　D. 火灾自动报警系统线路明敷设时，应采用金属管、可挠（金属）电气导管或 B_1 级以上的刚性塑料管保护，并做防火保护

　　E. 穿管水平敷设时，不同防火分区的报警总线可穿入同一根管内

84. 某度假酒店大堂顶板为斜面，且采用坡屋顶造型，并设有自动喷水灭火系统。下列关于喷头的设计方案中，正确的有（　　）。

　　A. 喷头方向应垂直于斜面

　　B. 喷头间距应按斜面距离确定

　　C. 坡屋顶的屋脊处应设一排喷头

　　D. 当屋顶坡度不小于 1/3 时，喷头溅水盘至屋脊的垂直距离不应大于 800 mm

　　E. 当屋顶坡度小于 1/3 时，喷头溅水盘至屋脊的垂直距离不应大于 900 mm

85. 根据现行国家标准《建筑设计防火规范》，下列民用建筑防火间距设计方案中，正确的有（　　）。

　　A. 建筑高度为 35 m 的住宅建筑与建筑高度 25 m 酒店，相邻侧外墙均设有普通门窗，建筑之间的防火间距为 13 m

　　B. 建筑高度为 26 m 的体育馆与 10 kV 的预装式变电站，相邻侧体育馆建筑外墙设有普通门窗，建筑之间的防火间距为 3 m

　　C. 建筑高度为 30 m 的住宅建筑与建筑高度为 120 m 的酒店，相邻外墙为防火墙，建筑之间防火间距不限

　　D. 建筑高度为 32 m 的住宅建筑与 54 m 的综合楼，相邻住宅一面外墙为防火墙且屋顶无天窗，屋顶的耐火极限不低于 1.00 h，建筑之间防火间距不限

　　E. 建筑高度为 32 m、二级耐火等级的住宅建筑与建筑高度 32 m、二级耐火等级的商场建筑，相邻住宅一侧外墙为防火墙，屋顶的耐火极限不低于 1.00 h，其防火间距不限

86. 酒店建筑，地上 20 层，地下 2 层，每层建筑面积 1 500 m²，地下一层为库房和设备用房，地下二层为车库，下列关于柴油发电机房的设计方案中，正确的有（　　）。

　　A. 柴油发电机房设置在地下二层

　　B. 柴油发电机房采用耐火极限不低于 2.00 h 的防火隔墙和不低于 1.50 h 的不燃性楼板与其他部位分隔

　　C. 柴油发电机房的门采用乙级防火门

　　D. 储油间采用耐火极限不低于 2.00 h 的防火隔墙与发电机间分隔

E. 储油间的柴油总储存量为 1 m³

87. 根据现行国家标准，下列自动喷水灭火系统阀组控制方案中，正确的有（　　）。

A. 自动控制的水幕系统用于防火卷帘的保护时，应由防火卷帘下落到楼板面的动作信号与本报警区域内任一火灾探测器或手动火灾报警按钮的报警信号作为水幕阀组启动的联动触发信号，并应由消防联动控制器联动控制水幕系统相关控制阀组的启动

B. 雨淋系统采用传动管控制时，应由报警区域内火灾报警信号和消防水泵出水干管上设置的压力开关动作信号（与逻辑），作为雨淋阀组开启的联动触发信号，并应由消防联动控制器控制雨淋阀组的开启

C. 雨淋系统采用电动控制时，应由同一报警区域内两只及以上独立的感温火灾探测器或一只感温火灾探测器与一只手动火灾报警按钮的报警信号，作为雨淋阀组开启的联动触发信号，并应由消防联动控制器控制雨淋阀组的开启

D. 准工作状态时严禁误喷的场所，同一报警区域内两只及以上独立的感烟火灾探测器或一只感烟火灾探测器与一只手动火灾报警按钮的报警信号，作为预作用阀组开启的联动触发信号，并应由消防联动控制器控制预作用阀组的开启

E. 准工作状态时严禁管道充水的场所，报警区域内火灾报警信号和充气管道上设置的压力开关动作信号，作为预作用阀组开启的联动触发信号，并应由消防联动控制器控制预作用阀组的开启

88. 根据《消防给水及消火栓系统技术规范》，下列建筑应设置消防水泵接合器的有（　　）。

A. 建筑层数为 5 层，地下 1 层，每层高度为 4 m 的住宅

B. 建筑层数为 3 层的仓库

C. 长度为 1 km 的单孔城市交通隧道

D. 设有自动喷水灭火系统的教学楼

E. 地下 1 层，建筑面积为 2 000 m² 的平战结合人防工程超市

89. 下列酒店建筑内多功能厅的平面布置方案中，正确的有（　　）。

A. 耐火等级为二级的酒店建筑，将建筑面积为 300 m² 的多功能厅布置在地下三层

B. 耐火等级为一级的酒店建筑，将建筑面积为 500 m² 的多功能厅布置在地上四层

C. 耐火等级为一级的酒店建筑，将建筑面积为 200 m² 的多功能厅布置在地上三层

D. 耐火等级为二级的酒店建筑，将建筑面积为 500 m² 的多功能厅布置在首层

E. 耐火等级为三级的酒店建筑，将建筑面积为 200 m² 的多功能厅布置在地上三层

90. 根据现行国家标准《建筑设计防火规范》，下列场所宜设置气体灭火系统的有（　　）。

A. 国家、省级或藏书量超过 100 万册的图书馆内的特藏库

B. 中央和省级档案馆内的珍藏库和非纸质档案库

C. 大、中型博物馆内的珍品库房

D. 一级纸绢质文物的陈列室

E. 藏书量超过 50 万册的图书馆

91. 某通信机房设置有 IG541 混合气体灭火系统，试验测量机房内的设备所需灭火浓度为 28%，下列对灭火系统设计参数的说法，正确的有（　　）。

A. 灭火设计浓度为 40%

B. 惰化设计浓度为 30%

C. 灭火剂喷放至设计用量的 95% 时，其喷放时间为 50 s

D. 灭火浸渍时间为 20 min

E. 灭火气体储存容器采用无缝容器

92. 某石油库设有 3 个储罐区，根据《石油库设计规范》，储罐间的安全距离符合要求的是（　　）。

A. 同一个地上储罐区内，储存乙类液体的固定顶储罐与其他罐组相邻储罐之间的防火距离，不小于相邻储罐中较大罐直径的 0.8 倍

B. 同一个地上储罐区内，储存丙类液体的固定顶储罐与其他罐组储罐之间的防火距离，不小于相邻储罐中较大罐直径的 0.8 倍

C. 相邻储罐区储罐之间，地上储罐区与覆土立式油罐相邻储罐之间的防火距离为 50 m，且大于相邻储罐中较大罐直径的 1.5 倍

D. 储存Ⅰ、Ⅱ级毒性液体的储罐与其他储罐区相邻储罐之间的防火距离为 50 m，且大于相邻储罐中较大罐直径的 1.5 倍

E. 相邻地上储罐区之间的防火距离为 30 m，且大于相邻储罐中较大罐直径的 1 倍

93. 某金属加工厂房，建筑高度大于 33 m，共 5 层，每一层工作人数均超过 20 人，第五层设室外疏散楼梯。该室外疏散楼梯的下列设计方案中，正确的有（　　）。

A. 室外楼梯平台耐火极限 1.00 h

B. 建筑二、三、四层通向该室外疏散楼梯的门采用乙级防火门，并向外开启

C. 楼梯的净宽度为 0.8 m

D. 楼梯倾斜角度为 50°

E. 建筑疏散门可以正对梯段

94. 某建筑高度为 88 m 的酒店，采用临时高压消防给水系统，顶层设有消防水箱，以下对消防水箱的设置，正确的是（　　）。

A. 消防水箱容积为 18 m³

B. 高位消防水箱有管道侧外壁与建筑本体结构墙面净距为 0.7 m

C. 水箱顶设有人孔，其顶面与其上面的建筑物本体板底的净空为 0.8 m

D. 进水管的管径 DN32，消防水箱充满水用时 7 h

E. 进水管应在溢流水位以上接入，进水管口的最低点高出溢流边缘的高度为 80 mm

95. 某高层综合楼，高度 54 m，每层设有 3 个防火分区，每个防火分区设 2 部防烟楼梯间，采用机械加压送风系统，根据现行国家标准《建筑防烟排烟系统技术标准》，下列

关于该建筑防烟系统控制说法错误的有（　　）。

A. 任一防火分区内的两只独立的火灾探测器或一只火灾探测器与一只手动火灾报警按钮的报警信号，作为该层送风口开启和加压送风机启动的联动触发信号

B. 火灾确认后，火灾自动报警系统能在 15 s 内联动开启常闭加压送风口

C. 火灾确认后，火灾自动报警系统能在 30 s 内联动开启加压送风机

D. 前室内常闭送风口手动打开，该前室和楼梯间的加压风机应能自动启动

E. 任一防火分区内火灾确认后，火灾自动报警系统能联动开启该建筑全部常闭加压送风口和加压送风机

96. 下列住宅建筑安全出口、疏散楼梯和户门的设计方案，正确的有（　　）。

A. 建筑高度 18 m 的住宅，与电梯井相邻的楼梯间为敞开楼梯间

B. 建筑高度 33 m 的住宅，采用封闭楼梯间

C. 建筑高度 28 m 的住宅，户门为乙级防火门，采用敞开楼梯间

D. 建筑高度 110 m 的住宅，采用封闭楼梯间

E. 建筑高度 56 m 的住宅，户门若开向前室，每层则开向同一前室的户门不应大于 3 樘且应采用乙级防火门

97. 下列民用建筑（场所）自动喷水灭火系统参数设计方案中，正确的有（　　）。

自动喷水灭火系统参数设计方案

方案	建筑（场所）	室内净高 /m	喷水强度 /[L/(min·m²)]	作用面积 /m²
1	高层办公楼	3.8	6	160
2	地下汽车库	4.5	8	160
3	商业中庭	10	12	160
4	体育馆	13	12	160
5	会展中心	16	15	160

A. 方案 1

B. 方案 2

C. 方案 3

D. 方案 4

E. 方案 5

98. 根据《消防给水及消火栓系统技术规范》，某综合楼消防电梯井底设置排水设施，设置参数符合要求的是（　　）。

A. 排水泵集水井有效容量 3 m³

B. 排水泵集水井有效容量 1 m³

C. 排水泵的排水量 10 L/s

D. 排水泵的排水量 5 L/s

E. 室内消防排水宜排入室外雨水管道

99. 某综合楼，地上6层，建筑高度24 m，第三层设有舞厅，设有火灾自动报警系统、自动喷水灭火系统和自然排烟系统。根据现行国家标准《建筑内部装修设计防火规范》，下列该舞厅的装修方案中，正确的有（　　）。
A. 设置燃烧性能等级为 B_2 级的吧台
B. 墙面粘贴燃烧性能等级为 B_1 级的多彩涂料
C. 安装燃烧性能等级为 A 级的顶棚
D. 室内装饰选用纯毛装饰布
E. 地面铺设半硬质 PVC 塑料地板

100. 下列厂房中，可设1个安全出口的有（　　）。
A. 每层建筑面积 80 m²，同一时间作业人数为4人的金属冶炼厂房
B. 每房建筑面积 160 m²，同一时间作业人数为8人的硝化棉厂房
C. 每层建筑面积 140 m²，同一时间作业人数为9人的高锰酸钾厂房
D. 每层建筑面积 400 m²，同一时间作业人数为32人的谷物加工厂房
E. 每层建筑面积 320 m²，同一时间作业人数为16人的制砖厂房

消防安全技术实务
模考通关试卷（五）

一、单项选择题（共80题，每题1分。每题的备选项中，只有1个最符合题意）

1. 某建筑高度为50 m的民用建筑，地下2层，地上15层，地下部分、地上一层至五层的建筑面积均为1 500 m²，每层层高4 m，其他楼层均为1 000 m²。地下室为车库，首层和第二层为展览馆、三层至五层为老年人照料设施，六层至十五层为宿舍，该建筑的防火设计应符合（　　）的规定。

A. 一类公共建筑
B. 二类住宅
C. 二类公共建筑
D. 一类老年人照料设施

2. 某一木结构建筑为轻型木结构建筑屋顶，屋顶承重构件的燃烧性能和耐火极限至少应为（　　）。

A. 可燃性、0.50 h
B. 难燃性、0.50 h
C. 难燃性、0.75 h
D. 难燃性、1.00 h

3. 松节油的闪点范围是（　　）。

A. < 28 ℃
B. ≥ 28 ℃且 < 60 ℃
C. ≥ 60 ℃且 < 100 ℃
D. ≥ 100 ℃

4. 根据《电动汽车分散充电设施工程技术标准》，汽车库内配建分散充电设施应在同一防火分区内集中布置，以下位置不可以设置分散充电设施的是（　　）。

A. 耐火等级一级汽车库的地上三层
B. 耐火等级二级汽车库的地上二层
C. 耐火等级三级汽车库的地上一层
D. 耐火等级二级汽车库的地下一层

5. 某燃煤电厂的集中控制室采用防火隔墙和楼板与其他部位分隔，隔墙上的门窗应采用乙级防火门窗，防火隔墙和楼板的耐火极限分别应不低于（　　）。

   A. 2.00 h 和 1.50 h

   B. 1.50 h 和 1.00 h

   C. 1.50 h 和 2.00 h

   D. 1.00 h 和 1.50 h

6. 某实木家具生产车间进行火灾风险评估，采用 t^2 模拟火灾场景，火焰蔓延分级为（　　）。

   A. 慢速

   B. 中速

   C. 快速

   D. 极快

7. 某市建筑高度为 256 m 的地标式建筑，集现代化办公楼、五星级酒店、会展中心、娱乐、商场等设施于一体，下列关于该建筑避难层防火设计说法正确的是（　　）。

   A. 该建筑可设 4 个避难层

   B. 设备间直接开向避难区，采用乙级防火门

   C. 本建筑在避难层设置了机械加压送风系统，且在外墙设置了可开启外窗，其有效面积不小于该避难层地面面积的 1%

   D. 管道井采用耐火极限不低于 1.50 h 的防火隔墙与避难区分隔

8. 当采用机械排烟方式时，储烟仓的厚度不应小于空间净高的（　　），且不应小于 500 mm。

   A. 20%

   B. 25%

   C. 15%

   D. 10%

9. 与地上合建的地下民用建筑，下列场所中，墙面可以采用 B_1 级材料的是（　　）。

   A. 歌舞娱乐厅

   B. 教学场所

   C. 存放档案场所

   D. 宾馆客房

10. 某地下变电站内最大的 1 台屋内油浸变压器总油量为 150 kg，下列对油浸变压器设置错误的是（　　）。

    A. 设置单独的变压器室

    B. 设置挡油设施，挡油设施的容积为 30 kg

    C. 设置容量为 150 kg 的事故储油池

D. 油断路器、油浸电流互感器和电压互感器设置在两侧有不燃烧实体墙的间隔内

11. 气体灭火系统的浸渍时间是指在防护区内维持设计规定的灭火剂浓度，使火灾完全熄灭所需的时间。下列关于七氟丙烷灭火系统灭火浸渍时间说法错误的是（　　）。

  A. 通信机房的电气设备火灾，应采用 5 min

  B. 计算机房的设备火灾，应采用 5 min

  C. 可燃液体火灾，不应小于 1 min

  D. 可燃气体火灾，不应小于 10 min

12. 某城市市区隧道长度为 1 000 m，禁止危险化学品机动车辆通行，下列对该隧道消防给水设计，错误的是（　　）。

  A. 消防用水量按隧道的火灾延续时间和隧道全线同一时间发生一次火灾计算确定，该隧道的火灾延续时间不小于 2 h

  B. 隧道内的消火栓用水量不应小于 20 L/s

  C. 隧道外的消火栓用水量不应小于 30 L/s

  D. 隧道内消火栓的间距不应大于 60 m

13. 某易燃物品库房设置了全淹没式干粉灭火系统进行保护。根据《干粉灭火系统设计规范》，全淹没灭火系统的干粉喷射时间不应大于（　　）min。

  A. 0.5

  B. 1

  C. 2

  D. 5

14. 某油品码头拟设置局部应用干粉灭火系统保护油泵房。下列关于局部应用灭火系统的设置要求，错误的是（　　）。

  A. 在喷头和保护对象之间，喷头喷射角范围内不应有遮挡物

  B. 当保护对象为可燃液体时，液面至容器缘口的距离不得小于 100 mm

  C. 室内局部应用灭火系统的干粉喷射时间不应小于 30 s

  D. 室外或有复燃危险的室内局部应用灭火系统的干粉喷射时间不应小于 60 s

15. 某地铁独立建造的主变电所，耐火等级和防火分隔符合《地铁设计防火标准》的是（　　）。

  A. 一级耐火等级，耐火极限 1.50 h 的防火隔墙和耐火极限 2.00 h 的楼板与其他部位分隔

  B. 一级耐火等级，耐火极限 2.00 h 的防火隔墙和耐火极限 1.50 h 的楼板与其他部位分隔

  C. 二级耐火等级，耐火极限 2.00 h 的防火隔墙和耐火极限 2.50 h 的楼板与其他部位分隔

  D. 二级耐火等级，耐火极限 2.50 h 的防火隔墙和耐火极限 2.00 h 的楼板与其他部位分隔

16. 某石油化工企业的乙烯装置区采用高压消防给水系统，该工艺装置区宽度为 150 m，其周围设置室外消火栓，下列对室外消火栓设计正确的是（　　）。

   A. 室外消火栓间距为 120 m

   B. 室外消火栓沿乙烯装置区外围设置

   C. 工艺装置休息平台等处设置室外消火栓

   D. 室外消防给水引入管设有倒流防止器

17. 某化工厂的生产装置拟设置可燃气体探测报警系统。该可燃气体探测报警系统的下列设计方案中，错误的是（　　）。

   A. 可燃气体的第二级报警信号应送至消防控制室进行图形显示和报警

   B. 可燃气体的一级报警设定值为 30%LEL

   C. 探测器安装地点与周边工艺管道或设备之间的净空 0.6 m

   D. 可燃气体的报警信号由可燃气体报警控制器接入火灾自动报警系统

18. 某加油加气合建站内设置有 LPG 设备、LNG 设备的场所，LPG 泵和 LNG 泵、压缩机操作间建筑面积为 100 m^2，下列加油加气合建站的消防设施设置，错误的是（　　）。

   A. 设置可燃气体检测器，可燃气体检测器一级报警设定值为可燃气体爆炸下限的 25%

   B. 紧急切断系统能够切断 LPG 泵、LNG 泵和 LPG 压缩机的电源和管道阀门

   C. 布置有 LPG 或 LNG 设备的房间的地坪应采用橡胶地面

   D. LPG 泵和 LNG 泵、压缩机操作间配置 2 具 4 kg 手提式干粉灭火器

19. 某高层综合楼商场设置了火灾自动报警系统，有 9 000 个地址点的设备，其中消防模块类设备地址点数为 5 000 个。该建筑设置火灾报警控制器（联动型）数量至少为（　　）只。

   A. 1

   B. 2

   C. 3

   D. 4

20. 某 1 200 m^3 液化石油气储罐采用水喷雾灭火系统进行防护冷却。下列关于水雾喷头说法正确的是（　　）。

   A. 水雾喷头与保护储罐外壁之间的距离不应大于 0.7 m

   B. 水雾喷头的喷口应朝向该喷头所在环管的圆心

   C. 水雾锥沿纬线方向应相接

   D. 水雾锥沿经线方向宜相交

21. 某工厂危险品储存室，室内净高为 2 m，使用面积为 200 m^2。下列试剂单独存放，可不按物质危险特性确定生产火灾危险性类别的是（　　）。

可不按物质危险特性确定生产火灾危险性类别的最大允许量

火灾危险性的特性	最大允许量	
	与房间容积的比值 / (L/m³)	总量 /m³
爆炸下限小于 10% 的气体	1	25
爆炸下限大于或等于 10% 的气体	5	50

A. 2 100 L 氨

B. 450 L 氢气

C. 1 800 L 一氧化碳

D. 500 L 乙炔

22. 下列关于装修材料的燃烧性能等级的说法，错误的是（   ）。

A. 安装在金属龙骨上燃烧性能等级达到 B_1 级的纸面石膏板，可作为 A 级装修材料使用

B. 单位面积质量小于 300 g 的纸质、布质壁纸，当直接粘贴在 A 级基材上时，可作为 B_1 级装修材料使用

C. 施涂于 A 级基材上的无机装修涂料，可作为 B 级装修材料使用

D. 施涂于 A 级基材上，湿涂覆比小于 1.5 kg/m²，且涂层干膜厚度不大于 1 mm 的有机装修涂料，可作为 B_1 级装修材料使用

23. 下列建筑应设置室内消火栓系统的是（   ）。

A. 建筑面积为 500 m² 的原油输油站操作间

B. 建筑面积为 5 000 m²，无人值班的郊区粮食仓库

C. 建筑面积为 300 m²，储存电石的危险化学品仓库

D. 建筑高度为 18 m 的住宅建筑

24. 某城市外环线隧道长度为 1 000 m，允许危险化学品机动车辆通行，下列对该隧道供电设施设置正确的是（   ）。

A. 消防用电按二级负荷要求供电

B. 隧道两侧、人行横通道和人行疏散通道上设置疏散照明和疏散指示标志，其设置高度为 2 m

C. 隧道内疏散照明和疏散指示标志的连续供电时间为 1.5 h

D. 隧道内的 10 kV 高压电缆采用耐火极限不低于 1.50 h 的防火分隔体与其他区域分隔

25. 某地下一层地铁站为侧式站台，下列对站台安全疏散设计错误的是（   ）。

A. 站台与同层站厅公共区划为同一个防火分区，站台上任一点至车站直通地面的疏散通道口的最大距离为 50 m

B. 在站厅的邻接面处采用耐火极限为 2.00 h 的防火隔墙等进行分隔，站台上任一点至

车站直通地面的疏散通道口的最大距离为 50 m

C. 站台至站厅的疏散楼梯、自动扶梯和疏散通道的通过能力，能保证在远期或客流控制期中超高峰小时最大客流量时，一列进站列车所载乘客及站台上的候车乘客能在 5 min 内全部撤离站台

D. 站台至站厅的疏散楼梯、自动扶梯和疏散通道的通过能力，能保证在远期或客流控制期中超高峰小时最大客流量时，一列进站列车所载乘客及站台上的候车乘客能在 6 min 内全部疏散至站厅公共区或其他安全区域

26. 某石油化工企业内设有液化烃罐组，甲、乙类液体罐组，高架火炬，甲、乙类工艺装置、设施等，以上装置与设施距离周围居民区防火间距满足《石油化工企业设计防火标准》的是（　　）。

A. 液化烃罐组罐外壁与居民区最近距离为 200 m

B. 甲、乙类液体罐组罐外壁与居民区最近距离为 100 m

C. 高架火炬筒中心与居民区最近距离为 100 m

D. 甲、乙类工艺装置最外侧设备外缘与居民区最近距离为 50 m

27. 某 KTV 设置了机械排烟设施，但未在外墙或屋顶设置固定窗，则该 KTV 总建筑面积应不大于（　　）m^2。

A. 500

B. 1 000

C. 1 500

D. 3 000

28. 对某网吧进行电气安全检测，对照明开关检测时发现了下列情形，其中不属于电气火灾隐患的是（　　）。

A. 开关接在 N 线上

B. 开关面板上有破损

C. 开关端子处温升 30 K

D. 开关被窗帘遮挡覆盖

29. 下列关于线性感温火灾探测器分类的说法，错误的是（　　）。

A. 线型感温火灾探测器按探测报警功能分类，分为探测型和探测报警型

B. 光纤线型感温火灾探测器按敏感部件形式，分为光纤光栅和分布式光纤

C. 线型感温火灾探测器按动作性能分类，分为定温型和差温型

D. 线型感温火灾探测器按定位方式分类，分为分布定位型和分区定位型

30. 某多层丙类厂房，每层净高 4 m，采用自然排烟方式。其防烟分区的长边长度不应大于（　　）m。

A. 24

B. 32

C. 36

D. 48

31. 某宾馆楼建筑高度为 52 m，地上 14 层，地下一层为汽车库，设有机械加压送风系统。下列关于该加压送风系统设计的说法，正确的是（　　）。

　　A. 地上部分与地下部分可共用机械加压送风系统

　　B. 靠外墙的防烟楼梯间，应在其外墙上每 5 层内设置总面积不小于 1 m² 的固定窗

　　C. 前室与走道之间的压差应为 40～50 Pa

　　D. 防烟楼梯间和前室可以共用一套机械加压送风系统

32. 某严重危险级 A 类场所拟配置手提式灭火器，下列灭火器符合规范要求的是（　　）。

　　A. MF/ABC3

　　B. MF/ABC6

　　C. MT3

　　D. MP6

33. 某机场油罐区设有容积为 5 000 m³ 的航空煤油内浮顶储罐，该油罐在设置低倍数泡沫灭火系统时，应选用（　　）。

　　A. 固定式液上喷射系统

　　B. 固定式液下喷射系统

　　C. 半固定式液上喷射系统

　　D. 半固定式液下喷射系统

34. 某新建制药生产线生产车间设有贵重生产设备，拟采用气体灭火系统，以下可以选用的气体灭火系统是（　　）。

　　A. 二氧化碳气体灭火系统

　　B. 卤代烷 1211 灭火系统

　　C. 七氟丙烷灭火系统

　　D. IG541 气体灭火系统

35. 闪点是可燃性液体性质的主要标志之一，是衡量液体火灾危险性大小的重要参数。以下说法正确的是（　　）。

　　A. 闪点越低，火灾危险性越小；反之则越大

　　B. 闪点与可燃性液体的饱和蒸气压有关，饱和蒸气压越高，闪点越高

　　C. 若液体的温度低于闪点，则液体也可能发生闪燃和着火

　　D. 汽油的闪点＜苯的闪点＜煤油的闪点

36. 某建筑高度为 54 m 的酒店，设置避难走道，下列有关设计说法正确的是（　　）。

　　A. 避难走道楼板的耐火极限不应低于 2.00 h

　　B. 避难走道内部装修材料的燃烧性能等级不应低于 B_1 级

C. 避难走道一端设置安全出口，且总长度小于 30 m 时，可仅在前室设置机械加压送风系统

D. 避难走道两端设置安全出口，且总长度小于 50 m 时，可仅在前室设置机械加压送风系统

37. 干粉灭火系统的喷头单孔直径不得小于（　　）cm。
A. 0.1
B. 0.2
C. 0.5
D. 0.6

38. 某商场地下车库出口附近设有预作用系统，预作用报警阀组设置在消防泵房。下列关于该预作用系统喷淋泵控制的说法，错误的是（　　）。
A. 可采用充气管道上设置的压力开关直接启动喷淋泵
B. 可采用报警阀组压力开关直接自动启动喷淋泵
C. 可采用消防水泵出水干管上设置的压力开关直接启动喷淋泵
D. 可采用高位消防水箱出水管上的流量开关直接启动喷淋泵

39. 某大学实验楼共 6 层，每层建筑面积为 800 m^2，均存放有较为贵重的实验仪器设备和文献资料等。楼内设有室内消火栓系统。现计划为该实验室配备手提式灭火器，下列配置方案中，正确的是（　　）。
A. 每层至少应配备 6 具 MF/ABC4 灭火器
B. 每层至少应配备 5 具 MF/ABC5 灭火器
C. 每层至少应配备 4 具 MF/ABC6 灭火器
D. 每层至少应配备 3 具 MT7 灭火器

40. 流量系数 $K \geq 80$，一只喷头的最大保护面积大于标准覆盖面积洒水喷头的保护面积，且不超过 36 m^2 的洒水喷头称为扩大覆盖面积洒水喷头。直立型、下垂型扩大覆盖面积洒水喷头应采用正方形布置，下列关于一只喷头的最大保护面积不符合规定的是（　　）。
A. 当为轻危险级时，$\leq 29\ m^2$
B. 当为中危险级 I 级时，$\leq 23\ m^2$
C. 当为中危险级 II 级时，$\leq 19\ m^2$
D. 当为严重危险级时，$\leq 13\ m^2$

41. 下列场所中，应在疏散走道和主要疏散路径的地面上增设能保持视觉连续的疏散指示标志的是（　　）。
A. 建筑面积为 4 000 m^2 的地上 2 层商场
B. 独立建造的占地面积 1 000 m^2 的 KTV
C. 座位数为 2 000 个的省级体育馆

D. 建筑面积为 2 800 m² 的航站楼公共区

42. 下列建筑中，消防用电可按三级负荷供电的是（   ）。
A. 建筑高度为 51 m 的丙类厂房
B. 座位数 1 500 个的电影院
C. 粮食仓库
D. 建筑高度为 30 m 的住宅建筑

43. 某油罐区设有固定顶储罐，拟采用液下喷射泡沫泡沫灭火系统进行防护。下列关于液下喷射系统泡沫喷射口的要求，描述错误的是（   ）。
A. 泡沫进入煤油的速度不应大于 3 m/s
B. 泡沫进入润滑油的速度不应大于 6 m/s
C. 泡沫喷射管的长度不得小于喷射管直径的 10 倍
D. 泡沫喷射口应安装在高于储罐积水层 0.3 m 的位置

44. 某宾馆设置了集中控制型消防应急照明和疏散指示系统，灯具蓄电池采用集中电源供电方式。下列关于系统组成说法正确的是（   ）。
A. 该系统应由应急照明控制器、应急照明集中电源和集中电源型灯具及相关附件组成
B. 该系统应由应急照明控制器、应急照明配电箱和自带电源型灯具及相关附件组成
C. 该系统应由应急照明控制器、应急照明集中电源、应急照明分配电装置和集中电源型灯具及相关附件组成
D. 该系统应由应急照明控制器、应急照明集中电源和自带电源型灯具及相关附件组成

45. 某石化企业的油罐区，拟新建多个液体储罐，并配置低倍数泡沫灭火系统进行保护。储罐区的下列储罐中，泡沫灭火系统的类型选择错误的是（   ）。
A. 1 200 m³ 的煤油地上立式储罐，采用固定式泡沫灭火系统
B. 1 000 m³ 的丙酮地上立式储罐，采用固定式泡沫灭火系统
C. 600 m³ 的丙醇地上立式储罐，采用半固定式泡沫灭火系统
D. 地上卧式储罐采用移动式泡沫灭火系统

46. 某商场总建筑面积 5 000 m²，设置了集中控制型消防应急照明和疏散指示系统，该场所下列消防应急灯具的选型中，正确的是（   ）。
A. 楼梯间可选择自带电源 B 型灯具
B. 水泵房内应急照明灯的防护等级为 IP34
C. 净高 4 m 的营业厅上方采用中型标志灯
D. 标志灯可选择非持续型灯具

47. 下列细水雾灭火系统的设计持续喷雾时间的表述，正确的是（   ）。
A. 用于文物库、电缆隧道等场所时，系统的设计持续喷雾时间不小于 20 min

B. 用于电缆夹层时，系统的设计持续喷雾时间不小于 20 min

C. 用于保护柴油发电机房时，系统的设计持续喷雾时间不应小于 15 min

D. 用于扑救厨房内烹饪设备时，系统的设计持续喷雾时间不应小于 15 s

48. 某建筑面积为 6 000 m² 的地下 3 层车库，最低室内地面与室外出入口地坪的高差 11 m，设置自动喷水灭火系统。下列关于该车库安全疏散，不符合《汽车库、修车库、停车场设计防火规范》的是（　　）。

　　A. 该车库采用封闭楼梯间

　　B. 楼梯间和前室的门采用甲级防火门

　　C. 疏散楼梯的宽度为 1.1 m

　　D. 室内任一点至室外最近出口的疏散距离为 60 m

49. 某燃煤电厂设置有集中控制楼，其安全疏散设施设计错误的是（　　）。

　　A. 集中控制楼设置 2 个安全出口

　　B. 集中控制楼有 1 个直通室外的安全出口，并利用通向相邻车间的乙级防火门作为第二安全出口

　　C. 集中控制楼最远工作地点到直通室外的安全出口或楼梯间的距离为 75 m

　　D. 集中控制楼设置 1 个通至各层的封闭楼梯间

50. 某燃煤电厂的单机容量为 300 MW，火灾报警系统选型和区域划分设计错误的是（　　）。

　　A. 设置集中报警系统

　　B. 每台机组为 1 个火灾报警区域

　　C. 运煤系统火灾报警区域

　　D. 脱硫系统火灾报警区域

51. 某石油化工企业的储罐区内，可不设置固定式泡沫灭火系统的储罐是（　　）。

　　A. 单罐储存汽油容积为 10 000 m³ 的，浮盘为易熔材料的内浮顶罐

　　B. 单罐储存原油容积为 20 000 m³ 的固定顶罐

　　C. 单罐储存乙醇容积为 1 000 m³，浮盘为非易熔材料的内浮顶罐

　　D. 单罐容积为 5 000 m³ 的储存润滑油浮顶罐

52. 下列建筑外墙的部位和场所的内保温设计方案中，正确的是（　　）。

　　A. 建筑高度为 12 m 的超市，共 2 层，每层面积为 20 000 m²，疏散楼梯间采用 B_1 级保温材料

　　B. 建筑高度为 56 m 的酒店，共 25 层，厨房采用 B_1 级保温材料

　　C. 建筑高度为 15 m 的医院，共 4 层，病房采用 A 级保温材料

　　D. 建筑高度为 15 m 的办公楼，共 5 层，办公区采用 B_1 级保温材料，防护层的厚度不应小于 5 mm

53. 某建筑内设置有负压燃气锅炉房，建筑体积为 900 m³，该锅炉房的下列防火设计

方案中，正确的是（　　）。
    A. 在进入建筑物前和设备间内的燃气管道上设置自动和手动切断阀
    B. 当采用机械通风时，燃气锅炉房的正常通风量为 5 000 m³/h
    C. 锅炉设置在屋顶上，且无人员密集场所，距通向屋面的安全出口 5 m
    D. 若此锅炉房采用相对密度不小于 0.75 的可燃气体为燃料的锅炉，则可设在地下二层

54. 下列关于爆炸危险环境电气防爆，说法正确的是（　　）。
    A. 粉尘环境中安装的插座开口的一面应朝下，且与垂直面的角度不应大于 60°
    B. 爆炸性混合物的危险性与气体密度有关
    C. 爆炸性气体混合物应按其最大试验安全间隙分级
    D. 既有爆炸性粉尘又有爆炸性气体的环境，选用气体防爆电气设备即可

55. 某工厂有 2 座丙类厂房，1 号厂房单体建筑为 10 000 m³，2 号厂房单体建筑为 5 000 m³，分别设有消火栓系统和湿式自动喷水灭火系统，1 号厂房、2 号厂房共用室外消火栓系统的设计流量为 25 L/s，室内消火栓系统的设计流量分别为 20 L/s 和 10 L/s，自动喷水灭火系统设计流量均为 20 L/s，该工厂的一起火灾灭火用水量设计至少是（　　）L。
    A. 270
    B. 450
    C. 558
    D. 666

56. 某体育馆建筑物高 25 m，可容纳 4 000 个座位。东西两侧为长边，间距为 180 m、南北两侧间距为 100 m，东面邻湖而建，湖边与建筑东面外墙距离为 4 m，建筑其他二面邻街，距离城市道路 15～20 m。该建筑消防车道的下列设计方案中，正确的是（　　）。
    A. 沿建筑设环形消防车道，消防车道的宽度为 4 m，坡度为 10%
    B. 沿建筑的南侧设置消防车道，建筑南立面为消防车登高操作面
    C. 沿建筑的西侧设置消防车道，建筑南立面为消防车登高操作面
    D. 沿建筑的西侧设置消防车道，建筑西立面为消防车登高操作面

57. 某地铁的地下车站，根据《地铁设计防火标准》，防烟与排烟的管道、风口与阀门设置正确的是（　　）。
    A. 管道、风口与阀门采用难燃材料制作
    B. 排烟管道穿越前室，管道的耐火极限不应低于 1.50 h
    C. 火灾时需要运行的风机，从运转状态转换为事故状态所需时间不应大于 60 s
    D. 排烟风机在 280 ℃时应能连续工作不小于 0.5 h

58. 某地下人防工程设有 100 m² 的酒吧歌厅，该歌厅的排烟设置错误的是（　　）。
    A. 设置机械排烟设施

B. 排烟口应设置在顶棚或墙面的上部

C. 排烟口与疏散出口的水平距离为 4～10 m

D. 排烟口的风速为 15 m/s

59. 某动物有机肥料加工生产车间，主要原料为鱼骨等，下列做法中，不能有效降低该车间发生粉尘爆炸的可能性的是（   ）。

A. 厂房定时加湿

B. 厂房定时充氮

C. 厂房定时通风

D. 厂房定时清扫

60. 某双层公交汽车库建筑面积为 5 200 m²，室外坡道面积为 200 m²，停车数量为 50 辆，根据《汽车库、修车库、停车场设计防火规范》，该汽车库属于（   ）。

A. Ⅰ类

B. Ⅱ类

C. Ⅲ类

D. Ⅳ类

61. 某建筑为高度 28 m，4 层的印刷厂房，每层建筑面积为 1 000 m²，该厂房采用临时高压消防给水系统，设有消火栓系统和湿式自动喷水灭火系统，室内消火栓系统的设计流量为 30 L/s。根据《消防给水及消火栓系统技术规范》，下列对高位消防水箱设计正确的是（   ）。

A. 高位消防水箱容积为 12 m³

B. 室内消火栓最不利点处的静水压力为 0.07 MPa

C. 自动喷水灭火系统最不利点处喷头压力为 0.05 MPa

D. 高位消防水箱不满足静压要求，设置稳压泵

62. 某地下人防工程拟平时用做商业商店，总建筑面积为 30 000 m²，相邻区域局部连通，并采取下沉式广场进行防火分隔。根据《人民防空工程设计防火规范》，下列下沉式广场设计方案中，错误的是（   ）。

A. 不同防火分区通向下沉式广场安全出口最近边缘之间的水平距离为 13～15 m

B. 广场内疏散区域的净面积为 180 m²

C. 广场设置 1 个直通地坪的疏散楼梯，疏散楼梯的宽度为相邻最大防火分区通向下沉式广场计算疏散总宽度

D. 广场设置封闭防风雨篷，四周设置防风雨百叶，面积为 40 m²

63. 某博物馆设置了组合分配式 IG541 灭火系统，室内净高均为 5 m，喷头在吊顶安装。该灭火系统的下列设计方案中，正确的是（   ）。

A. 喷头最小保护高度不应小于 0.15 m

B. 喷头安装高度大于 1.5 m 时，保护半径不应大于 8 m

C. 惰化设计浓度不应小于惰化浓度的 1.1 倍

D. 灭火系统的储存装置 96 h 内不能重新充装恢复工作的，应按系统原储存量的 100% 设置备用量

64. 某商场内的防火卷帘采用水幕系统进行防护冷却，喷水点高度为 6 m，该防护冷却水幕系统的喷水强度不应小于（　　）L/（s·m）。

　　A. 0.5

　　B. 0.8

　　C. 0.6

　　D. 0.7

65. 下列对地铁车站借用安全出口的说法，正确的是（　　）。

　　A. 车辆基地和其建筑上部其他功能场所的人员安全出口可以互相借用

　　B. 站厅公共区与商业等非地铁功能的场所的安全出口可以互相借用

　　C. 4 人轮 2 班值守的设备管理区借用相邻防火分区通向站厅公共区的出口作为安全出口

　　D. 站台端部通向区间的楼梯可用作站台区乘客的安全疏散设施

66. 下列关于消防应急照明和疏散指示系统供电设计的说法，错误的是（　　）。

　　A. 封闭楼梯间应单独设置消防灯具配电回路

　　B. 非人员密集场所，多个相邻防火分区可设置一个共用的应急照明配电箱

　　C. 非集中控制型系统中，应急照明配电箱应由防火分区或同一防火分区楼层的正常照明配电箱供电

　　D. 消防控制室消防灯具应由所在楼层的配电回路供电

67. 某 KTV 房间采用格栅吊顶，吊顶镂空面积与总面积之比为 30%。下列关于该房间点型感烟火灾探测器设置说法正确的是（　　）。

　　A. 探测器应设置在吊顶的下方

　　B. 探测器应设置在吊顶的上方

　　C. 探测器设置部位应根据实际试验结果确定

　　D. 探测器可设置在吊顶的上方，也可设置在吊顶的下方

68. 某新建开发区进行消防规划，下列可以作为备用消防水源的是（　　）。

　　A. 市政给水

　　B. 消防水池

　　C. 天然水源

　　D. 中水清水池

69. 某大型商场地上 4 层，地下 2 层，每层为 1 个防火分区，该建筑采用 1 套自动喷水灭火系统保护，共设有 2 种喷头，流量系数分别为 80 和 115。顶楼系统末端设有末端试水装置，下列关于末端试水装置的说法中，错误的是（　　）。

A. 报警阀组控制的最不利点洒水喷头处应设末端试水装置，其他楼层应设直径为 25 mm 的试水阀

B. 末端试水装置选用出水口流量系数为 115 的试水接头

C. 末端试水装置的出水，应采取孔口出流的方式排入排水管道，排水立管宜设伸顶通气管，且管径不应小于 75 mm

D. 末端试水装置和试水阀应有标识，距地面的高度宜为 1.5 m，并应采取不被他用的措施

70. 某地下商场，总建筑面积为 2 500 m², 净高 7 m，装有栅板式吊顶，通透面积占吊顶总面积的 71%，采用的自动喷水灭火系统为湿式系统，该系统的下列喷头选型中，正确的是（　　）。

A. 靠近端墙的部位，选用边墙型洒水喷头

B. 选用隐蔽型洒水喷头

C. 选用吊顶型洒水喷头

D. 选用 RTI 值为 50 (m·s)$^{0.5}$ 的直立型洒水喷头

71. 某公共建筑，建筑高 50 m，长 80 m，宽 30 m，地下 2 层，地上 16 层，地上一层至三层为商业营业厅，四层至十六层为酒店。该建筑消防车登高操作场地的下列设计方案中，正确的是（　　）。

A. 消防车登高操作场地靠建筑外墙栽种 10 棵杨树

B. 消防车登高操作场地最大间隔为 30 m，场地总长度为 75 m

C. 在建筑位于消防车登高操作场地一侧的外墙上设置一个裙房，挑出建筑进深 4 m、长 8 m

D. 消防车登高操作场地最小宽度为 15 m，坡度 8%

72. 某高层综合楼，每层划分为一个防火分区，其防烟楼梯间和前室均设有机械加压送风系统。第五层的一只独立感烟火灾探测器和一只手动火灾报警按钮发出火灾报警信号后，下列消防联动控制器的控制功能，符合规范要求的是（　　）。

A. 联动相关层前室送风口开启，再由送风口开启的动作信号联动控制前室加压送风机的启动

B. 联动控制该建筑全部楼梯间所有送风口的开启

C. 联动控制该建筑楼梯间全部送风机的开启

D. 联动控制该建筑全部前室送风口的开启

73. 下列关于消防控制室控制和显示功能的说法，错误的是（　　）。

A. 应能手动控制自动喷水灭火系统中的电磁阀

B. 应能显示建筑物周边消防车道、消防车登高操作场地情况

C. 应能显示消防水池、高位消防水箱等水源的高水位、低水位报警信号，以及正常水位

D. 应能手动控制自动喷水灭火系统中的报警阀组压力开关

74. 某液化石油气灌装车间拟配备灭火器，下列灭火器中，不适合在该场所配备的是（　　）。

    A. 碳酸氢钠干粉灭火器

    B. 二氧化碳灭火器

    C. 泡沫灭火器

    D. 磷酸铵盐干粉灭火器

75. 某综合楼建筑高度为30 m，每层为一个防火分区，设有自动喷水灭火系统、机械防烟排烟系统、防火卷帘等消防设施，采用柴油发电机作为消防设备的备用电源。该建筑消防设备的下列配电设计方案中，错误的是（　　）。

    A. 火灾自动报警系统主电源未设置过负荷保护装置

    B. 防火卷帘由消防电源双回线路供电，并在楼层消防配电箱设置自动切换装置

    C. 柴油发电机应设置自动和手动两种启动装置

    D. 消防电梯的电源由低压配电室采用树干式配电

76. 下列耐火等级为二级的汽车库应设置室内消火栓系统，消防用水量设计为8 L/s，符合规范要求的是（　　）。

    A. 总建筑面积为2 000 m²，停车数量为50辆的地下汽车库

    B. 总建筑面积为3 000 m²，停车数量为100辆的地上汽车库

    C. 总建筑面积为1 000 m²，修车数量为8辆的修车库

    D. 总建筑面积为200 m²，停车数量为5辆的汽车库

77. 下列物质发生蒸发燃烧的是（　　）。

    A. 钾

    B. 木炭

    C. 煤

    D. 铁

78. 某单层厂房低压接地系统形式为IT，设有低压配电间，未设置消防控制室。在该建筑设置电气火灾监控系统，电气火灾监控系统的下列设计方案中，错误的是（　　）。

    A. 电气火灾监控探测器的报警信息和故障信息应传递至有人值班的场所

    B. 低压配电间的出线端设置剩余电流式电气火灾监控探测器

    C. 电气火灾监控探测器采用非独立式

    D. 故障电弧探测器，其保护线路的长度为80 m

79. 某高层综合楼建筑高度为54 m，每层建筑面积为2 000 m²，划分为1个防火分区，每层净高为4 m，走道净高为3 m。设有自动喷水灭火系统、机械排烟系统。该建筑机械排烟系统的下列设计方案中，错误的是（　　）。

    A. 每层至少划分为2个防烟分区

    B. 补风口与排烟口水平距离不应少于5 m

C. 吊顶内有可燃物时，吊顶内的排烟管道应采用不燃材料进行隔热，并应与可燃物保持不小于 50 mm 的距离

D. 排烟系统应竖向分段独立设置

80. 某镁粉厂房高 24 m，加工车间设在地上一层至三层，车间内设有通风系统，该通风系统的下列设计方案中，正确的是（　　）。

A. 排风系统要设置导除静电的接地装置

B. 排风管应采用暗设金属管道，并应直接通向室外安全地点

C. 通风系统在风管穿越通风机房的隔墙处设置 280 ℃的防火阀

D. 气体进入排风机前采用不产生火花的湿式除尘器进行处理

二、多项选择题（共20题，每题2分。每题的备选项中，有2个或2个以上符合题意，至少有1个错项。错选，本题不得分；少选，所选的每个选项得0.5分）

81. 某综合楼，二层某防火分区划分为 3 个防烟分区，共用一套机械排烟系统。防烟分区间采用电动挡烟垂壁分隔，每个防烟分区均设 4 个排烟口，该防火分区机械排烟系统的下列控制设计方案中，错误的有（　　）。

A. 消防控制室应能手动控制该防火分区所有排烟口开启和关闭

B. 消防控制室应能手动控制该防火分区排烟风机启动，不受消防联动控制器自动或手动状态影响

C. 同一防烟分区内一只感温火灾探测器和一只手动报警按钮的报警信号（"与"逻辑）可作为该防烟分区排烟口开启的联动触发信号，由消防联动控制器控制 15 s 内排烟口开启

D. 同一防烟分区内且位于电动挡烟垂壁附近的两只感温火灾探测器的报警信号，作为电动挡烟垂壁降落的联动触发信号，由消防联动控制器控制 60 s 内挡烟垂壁开启到位

E. 该防火分区内任一排烟口打开，排烟风机均启动

82. 下列关于建筑供配电系统电气防火要求的做法，正确的有（　　）。

A. 铁质配电箱直接安装在木饰面板上

B. 服装仓库内设卤钨灯，其控制开关设置在仓库外

C. 电力电缆和热力管道敷设在同一管沟内

D. 100 W 的白炽灯其引入线采用瓷管作隔热保护

E. 60 W 的白炽灯安装在木板上时，用矿棉作隔热保护

83. 下列关于建筑材料燃烧性能等级的表述，正确的是（　　）。

A. 建筑材料燃烧性能等级分为 A、B_1、B_2、B_3 级

B. B_3 级表示立即起火或微燃，当火源移走能继续燃烧的材料性能

C. s1 表示烟气毒性等级

D. D 级建筑材料及制品应给出的附加信息包括：产烟特性等级、燃烧滴落物/微粒等级

E. A_2 级、B 级和 C 级建筑材料及制品应给出的附加信息包括产烟特性等级、燃烧滴落物 / 微粒等级（铺地材料除外）、烟气毒性等级

84. 以下属于液体燃烧固有现象的是（　　）。
   A. 阴燃
   B. 喷溅
   C. 闪燃
   D. 自燃
   E. 沸溢

85. 某酒店建筑高度为 86 m，每层建筑面积为 1 500 m²。该建筑内部装修的下列设计方案中，正确的有（　　）。
   A. 建筑面积为 400 m² 的会议厅内墙面用天然木材装修
   B. 建筑面积为 20 m² 的客房的地面铺设难燃羊毛毯
   C. 建筑面积为 100 m² 的娱乐场所顶棚为石膏板
   D. 建筑面积为 150 m² 的餐厅内采用 B_2 级木制桌椅
   E. 建筑面积为 150 m² 的办公室内装饰纯毛挂毯

86. 某厂房未设火灾自动报警系统，室内消火栓系统采用干式系统，供水干管上设干式报警阀，快速排气阀入口前设电动阀，厂房室内消火栓系统的下列控制设计方案中，正确的有（　　）。
   A. 干式报警阀压力开关可直接自动启动该系统的消火栓泵
   B. 消火栓箱处应设置开启快速排气阀入口前电动阀的手动按钮
   C. 消防水泵出水干管上设置的压力开关可直接自动启动该系统的消火栓泵
   D. 高位消防水箱出水管上的流量开关可直接自动启动该系统的消火栓泵
   E. 消火栓按钮不能直接自动启动该系统的消火栓泵

87. 某新建石油化工企业油罐区设有浮顶罐、内浮顶罐、固定顶罐，下列储罐总容积符合《石油化工企业设计防火标准》的是（　　）。
   A. 浮顶罐组的总容积为 500 000 m³
   B. 钢制单盘内浮顶储罐总容积为 360 000 m³
   C. 采用易熔材料制作的内浮顶及其与采用钢制单盘或双盘内浮顶的混合罐组总容积为 360 000 m³
   D. 固定顶罐组的总容积为 100 000 m³
   E. 固定顶罐和浮顶、内浮顶罐的混合罐组的总容积为 100 000 m³

88. 某建筑高度为 28 m 的医院住院楼，采用临时高压消防给水系统，高位消防水箱不能满足室内消防设施的静压要求，稳压泵设置符合《消防给水及消火栓系统技术规范》要求的是（　　）。
   A. 稳压泵的设计流量为 0.5 L/s

B. 稳压泵的设计压力保持系统最不利点处水灭火设施在准工作状态时的静水压力为 0.17 MPa

C. 气压水罐有效储水容积 200 L，调节容积根据稳压泵启泵次数不大于 15 次/h 计算确定

D. 稳压泵吸水管设置暗杆闸阀，稳压泵出水管设置消声止回阀和暗杆闸阀

E. 稳压泵的设计压力满足系统自动启动和管网充满水的要求

89. 某综合楼设有火灾自动报警系统和湿式自动喷水灭火系统，屋顶设有高位消防水箱。根据现行国家标准《火灾自动报警系统设计规范》，该综合楼室内湿式自动喷水灭火系统的下列控制设计方案中，错误的有（　　）。

A. 火灾自动报警系统可自动控制喷淋泵启动

B. 水泵控制柜处于手动状态时，湿式报警阀开关的动作信号不能控制消火栓泵启动

C. 水泵控制柜处于手动状态时，消防联动控制器可以手动控制喷淋泵启动

D. 消防联动控制柜处于手动或自动状态，喷淋泵出水干管上设置的压力开关动作信号均能控制喷淋泵启动

E. 水泵控制柜处于手动状态时，机械应急启泵能够控制喷淋泵启动

90. 某 LPG 加气站设置预警报警系统，下列对报警系统设置正确的是（　　）。

A. LPG 储罐设置可燃气体检测器

B. 可燃气体检测器一级报警设定值为 LPG 气体爆炸下限的 50%

C. LPG 储罐设置液位上限、下限报警装置和压力上限报警装置

D. 报警器分别设置在布置 LPG 设施的场所内

E. 报警系统采用应急电源

91. 地铁站内应设置排烟设施的部位是（　　）。

A. 地下车站的站厅、站台公共区

B. 建筑面积为 300 m² 的地下车站设备管理区

C. 连续长度为 1/2 列列车长度的地下区间

D. 长度 50 m 的地下换乘通道、连接通道和出入口通道

E. 车站设备管理区内长度大于 20 m 的内走道

92. 某燃煤电厂采用阶梯式竖向布置，设有可燃液体储罐区、消防站、点火油罐区、制氢站、供氢站和液氨储罐，下列关于厂区平面布置说法正确的是（　　）。

A. 消防站车库正门朝向厂区道路，距厂区道路边缘为 10 m

B. 可燃液体储罐区布置位置低于厂区办公室

C. 点火油罐区围墙利用厂区围墙布置，该段厂区围墙为 1.8 m 高的实体围墙

D. 制氢站、供氢站单独建造，四周设置 1.8 m 高的不燃烧体实体围墙

E. 液氨区单独布置在通风条件良好的厂区边缘地带，位于厂区全年最小频率风向的上风侧

93. 某二级耐火等级的食品加工厂，共5层，建筑高度33 m，每层划分为一个防火分区。各层使用人数为：第一层150人，第二层260人，第三层180人，第四层和第五层每层200人。下列关于该厂房疏散楼梯的说法，正确的有（　　）。

　　A. 四层至三层的疏散楼梯总净宽度不应小于2 m

　　B. 二层至一层的疏散楼梯总净宽度不应小于3 m

　　C. 首层外门净宽度不应小于3 m

　　D. 三层至二层的疏散楼梯总净宽度不应小于2 m

　　E. 疏散楼梯应采用防烟楼梯间或室外楼梯

94. 某仓库储存医疗物资，主要种类有纸箱包装的口罩、防护服、手套、护目镜和防护面罩，拟统一配备一种灭火器。下列类型中，可以选择的灭火器有（　　）。

　　A. 水型灭火器

　　B. 二氧化碳灭火器

　　C. 磷酸铵盐干粉灭火器

　　D. 泡沫灭火器

　　E. 碳酸氢钠干粉灭火器

95. 某大型商业综合体室内步行街的玻璃幕墙拟采用防护冷却系统进行保护，喷头设置高度为5 m。下列关于该系统的设置要求，正确的是（　　）。

　　A. 系统应独立设置

　　B. 持续喷水时间不应小于系统设置部位的耐火极限要求

　　C. 应采用快速响应洒水喷头

　　D. 喷水强度不应小于0.5 L/（s·m）

　　E. 喷头溅水盘与防火分隔设施的水平距离大于0.3 m

96. 某储罐区共有4个直径32 m的非水溶性甲类液体固定顶储罐，均设置固定式液上喷射低倍数泡沫灭火系统，并采用氟蛋白泡沫液。下列关于该灭火系统的设置要求，正确的是（　　）。

　　A. 泡沫灭火系统应具备半固定式系统功能

　　B. 泡沫混合液供给强度不应小于6 L/（min·m²）

　　C. 泡沫混合液连续供给时间不应小于30 min

　　D. 泡沫消防水泵启动后，将泡沫混合液输送到保护对象的时间为10 min

　　E. 每个储罐的泡沫产生器为3个

97. 下列关于泡沫灭火系统管道设置要求的说法，正确的是（　　）。

　　A. 低倍数泡沫灭火系统的水与泡沫混合液及泡沫管道应采用钢管

　　B. 中倍数泡沫灭火系统的干式管道宜采用镀锌钢管

　　C. 高倍数泡沫产生器与其管道过滤器的连接管道应采用奥氏体不锈钢管

　　D. 泡沫液管道应采用热镀锌钢管

　　E. 泡沫－水喷淋系统的管道应采用热镀锌钢管

98. 某国家级文物保护单位档案馆，建筑高度为 5 m，房间内设有吊顶，为防止管道漏水、误喷造成的不利影响，自动喷水灭火系统采用预作用系统形式，下列设置要求中符合规范规定的是（　　）。

　　A. 若利用有压气体作为系统启动介质，其配水管道内的气压值应根据报警阀的技术性能确定

　　B. 若利用有压气体检测管道是否严密，配水管道内的气压值不宜小于 0.03 MPa，且不宜大于 0.05 MPa

　　C. 该场所应安装吊顶型喷头

　　D. 该场所应安装干式下垂型喷头

　　E. 该系统可由火灾自动报警系统、消防水泵出水干管上设置的压力开关、高位消防水箱出水管上的流量开关和报警阀组压力开关直接自动启动消防水泵

99. 某综合楼建筑高度为 85 m，首层和二层为商场，设置自动喷水灭火系统，该综合楼内柴油发电机房的下列设计方案中，错误的有（　　）。

　　A. 柴油发电机房设置在地下一层

　　B. 柴油发电机房与周围场所采用耐火极限 2.00 h 的防火隔墙和 1.50 h 的不燃性楼板分隔，门采用甲级防火门

　　C. 柴油发电机房内设置储油间时，其总储存量为 1 m³，储油间采用耐火极限不低于 2.00 h 的防火隔墙与发电机间分隔

　　D. 柴油机房设自动喷水灭火系统

　　E. 为柴油发电机供油的 5 m³ 储罐直埋于室外距综合楼外墙 20 m 处

100. 某体育馆耐火等级二级，可容纳 10 000 人，内为楼座阶梯地面。若疏散门净宽为 2.2 m，则下列设计参数中，适用于该体育馆疏散门设计的有（　　）。

　　A. 允许疏散时间不大于 3.5 min

　　B. 允许疏散时间不大于 4 min

　　C. 疏散门的设置数量为 22 个

　　D. 每百人所需最小疏散净宽度为 0.43 m

　　E. 通向疏散门的通行人流股数为 5 股

消防安全技术实务
模考通关试卷（一）参考答案及解析

一、单项选择题（共80题，每题1分。每题的备选项中，只有1个最符合题意）

1. A 建筑火灾发展过程分为初期增长阶段、充分发展阶段和衰减阶段。在火灾全面发展的后期，室内可燃物减少，燃烧速度减慢，温度逐渐下降，当降到火场温度最大值的80%时，火灾进入衰减阶段。故选A。

2. D 爆炸极限是评定气体生产、储存场所火险类别的根据，也是选择电气防爆形式的根据。生产、储存爆炸下限小于10%的可燃气体的工业场所，应选用隔爆型防爆电气设备；生产、储存爆炸下限大于或等于10%的可燃气体的工业场所，可选用任一防爆型电气设备。故选D。

3. C 遇水放出易燃气体的物质是指遇水放出易燃气体，并且该气体与空气混合能够形成爆炸性混合物的物质。这类物质都能遇水分解，产生可燃气体和热量，具有引起火灾和爆炸的危险性。引起着火有两种情况：一种情况是遇水发生剧烈的化学反应，释放出的热量能把反应产生的可燃气体加热到自燃点，不经点火也会着火燃烧；另一种情况是遇水发生化学反应，但释放出的热量较少，不足以把反应产生的可燃气体加热至自燃点，但可燃气体一旦接触火源也会立即着火燃烧。硝化纤维、硫黄、白磷都是易燃固体，而金属钠遇水发生剧烈的化学反应，产生氢气。故选C。

4. A 根据《建筑设计防火规范》第3.1.1条条文说明，木材家具制造厂房的火灾危险性为丙类，油漆喷涂工段的火灾危险性为甲类。根据该规范第3.1.2条，同一座厂房或厂房的任一防火分区内有不同火灾危险性生产时，厂房或防火分区内的生产火灾危险性类别应按火灾危险性较大的部分确定；当火灾危险性较大的生产部分占本层或本防火分区建筑面积的比例小于5%时，可按火灾危险性较小的部分确定。150÷1 800=8.3%＞5%，该厂房的火灾危险性为甲类。故选A。

5. D 根据《汽车加油加气加氢站技术标准》第B.0.1条，重要公共建筑，应包括下列内容：设计使用人数或座位数超过1 500人（座）的体育馆、会堂、影剧院、娱乐场所、车站、证券交易所等人员密集的公共室内场所。根据《建筑设计防火规范》第A.0.1条，建筑高度的计算应符合下列规定：局部突出屋顶的瞭望塔、冷却塔、水箱间、微波天线间或设施、电梯机房、排风和排烟机房以及楼梯出口小间等辅助用房占屋面面积不大于 1/4 者,可不计入建筑高度。局部突出用房设有咖啡厅,局部突出用房高度应计入建筑总高度。根据该规范表 5.1.1 可知,重要公共建筑属于一类高层公共建筑,故选 D。

6. D　根据《建筑材料及制品燃烧性能分级》第 B.1.3 条,D 级建筑材料及制品应给出的附加信息为:产烟特性等级、燃烧滴落物/微粒等级。故选 D。

7. C　根据《建筑设计防火规范》第 5.1.1 条,建筑高度为 54 m 的公寓属于一类高层公共建筑。根据《建筑防火通用规范》第 5.3.1 条,一类高层民用建筑的耐火等级应为一级。综上所述,每户内房间之间的隔墙耐火极限不应低于 0.75 h。故选 C。

8. D　根据《消防设施通用规范》第 6.0.5 条,用于电气火灾场所时,应为离心雾化型水雾喷头。根据《水喷雾灭火系统技术规范》第 4.0.2 条,水雾喷头的选型应符合下列要求:室内粉尘场所设置的水雾喷头应带防尘帽,室外设置的水雾喷头宜带防尘帽;离心雾化型水雾喷头应带柱状过滤网。故选 D。

9. B　根据《建筑内部装修设计防火规范》第 3.0.2 条条文说明可知,金属复合板、石膏板、纤维石膏板及玻镁板的燃烧性能等级均为 A 级。根据该规范第 3.0.5 条规定,单位面积质量小于 300 g 的纸质、布质壁纸,当直接粘贴在 A 级基材上时,可作为 B_1 级装修材料使用。故不选 A、D,二者均可作为 B_1 级装修材料使用。根据该规范第 3.0.6 条,施涂于 A 级基材上的无机装修涂料,可作为 A 级装修材料使用;施涂于 A 级基材上,湿涂覆比小于 1.5 kg/m²,且涂层干膜厚度不大于 1 mm 的有机装修涂料,可作为 B_1 级装修材料使用。故选 B。

10. A　本题考查的知识点是加油站的分级与相关防火要求。题干汽油罐总容量为 50+50+30=130(m³),柴油罐总容量为 50+30=80(m³)。根据《汽车加油加气加氢站技术标准》第 3.0.9 条,柴油罐容积可折半计入油罐总容积,故加油站的总储油量为 170 m³,属于一级加油站。根据该标准第 4.0.2 条,在城市中心区不应建一级汽车加油加气加氢站、CNG 加气母站。故选 A。根据该标准第 4.0.4 条,加油机和油气回收处理装置距离重要公共建筑不应小于 35 m,一级站距离明火地点和散发火花地点不小于 21 m,故不选 B、C、D。

11. A　根据《消防给水及消火栓系统技术规范》第 7.4.12 条,室内消火栓栓口压力和消防水枪充实水柱,应符合下列规定:消火栓栓口动压力不应大于 0.50 MPa,当大于 0.70 MPa 时必须设置减压装置。故选 A。

12. C　根据《建筑防火通用规范》第 10.2.3 条,电气线路的敷设应符合下列规定:

(1)电气线路敷设应避开炉灶、烟囱等高温部位及其他可能受高温作业影响的部位,不应直接敷设在可燃物上。故不选 A、D。

（2）室内明敷的电气线路，在有可燃物的吊顶或难燃性、可燃性墙体内敷设的电气线路，应具有相应的防火性能或防火保护措施。故不选 B。

（3）室外电缆沟或电缆隧道在进入建筑、工程或变电站处应采取防火分隔措施，防火分隔部位的耐火极限不应低于 2.00 h，门应采用甲级防火门。故选 C。

13. A 本题考查的知识点是人民防空工程的防火分区要求。根据《人民防空工程设计防火规范》第 4.1.3 条，电影院、礼堂的观众厅，防火分区允许最大建筑面积不应大于 1 000 m²。当设置有火灾自动报警系统和自动灭火系统时，其允许最大建筑面积也不得增加。

14. B 本题考查的知识点是室外消火栓设置要求。室外消火栓的设置要综合考虑设计流量、间距、保护半径以及可以借用的市政消火栓。根据《消防给水及消火栓系统技术规范》第 7.3.2 条，建筑室外消火栓的数量应根据室外消火栓设计流量和保护半径经计算确定，保护半径不应大于 150 m，每个室外消火栓的出流量宜按 10～15 L/s 计算。50/15=3.5（个），取整数为 4 个。根据该规范第 6.1.5 条，距建筑外缘 5～150 m 的市政消火栓可计入建筑室外消火栓的数量，当为消防水泵接合器供水时，距建筑外缘 5～40 m 的市政消火栓可计入建筑室外消火栓的数量；当市政给水管网为环状时，符合本条上述内容的室外消火栓出流量宜计入建筑室外消火栓设计流量，但当市政给水管网为枝状时，计入建筑的室外消火栓设计流量不宜超过 1 个市政消火栓的出流量。本题干中距离仓库 30 m 内有 2 个市政消火栓，但市政给水管网为枝状管网，仅可借用 1 个计入设计流量，需要设计至少 3 个消火栓。故选 B。

15. A 根据《火灾自动报警系统设计规范》第 4.3.1 条，消火栓系统的联动控制方式，应由消火栓系统出水干管上设置的低压压力开关、高位消防水箱出水管上设置的流量开关或报警阀压力开关等信号作为触发信号，直接控制启动消火栓泵，联动控制不应受消防联动控制器处于自动或手动状态影响。当设置消火栓按钮时，消火栓按钮的动作信号应作为报警信号及启动消火栓泵的联动触发信号，由消防联动控制器联动控制消火栓泵的启动。消火栓按钮启动消火栓泵受消防联动控制器控制，火灾自动报警系统故障无法启动水泵。故选 A。

16. D 根据《建筑防火通用规范》第 10.1.3 条，二类高层民用建筑的消防用电负荷等级不应低于二级。根据《建筑设计防火规范》第 10.1.4 条的条文说明，二级负荷的供电系统，要尽可能采用两回线路供电。在负荷较小或地区供电条件困难时，二级负荷可以采用一回 6 kV 及以上专用的架空线路或电缆供电。故不选 A、B、C。消防用电负荷不需要单独设置变压器，可以和非消防负荷合用变压器。故选 D。

17. D 本题考查的知识点是电线电缆的燃烧特性。阻燃电缆按燃烧性能分为 B_1 级电缆和 B_2 级电缆两大类，本身不具有耐火性能。故不选 A。交联聚乙烯电缆为常用的普通电线电缆，不具备阻燃和耐火性能。故不选 B。耐火电缆按绝缘材质分为有机型和无机型。无机型耐火电缆是矿物绝缘电缆，它是采用氧化镁作为绝缘材料，铜管作为护套的电缆；

一般有机型的耐火电缆本身并不阻燃，若既需要耐火又要阻燃，应采用阻燃耐火型电缆或矿物绝缘电缆。故选 D，不选 C。

18. D　根据《细水雾灭火系统技术规范》第 3.2.1 条，喷头选择应符合下列规定：对于闭式系统，应选择响应时间指数（RTI）不大于 50 (m·s)$^{0.5}$ 的喷头，其公称动作温度宜高于环境最高温度 30 ℃，且同一防护区内应采用相同热敏性能的喷头。

19. C　根据《干粉灭火系统设计规范》第 5.1.1 条，储存装置宜由干粉储存容器、容器阀、安全泄压装置、驱动气体储瓶、瓶头阀、集流管、减压阀、压力报警及控制装置等组成，不包括选择阀。故选 C。

20. C　根据《可燃气体探测器　第 4 部分：测量人工煤气的点型可燃气体探测器》第 4.3 条，按响应的气体种类分为氢气敏感型、一氧化碳敏感型。故不选 A、B。根据《火灾自动报警系统设计规范》第 8.2.1 条，探测气体密度小于空气密度的可燃气体探测器应设置在被保护空间的顶部，探测气体密度大于空气密度的可燃气体探测器应设置在被保护空间的下部，探测气体密度与空气密度相当时，可燃气体探测器可设置在被保护空间的中间部位或顶部。人工煤气的密度小于空气，探测器应设置在车间上部。故选 C，不选 D。

21. C　根据《气体灭火系统设计规范》第 3.4.7 条，防护区灭火设计用量或惰化设计用量和系统灭火剂储存量与防护区的净容积、灭火设计浓度或惰化设计浓度成正比，与防护区最低环境温度、海拔高度成反比。故选 C。

22. B　本题考查的知识点是建筑物消防给水要求。根据《消防设施通用规范》第 3.0.9 条，高层民用建筑、3 层及以上单体总建筑面积大于 10 000 m² 的其他公共建筑，当室内采用临时高压消防给水系统时，应设置高位消防水箱。选项 A 建筑面积为 20 000 m² 且为 3 层，应设置高位消防水箱。故不选 A。选项 B 为 15 000 m²，建筑高度是 15 m，但建筑是单层，根据《建筑设计防火规范》第 5.1.1 条，民用建筑根据其建筑高度和层数可分为单、多层民用建筑和高层民用建筑，选项 B 建筑不属于高层建筑，因此可不设置高位消防水箱。故选 B。选项 C 大于 10 000 m² 且为 2 层，应设置高位消防水箱。故不选 C。选项 D 建筑高度为 30 m 的 10 层住宅，该建筑属于高层住宅，应设置高位消防水箱。故不选 D。

23. D　根据《消防给水及消火栓系统技术规范》第 3.1.2 条，一起火灾灭火所需消防用水的设计流量应由建筑的室外消火栓系统、室内消火栓系统、自动喷水灭火系统、泡沫灭火系统、水喷雾灭火系统、固定消防炮灭火系统、固定冷却水系统等需要同时作用的各种水灭火系统的设计流量组成，应按需要同时作用的各种水灭火系统最大设计流量之和确定。且当两座及以上建筑合用消防给水系统时，应按其中一座设计流量最大者确定。故选 D。

24. A　根据《消防应急照明和疏散指示系统技术标准》第 3.3.3 条，水平疏散区域灯具配电回路的设计应符合下列规定：①应按防火分区、同一防火分区的楼层、隧道区间、地铁站台和站厅等为基本单元设置配电回路；②除住宅建筑外，不同的防火分区、隧道区间、地铁站台和站厅不能共用同一配电回路；③避难走道应单独设置配电回路；④防烟楼梯间前室及合用前室内设置的灯具应由前室所在楼层的配电回路供电；⑤配电室、消防控制室、消防水泵房、自备发电机房等发生火灾时仍需工作、值守的区域和相关疏散通道，应单独设置配电回路。故选A，不选B、C。根据该标准第3.3.4条，竖向疏散区域灯具配电回路的设计应符合下列规定：①封闭楼梯间、防烟楼梯间、室外疏散楼梯应单独设置配电回路；②敞开楼梯间内设置的灯具应由灯具所在楼层或就近楼层的配电回路供电；③避难层和避难层连接的下行楼梯间应单独设置配电回路。故不选D。

25. C 根据《建筑防火通用规范》第9.2.1条，甲、乙类厂房（仓库）内不应采用明火、燃气红外线辐射供暖。面粉加工厂房属于乙类生产，故不选A、B。根据该规范第9.2.2条，下列厂房应采用不循环使用的热风供暖：①生产过程中散发的可燃气体、蒸气、粉尘或纤维与供暖管道、散热器表面接触能引起燃烧的厂房。②生产过程中散发的粉尘受到水、水蒸气的作用能引起自燃、爆炸或产生爆炸性气体的厂房。故选C，不选D。

26. C 本题考查的知识点是汽车库、修车库的安全疏散要求。根据《汽车库、修车库、停车场设计防火规范》第6.0.1条，汽车库、修车库的人员安全出口和汽车疏散出口应分开设置。设置在工业与民用建筑内的汽车库，其车辆疏散出口应与其他场所的人员安全出口分开设置。故不选A。根据该规范第6.0.3条，汽车库、修车库的疏散楼梯应符合下列规定：①建筑高度大于32 m的高层汽车库、室内地面与室外出入口地坪的高差大于10 m的地下汽车库应采用防烟楼梯间，其他汽车库、修车库应采用封闭楼梯间；②楼梯间和前室的门应采用乙级防火门，并应向疏散方向开启；③疏散楼梯的宽度不应小于1.1 m。选项B描述汽车库室内地面与室外出入口地坪的高差小于10 m，可以采用封闭楼梯间，采用乙级防火门满足要求，但疏散楼梯宽度仅为1 m，小于规范要求的1.1 m。故不选B。该规范第6.0.6条规定，汽车库室内任一点至最近人员安全出口的疏散距离不应大于45 m，当设置自动灭火系统时，其距离不应大于60 m。对于单层或设置在建筑首层的汽车库，室内任一点至室外最近出口的疏散距离不应大于60 m。该规范第7.2.1条规定，除敞开式汽车库、屋面停车场外，下列汽车库、修车库应设置自动喷水灭火系统：①Ⅰ、Ⅱ、Ⅲ类地上汽车库；②停车数大于10辆的地下、半地下汽车库；③机械式汽车库；④采用汽车专用升降机作汽车疏散出口的汽车库；⑤Ⅰ类修车库。根据题干描述需要判断汽车库类型、是否需要安装自动灭火系统。该汽车库为地下车库，停车数设计为150辆，需要安装自动灭火系统，题干已描述"汽车库设计有符合防火规范要求的消防设施"，因此可理解为设计有自动灭火系统，选项C的最远疏散距离符合规范要求。故选C。根据该规范第6.0.9条，除本规范另有规定外，汽车库、修车库的汽车疏散出口总数不应少于2个，且应分散布置。该规范第6.0.10条规定例外情况，即当符合下列条件之一时，汽车库、修车库的汽车疏散出口可设置1个：①Ⅳ类汽车库；②设置双车道汽车疏散出口的Ⅲ类地上汽车库；③设置双车道汽车疏散出口、停车数量小于或等于100辆且建筑面积小于4 000 m²的地下或半地下汽车库；④Ⅱ、Ⅲ、Ⅳ类修车库。该规范第6.0.13条同时规定，汽车疏散坡道的净宽度，单车道不应小于 3 m，双车道不应小于 5.5 m。题干描述的汽车库属于地下车库，采用双车道，但汽车库面积为 4 000 m²、停车数为 150 辆，均大于规定的例外情况；同时双向疏散车道的宽度 5 m 小于规定的 5.5 m。故不选 D。

27. B 根据《建筑防火通用规范》第 4.3.15 条，一、二级耐火等级建筑内的商店营业厅、展览厅，设置在单层建筑或仅设置在多层建筑的首层内时，并采用不燃或难燃装修材料时，其每个防火分区的最大允许建筑面积不应大于 10 000 m²。故选 B。

28. C 本题考查的知识点是测温式电气火灾探测器的种类和使用。根据《火灾自动报警系统设计规范》第 9.3.3 条，保护对象为 1 000 V 以上的供电线路，测温式电气火灾监控探测器宜选择光栅光纤测温式或红外测温式电气火灾监控探测器，光栅光纤测温式电气火灾监控探测器应直接设置在保护对象的表面。故选 C。

29. B 根据《自动喷水灭火系统设计规范》附录 A，总建筑面积为 5 000 m² 及以上的商场属于中危险级Ⅱ级场所。根据《自动喷水灭火系统设计规范》第 7.1.13 条，装设网格、栅板类通透性吊顶的场所，当通透面积占吊顶总面积的比例大于 70% 时，喷头应设置在吊顶上方。喷头间距及喷头溅水盘与吊顶上表面的距离应符合下表的规定。故选 B。

通透性吊顶场所喷头布置要求

火灾危险等级	喷头间距 S/m	喷头溅水盘与吊顶上表面的最小距离 /mm
轻危险级、中危险级Ⅰ级	$S \leq 3$	450
	$3 < S \leq 3.6$	600
	$S > 3.6$	900
中危险级Ⅱ级	$S \leq 3$	600
	$S > 3$	900

30. B 根据《建筑内部装修设计防火规范》第 5.3.1 条，地下民用建筑内部各部位装修材料的燃烧性能等级，不应低于该规范表 5.3.1 的规定。查表 5.3.1 可知，观众厅墙面为 A 级。故不选 A。大学实验室、歌舞厅墙面为 A 级。故不选 C、D。宾馆客房的墙面可以采用 B_1 级装修材料。故选 B。

31. D 根据《建筑灭火器配置设计规范》附录 C，只有选项 D 属于中危险级场所，其余选项属于严重危险级场所。故选 D。

32. C 根据《消防应急照明和疏散指示系统技术标准》第 3.3.5 条，任一配电回路配接灯具的数量不宜超过 60 只；根据该规范第 3.3.7 条，A 型应急照明配电箱的输出回路不应超过 8 路。440/60=7.3，取整后为 8。故选 C。

33. D　被动防火包括防火间距、耐火等级、防火分区、消防扑救条件（包括有无穿越建筑的消防通道、环形消防车道以及消防电梯等）、防火分隔设施。故不选A、B、C。主动防火包括灭火器材、消防给水、火灾自动报警系统、防烟排烟系统、自动灭火系统、疏散设施。故选D。

34. B　根据《建筑设计防火规范》第7.1.8条，消防车道的坡度不宜大于8%。故不选A。根据该规范第7.1.3条，工厂、仓库区内应设置消防车道。高层厂房，占地面积大于3 000 m² 的甲、乙、丙类厂房和占地面积大于1 500 m² 的乙、丙类仓库，应设置环形消防车道，确有困难时，应沿建筑物的两个长边设置消防车道。根据该规范第7.1.9条。环形消防车道至少应有两处与其他车道连通。尽头式消防车道应设置回车道或回车场，回车场的面积不应小于12 m×12 m；对于高层建筑，不宜小于15 m×15 m；供重型消防车使用时，不宜小于18 m×18 m。根据该规范第3.1.3条条文说明可知，中药材仓库的火灾危险性为丙类。尽头式消防车道应设置回车道或回车场，回车场的面积不应小于12 m×12 m。故选B。根据该规范第7.1.2条，高层民用建筑，超过3 000个座位的体育馆，超过2 000个座位的会堂，占地面积大于3 000 m² 的商店建筑、展览建筑等单、多层公共建筑应设置环形消防车道，确有困难时，可沿建筑的两个长边设置消防车道；对于高层住宅建筑和山坡地或河道边临空建造的高层民用建筑，可沿建筑的一个长边设置消防车道，但该长边所在建筑立面应为消防车登高操作面。根据该规范表5.1.1，25 m的3层剧场为高层民用建筑，54 m的住宅为高层住宅建筑。故不选C、D。

35. B　根据《建筑设计防火规范》第8.2.1条，下列建筑或场所应设置室内消火栓系统：①建筑占地面积大于300 m² 的厂房和仓库，故不选A。②高层公共建筑和建筑高度大于21 m的住宅建筑，建筑高度不大于27 m的住宅建筑，设置室内消火栓系统确有困难时，可只设置干式消防竖管和不带消火栓箱的DN65的室内消火栓，故选B。③体积大于5 000 m³ 的车站、码头、机场的候车（船、机）建筑、展览建筑、商店建筑、旅馆建筑、医疗建筑、老年人照料设施和图书馆建筑等单、多层建筑，故不选D。④特等、甲等剧场，超过800个座位的其他等级的剧场和电影院等以及超过1 200个座位的礼堂、体育馆等单、多层建筑。⑤建筑高度大于15 m或体积大于10 000 m³ 的办公建筑、教学建筑和其他单、多层民用建筑。故不选C。

36. D　根据《建筑内部装修设计防火规范》第5.3.1条，地下民用建筑内部各部位装修材料的燃烧性能等级，不应低于该规范表5.3.1的规定。查表5.3.1可知，营业厅内隔断及固定柜台装修材料的燃烧性能等级为B_1级，故不选A、B。根据该规范第5.3.2条规定，除该规范第4章规定的场所和该规范表5.3.1中序号为6~8规定的部位外，单独建造的地下民用建筑的地上部分，其门厅、休息室、办公室等内部装修材料的燃烧性能等级可在该规范表5.3.1的基础上降低一级。查表5.3.1可知，营业厅地上门厅墙面、地上附属休息室地面装修材料的燃烧性能等级均为A级，降低一级，可为B_1级。故不选C，选D。

37. B　根据《火灾自动报警系统设计规范》第6.3.1条，每个防火分区应至少设置一只手动火灾报警按钮。从一个防火分区内的任何位置到最邻近的手动火灾报警按钮的步行距离不应大于 30 m。故选 B。

38. D 根据《特种火灾探测器》第 3.2 条,点型一氧化碳火灾探测器按使用方式可分为:独立式;系统式。故不选 A。根据该规范第 3.3 条,吸气式感烟火灾探测器按其响应阈值范围可分为:普通型;灵敏型;高灵敏型。故不选 B。根据该规范第 3.4 条,吸气式感烟火灾探测器按其功能构成方式可分为:探测型;探测报警型。故不选 C。根据该规范第 3.5 条,吸气式感烟火灾探测器按其采样方式可分为:管路采样式;点型采样式。故选 D。

39. C 根据《建筑防烟排烟系统技术标准》第 4.6.5 条,中庭排烟量的设计计算应符合下列规定:①中庭周围场所设有排烟系统时,中庭采用机械排烟系统的,中庭排烟量应按周围场所防烟分区中最大排烟量的 2 倍数值计算,且不应小于 107 000 m³/h;中庭采用自然排烟系统时,应按上述排烟量和自然排烟窗(口)的风速不大于 0.5 m/s 计算有效开窗面积。②当中庭周围场所不需设置排烟系统,仅在回廊设置排烟系统时,中庭的排烟量不应小于 40 000 m³/h。故选 C。

40. A 根据《气体灭火系统设计规范》第 4.1.9 条,输送气体灭火剂的管道应采用无缝钢管,输送气体灭火剂的管道安装在腐蚀性较大的环境里,宜采用不锈钢管。管道的连接,当公称直径小于或等于 80 mm 时,宜采用螺纹连接,故选 A。

41. D 根据《泡沫灭火系统技术标准》第 4.1.2 条,储罐区低倍数泡沫灭火系统的选择应符合下列规定:非水溶性液体外浮顶储罐、内浮顶储罐,直径大于 18 m 的固定顶储罐及水溶性甲、乙、丙类液体立式储罐,不得选用泡沫炮作为主要灭火设施。故选 D。

42. B 根据《石油库设计规范》第 3.0.3 条,石油库储存液化烃、易燃和可燃液体的火灾危险性分类,应符合下表的规定,且操作温度超过其沸点的丙$_B$ 类液体应视为乙$_A$ 类液体。故选 B。

石油库储存液化烃、易燃和可燃液体的火灾危险性分类

类别		特征或液体闪点 F_t/℃
甲	A	15 ℃时的蒸气压力大于 0.1 MPa 的烃类液体及其他类似的液体
	B	甲$_A$ 类以外,$F_t < 28$
乙	A	$28 \leq F_t < 45$
	B	$45 \leq F_t < 60$
丙	A	$60 \leq F_t \leq 120$
	B	$F_t > 120$

43. D　根据《干粉灭火系统设计规范》第1.0.4条，干粉灭火系统可用于扑救下列火灾：灭火前可切断气源的气体火灾；易燃、可燃液体和可熔化固体火灾；可燃固体表面火灾；带电设备火灾。根据该规范第1.0.5条，干粉灭火系统不得用于扑救下列物质的火灾：硝化纤维、炸药等无空气仍能迅速氧化的化学物质与强氧化剂；钾、钠、镁、钛、锆等活泼金属及其氢化物。故选D。

44. D　根据《建筑设计防火规范》第8.3.8条，下列场所应设置自动灭火系统，并宜采用水喷雾灭火系统：①单台容量在40 MV·A及以上的厂矿企业油浸变压器，单台容量在90 MV·A及以上的电厂油浸变压器，单台容量在125 MV·A及以上的独立变电站油浸变压器；②飞机发动机试验台的试车部位；③充可燃油并设置在高层民用建筑内的高压电容器和多油开关室。故选D。

45. B　悬挂式气体灭火装置由灭火剂储存容器、启动释放装置、悬挂支架等组成。因装置规模较小，灭火剂瓶组通常只有一个，因此不可能设置集流管。故选B。

46. B　根据《石油化工企业设计防火标准》第6.6.7条，二硫化碳的存放，应符合下列规定：库房温度宜保持在5～20℃之间。故选B。空桶及实桶均不得露天堆放。故不选A。实桶应单层立放，桶装库房下部应通风良好，这是第一层。故不选C。当库房采暖介质的设计温度高于100℃时，应对采暖管道、暖气片采取隔离措施。故不选D。

47. D　根据《建筑设计防火规范》第3.3.8条，变配电站不应设置在甲、乙类厂房内或贴邻，且不应设置在爆炸性气体、粉尘环境的危险区域内。供甲、乙类厂房专用的10 kV及以下的变配电站，当采用无门、窗、洞口的防火墙分隔时，可一面贴邻，并应符合现行国家标准《爆炸危险环境电力装置设计规范》等标准的规定。故不选A、B、C。根据该规范表3.4.1，独立建造的变配电站与甲类厂房的防火间距不应小于25 m。故选D。

48. B　根据《消防应急照明和疏散指示系统技术标准》第3.3.1条，当灯具采用集中电源供电时，灯具的主电源和蓄电池电源应由集中电源提供，灯具主电源和蓄电池电源在集中电源内部实现输出转换后应由同一配电回路为灯具供电。故选B。根据该标准第3.3.8.2条，集中电源应设置在消防控制室、低压配电室、配电间内或电气竖井内；集中电源的额定输出功率不大于1 kW时，可设置在电气竖井内。故不选C。根据该标准第3.3.8.3条，集中电源的供电应符合下列规定：①集中控制型系统中，集中设置的集中电源应由消防电源的专用应急回路供电，分散设置的集中电源应由所在防火分区、同一防火分区的楼层、隧道区间、地铁站台和站厅的消防电源配电箱供电。②非集中控制型系统中，集中设置的集中电源应由正常照明线路供电，分散设置的集中电源应由所在防火分区、同一防火分区的楼层、隧道区间、地铁站台和站厅的正常照明配电箱供电。故不选A、D。

49. B　建筑防爆的基本技术措施分为预防性技术措施和减轻性技术措施。减轻性技术措施包括：①采取泄压措施。故不选A。②采用抗爆性能良好的建筑结构。故不选D。

③采取合理的建筑布置，故不选 C。

50. D 根据《二氧化碳灭火系统设计规范（2010版）》第6.0.1条，二氧化碳灭火系统应设有自动控制、手动控制和机械应急操作三种启动方式。根据该规范第6.0.2条，当采用火灾探测器时，灭火系统的自动控制应在接收到两个独立的火灾信号后才能启动。根据该规范第6.0.5A条，设有火灾自动报警系统的场所，二氧化碳灭火系统的动作信号及相关警报信号、工作状态和控制状态均应能在火灾报警控制器上显示。根据该规范第7.0.6条，防护区的门应向疏散方向开启，并能自动关闭；在任何情况下均应能从防护区内打开。故选 D。

51. C 连锁控制，是由各消防系统自身设备（压力开关、流量开关等）直接启动受控设备，不依赖消防联动控制系统，也不应受消防联动控制器处于自动或手动状态影响，连锁控制是通过专用线路实现。雨淋自动喷水灭火系统的消防泵启动不受水流指示器控制。故不选 A。根据《自动喷水灭火系统设计规范》第11.0.3条，雨淋系统消防水泵的自动启动方式应符合下列要求：当采用火灾自动报警系统控制雨淋报警阀时，消防水泵应由火灾自动报警系统、消防水泵出水干管上设置的压力开关、高位消防水箱出水管上的流量开关和报警阀组压力开关直接自动启动。故不选 B，选 C。根据《火灾自动报警系统设计规范》第4.2.3条，雨淋系统的联动控制方式，应由同一报警区域内两只及以上独立的感温火灾探测器或一只感温火灾探测器与一只手动火灾报警按钮的报警信号，作为雨淋阀组开启的联动触发信号。应由消防联动控制器控制雨淋阀组的开启。故不选 D。

52. B 根据《自动喷水灭火系统设计规范》第5.0.14条，水幕系统的设计基本参数应符合下表的规定。故选 B。

水幕系统的设计基本参数

水幕系统类别	喷水点高度 h/m	喷水强度/[L/(s·m)]	喷头工作压力/MPa
防火分隔水幕	$h \leq 12$	2	0.1
防护冷却水幕	$h \leq 4$	0.5	

53. C 为方便乘客，在地铁车站内的上、下行方向均设置自动扶梯的情况比较普遍。在火灾时，地铁车站内的人员疏散方向比较单一，均是从站台向站厅或室外安全地点、站厅至室外安全地点进行疏散。地铁车站的自动扶梯与疏散楼梯是成组布置的，在火灾时，其出入口均不会被封闭，因此可以利用这些自动扶梯来提高车站的疏散能力。根据《地铁设计防火标准》第6.2.1条，火灾时兼作疏散用的自动扶梯应符合下列规定：①应按一级负荷供电。故不选 A。②应采用不燃材料制造。故不选 B。③应能在事故时保持运行。故不选 D。④平时运行方向应与人员的疏散方向一致。故选 C。⑤自动扶梯的下部空间与其他部位之间应采取防火分隔措施。⑥暴露在室外环境的自动扶梯应采取防滑措施；位于寒冷或严寒地区时，应采取防冰雪积聚和防冻的措施。

54. B 根据《泡沫灭火系统技术标准》第5.3.3条，当高倍数泡沫用于扑救A类火灾或B类火灾时,应符合下列规定:①覆盖A类火灾保护对象最高点的厚度不应小于0.6 m;②对于汽油、煤油、柴油或苯,覆盖起火部位的厚度不应小于2 m;其他B类火灾的泡沫覆盖厚度应由试验确定;③达到规定覆盖厚度的时间不应大于2 min;④泡沫混合液连续供给时间不应小于12 min。故选B。

55. D 根据《建筑防火通用规范》第9.1.1条,甲、乙类厂房内的空气不应循环使用。故不选A、B。丙类厂房内含有燃烧或爆炸危险粉尘、纤维的空气,在循环使用前应经净化处理,并应使空气中的含尘浓度低于其爆炸下限的25%。根据该规范第9.1.2条,为甲、乙类厂房服务的送风设备与排风设备应分别布置在不同通风机房内,且排风设备不应和其他房间的送风、排风设备布置在同一通风机房内。故不选C。

56. C 根据《建筑设计防火规范》第5.4.13条,布置在民用建筑内的柴油发电机房应符合下列规定:①宜布置在首层或地下一、二层。故不选A。②应采用耐火极限不低于2.00 h的防火隔墙和1.50 h的不燃性楼板与其他部位分隔,门应采用甲级防火门。故不选B。③机房内设置储油间时,其总储存量不应大于1 m³,储油间应采用耐火极限不低于3.00 h的防火隔墙与发电机间分隔;确需在防火隔墙上开门时,应设置甲级防火门。故选C。④应设置与柴油发电机容量和建筑规模相适应的灭火设施,当建筑内其他部位设置自动喷水灭火系统时,机房内应设置自动喷水灭火系统。故不选D。

57. B 根据《气体灭火系统设计规范》第3.1.15条,同一防护区内的预制式灭火系统装置多于1台时,必须能同时启动,其动作响应时差不得大于2 s。故不选A。根据《火灾自动报警系统设计规范》第4.4.2.2条,气体灭火控制器在接收到满足联动逻辑关系的首个联动触发信号后,应启动设置在该防护区内的火灾声光警报器,且联动触发信号应为任一防护区域内设置的感烟火灾探测器、其他类型火灾探测器或手动火灾报警按钮的首次报警信号;在接收到第二个联动触发信号后,应发出联动控制信号,且联动触发信号应为同一防护区域内与首次报警的火灾探测器或手动火灾报警按钮相邻的感温火灾探测器、火焰探测器或手动火灾报警按钮的报警信号。故选B。根据该规范第4.4.2.3条,启动气体灭火装置、泡沫灭火装置、气体灭火控制器、泡沫灭火控制器,可设定不大于30 s的延迟喷射时间。故不选C。根据该规范第4.4.5条,气体灭火装置、泡沫灭火装置启动及喷放各阶段的联动控制及系统的反馈信号,应反馈至消防联动控制器。系统的联动反馈信号应包括下列内容:①气体灭火控制器、泡沫灭火控制器直接连接的火灾探测器的报警信号。②选择阀的动作信号。③压力开关的动作信号。而消防联动控制器必然设置在消防控制室。故不选D。

58. C 根据《建筑设计防火规范》第5.5.9条规定,一、二级耐火等级公共建筑内的安全出口全部直通室外确有困难的防火分区,可利用通向相邻防火分区的甲级防火门作为安全出口,但应符合下列要求:①利用通向相邻防火分区的甲级防火门作为安全出口时,应采用防火墙与相邻防火分区进行分隔。故不选A。②建筑面积大于1 000 m²的防火分区,直通室外的安全出口不应少于2个;建筑面积不大于1 000 m²的防火分区,直通室外的安全出口不应少于1个。故不选B、D。③根据该规范第5.5.9条条文说明可知,建筑内划分防火分区后,提高了建筑的防火性能。当其中一个防火分区发生火灾时,不致快速蔓延至更大的区域,使得非着火的防火分区在某种程度上能起到临时安全区的作用。因此,当人员需要通过相邻防火分区疏散时,相邻两个防火分区之间要严格采用防火墙分隔,不能采用防火卷帘、防火分隔水幕等措施替代。故选C。

59. C 根据《建筑内部装修设计防火规范》第4.0.9条,消防水泵房、机械加压送风排烟机房、固定灭火系统钢瓶间、配电室、变压器室、发电机房、储油间、通风和空调机房等,其内部所有装修均应采用A级装修材料。故不选A。根据该规范第4.0.10条,消防控制室等重要房间,其顶棚和墙面应采用A级装修材料,地面及其他装修应采用不低于B_1级的装修材料。故不选B。根据该规范第4.0.11条,建筑物内的厨房,其顶棚、墙面、地面均应采用A级装修材料。故选C。根据该规范第4.0.12条,经常使用明火器具的餐厅、科研试验室,其装修材料的燃烧性能等级除A级外,应在规定的基础上提高一级。

60. C 虽然该建筑体量大,但也可采用在同一个消防控制室内设多套集中报警系统来保护的方案。故不选A。根据《火灾自动报警系统设计规范》第3.2.4条,控制中心报警系统的设计,应符合下列规定:有两个及以上消防控制室时,应确定一个主消防控制室。主消防控制室应能显示所有火灾报警信号和联动控制状态信号,并应能控制重要的消防设备;各分消防控制室内消防设备之间可互相传输、显示状态信息,但不应互相控制。按照条文说明,重要的消防设备主要指共同使用的水泵。故选C,不选B、D。

61. B 根据《建筑设计防火规范》第10.2.4条,开关、插座和照明灯具靠近可燃物时,应采取隔热、散热等防火措施。卤钨灯和额定功率不小于100 W的白炽灯泡的吸顶灯、槽灯、嵌入式灯,其引入线应采用瓷管、矿棉等不燃材料作隔热保护。额定功率不小于60 W的白炽灯、卤钨灯、高压钠灯、金属卤化物灯、荧光高压汞灯(包括电感镇流器)等,不应直接安装在可燃物体上或采取其他防火措施。故选B。

62. B 根据《自动喷水灭火系统设计规范》第5.0.15条,当采用防护冷却系统保护防火卷帘、防火玻璃墙等防火分隔设施时,系统应独立设置,且应符合下列要求:喷头设置高度不应超过8 m;当设置高度为4~8 m时,应采用快速响应洒水喷头;喷头设置高度不超过4 m时,喷水强度不应小于0.5 L/(s·m);当超过4 m时,每增加1 m,喷水强度应增加0.1 L/(s·m)。故选B。

63. A 根据《建筑防火通用规范》第8.1.11条,建筑面积不小于400 m^2的演播室,建筑面积不小于500 m^2的电影摄影棚应设置雨淋自动喷水灭火系统。故选A。

64. A 根据《建筑设计防火规范》第3.2.3条,单、多层丙类厂房和多层丁、戊类厂房的耐火等级不应低于三级。使用或产生丙类液体的厂房和有火花、赤热表面、明火的丁类厂房,其耐火等级均不应低于二级;根据该规范表3.1.3,闪点为68 ℃的燃料油为丙类可燃液体。故选A。

65. A 本题考查的知识点是消防给水系统中消防水泵的设计和选型要求。根据《消防给水及消火栓系统技术规范》第 5.1.6 条，当采用电动机驱动的消防水泵时，应选择电动机干式安装的消防水泵，故选 A。消防水泵流量扬程性能曲线应为无驼峰、无拐点的光滑曲线，零流量时的压力不应大于设计工作压力的 140%，且宜大于设计工作压力的 120%，因此，消防水泵零流量时的压力应为设计工作压力的 1.2 ~ 1.4 倍，即 1.08 ~ 1.26 MPa，故不选 B。消防水泵所配驱动器的功率应满足所选水泵流量扬程性能曲线上任何一点运行所需功率的要求，而选项 C 仅满足 80% 的流量要求，故不选 C。当出流量为设计流量的 150% 时，其出口压力不应低于设计工作压力的 65%，消防水泵出流量为 30 L/s 为设计流量的 1.5 倍，此时，出口压力应不低于 0.9 MPa 的 65%，即 0.59 MPa，故不选 D。

66. B 根据《建筑灭火器配置设计规范》第 4.2.1 条，A 类火灾场所应选择水型灭火器、磷酸铵盐干粉灭火器、泡沫灭火器或卤代烷灭火器。办公楼内部可燃物以 A 类为主，不适合选择配置碳酸氢钠干粉灭火器。故选 B。

67. A 根据《地铁设计防火标准》第 4.1.4 条，车站（车辆基地）控制室（含防灾报警设备室）、变电所、配电室、通信及信号机房、固定灭火装置设备室、消防水泵房、废水泵房、通风机房、环控电控室、站台门控制室、蓄电池室等火灾时需运作的房间，应分别独立设置，并应采用耐火极限不低于 2.00 h 的防火隔墙和耐火极限不低于 1.50 h 的楼板与其他部位分隔。

68. C 根据《建筑防火通用规范》第 2.2.6 条，下列建筑应设置消防电梯：①建筑高度大于 33 m 的住宅建筑；②一类高层公共建筑和建筑高度大于 32 m 的二类高层公共建筑；③5 层及以上且总建筑面积大于 3 000 m² （包括设置在其他建筑内第五层及以上楼层）的老年人照料设施；④除轨道交通工程外，埋深大于 10 m 且总建筑面积大于 3 000 m² 的地下或半地下建筑（室）。故选 C。

69. A 根据《建筑设计防火规范》第 3.1.1 条条文说明可知，制鞋厂房的火灾危险性为丙类。根据该规范表 5.1.1 可知，本建筑为二类高层厂房。根据该规范第 7.2.2 条，消防车登高操作场地的长和宽分别不应小于 15 m 和 10 m。对于建筑高度大于 50 m 的建筑，场地的长和宽分别不应小于 20 m 和 10 m。故选 A。根据该规范第 7.2.1 条，高层建筑应至少沿一个长边或周边长度的 1/4 且不小于一个长边长度的底边连续布置消防车登高操作场地，该范围内的裙房进深不应大于 4 m。建筑高度不大于 50 m 的建筑，连续布置消防车登高操作场地确有困难时，可间隔布置，但间隔距离不宜大于 30 m，且消防车登高操作场地的总长度仍应符合上述规定。故不选 B。根据该规范第 3.3.1 条，除该规范另有规定外，厂房的层数和每个防火分区的最大允许建筑面积应符合表 3.3.1 的规定。一级耐火等级的高层丙类厂房其每个防火分区的最大允许建筑面积为 3 000 m²。根据第 8.3.1 条，除该规范另有规定和不宜用水保护或灭火的场所外，占地面积大于 1 500 m² 或总建筑面积大于 3 000 m² 的单、多层制鞋、制衣、玩具及电子等类似生产的厂房应设置自动灭火系统，并宜采用自动喷水灭火系统；故本题制鞋厂房应设自动灭火系统，其防火分区最大允许建筑面积为 3 000 m²，故该高层丙类厂房每层至少应划分 2 个防火分区。根据该规范第 7.2.4 条，厂房、仓库、公共建筑的外墙应在每层的适当位置设置可供消防救援人员进入的窗口。根据该规范第 7.2.5 条，供消防救援人员进入的窗口的净高度和净宽度均不应小于 1 m，下沿距室内地面不宜大于 1.2 m，间距不宜大于 20 m 且每个防火分区不应少于 2 个，设置位置应与消防车登高操作场地相对应。窗口的玻璃应易于破碎，并应设置可在室外易于识别的明显标志。故不选 C、D。

70. C 根据《建筑防火通用规范》第 7.3.1 条，住宅建筑安全出口的设置应符合下列规定：建筑高度大于 27 m、不大于 54 m，但任一户门至最近安全出口的疏散距离大于 10 m 的住宅单元，每个单元每层的安全出口不应少于 2 个。故不选 A。根据该规范第 7.3.2 条，住宅建筑的疏散楼梯设置应符合下列规定：建筑高度大于 21 m、不大于 33 m 的住宅建筑，当户门的耐火整体性低于 1.00 h 时应采用封闭楼梯间。故不选 B。根据该规范第 7.1.4 条，疏散走道、疏散楼梯和首层疏散外门的净宽度不应小于 1.1 m。故选 C。根据《建筑设计防火规范》第 5.5.28 条，住宅单元的疏散楼梯，当分散设置确有困难且任一户门至最近疏散楼梯间入口的距离不大于 10 m 时，可采用剪刀楼梯间，故不选 D。

71. A 根据《水喷雾灭火系统技术规范》第 3.1.2 条，当保护对象为油浸式电力变压器，水喷雾灭火系统的持续供给时间至少为 0.4 h。故选 A。

72. B 根据《建筑防烟排烟系统技术标准》第 4.4.12 条，排烟口的设置应按该标准第 4.6.3 条经计算确定，且防烟分区内任一点与最近的排烟口之间的水平距离不应大于 30 m。除该标准第 4.4.13 条规定的情况以外，排烟口的设置尚应符合下列规定：①排烟口宜设置在顶棚或靠近顶棚的墙面上。②排烟口应设在储烟仓内，但走道、室内空间净高不大于 3 m 的区域，其排烟口可设置在其净高的 1/2 以上；当设置在侧墙时，吊顶与其最近边缘的距离不应大于 0.5 m。③对于需要设置机械排烟系统的房间，当其建筑面积小于 50 m² 时，可通过走道排烟，排烟口可设置在疏散走道；排烟量应按该标准第 4.6.3 条第 3 款计算。④火灾时由火灾自动报警系统联动开启排烟区域的排烟阀或排烟口，应在现场设置手动开启装置。⑤排烟口的设置宜使烟流方向与人员疏散方向相反，排烟口与附近安全出口相邻边缘之间的水平距离不应小于 1.5 m。故不选 A、C、D，选 B。

73. B 根据《建筑防烟排烟系统技术标准》第 5.1.2 条，加压送风机的启动应符合下列规定：①现场手动启动；②通过火灾自动报警系统自动启动；③消防控制室手动启动；④系统中任一常闭加压送风口开启时，加压风机应能自动启动。故不选 A。根据该标准第 3.3.6 条，除直灌式加压送风方式外，楼梯间宜每隔 2～3 层设一个常开式百叶送风口；而常开式百叶送风口无信号反馈功能，故选 B。根据《火灾自动报警系统设计规范》第 4.5.3 条，防烟系统、排烟系统的手动控制方式，应能在消防控制室内的消防联动控制器上手动控制送风口、电动挡烟垂壁、排烟口、排烟窗、排烟阀的开启或关闭及防烟风机、排烟风机等设备的启动或停止。故不选 C。消防控制室内设置的消防设备应包括火灾报警控制器、消防联动控制器、消防控制室图形显示装置、消防电源监控器等。

根据《消防控制室通用技术要求》第 5.7 条，消防电源监控器应符合下列要求：①应能显示消防用电设备的供电电源和备用电源的工作状态和故障报警信息；②应能将消防用电设备的供电电源和备用电源的工作状态和欠压报警信息传输给消防控制室图形显示装置。故不选 D。

74. D　根据《建筑防烟排烟系统技术标准》第 4.1.2 条，同一个防烟分区应采用同一种排烟方式，故不选 C。根据该标准第 4.4.1 条，当建筑的机械排烟系统沿水平方向布置时，每个防火分区的机械排烟系统应独立设置，故不选 A。根据该标准第 4.4.2 条，建筑高度超过 50 m 的公共建筑和建筑高度超过 100 m 的住宅，其排烟系统应竖向分段独立设置，且公共建筑每段高度不应超过 50 m，住宅建筑每段高度不应超过 100 m。故不选 B。根据该标准第 4.4.7 条，机械排烟系统应采用管道排烟，且不应采用土建风道。故选 D。

75. C　根据《建筑设计防火规范》表 5.1.1 规定，本轮船客运站候船室为高层民用建筑。根据《建筑内部装修设计防火规范》第 5.2.1 条规定，建筑面积大于 10 000 m² 的轮船客运站候船室墙面装修材料的燃烧性能等级不低于 A 级。根据该规范第 5.2.3 条，除该规范第 4 章规定的场所和该规范表 5.2.1 中序号为 10～12 规定的部位外，以及大于 400 m² 的观众厅、会议厅和 100 m 以上的高层民用建筑外，当设有火灾自动报警装置和自动灭火系统时，除顶棚外，其内部装修材料的燃烧性能等级可在该规范表 5.2.1 规定的基础上降低一级。本轮船客运站候船室设有自动喷水灭火系统和火灾自动报警系统，除顶棚外，装修材料的燃烧性能等级可降一级。墙面装修材料的燃烧性能等级可为 B_1 级。根据该规范第 3.0.2 条条文说明，木质人造板燃烧性能等级为 B_2 级，聚酯装饰板燃烧性能等级为 B_2 级，难燃胶合板燃烧性能等级为 B_1 级，无纺贴墙布燃烧性能等级为 B_2 级。故选 C。

76. A　根据《建筑设计防火规范》第 8.1.3 条，自动喷水灭火系统、水喷雾灭火系统、泡沫灭火系统和固定消防炮灭火系统等系统以及下列建筑的室内消火栓给水系统应设置消防水泵接合器：①超过 5 层的公共建筑；②超过 4 层的厂房或仓库；③其他高层建筑；④超过 2 层或建筑面积大于 10 000 m² 的地下建筑（室）。故选 A。

77. C　本题考查的知识点是隧道通风与通风和排烟系统的设置要求。根据《建筑设计防火规范》第 12.3.3 条，隧道的机械排烟系统与隧道的通风系统宜分开设置。合用时，合用的通风系统应具备在火灾时快速转换的功能，并应符合机械排烟系统的要求。故不选 A。根据该规范第 12.3.4 条，隧道内设置的机械排烟系统采用纵向排烟方式时，应能迅速组织气流、有效排烟，其排烟风速应根据隧道内的最不利火灾规模确定，且纵向气流的速度不应小于 2 m/s，并应大于临界风速，故不选 B。排烟风机和烟气流经的风阀、消声器、软接等辅助设备，应能承受设计的隧道火灾烟气排放温度，并应能在 250 ℃下连续正常运行不小于 1 h，故选 C。根据该规范第 12.3.6 条，隧道内用于火灾排烟的射流风机，应至少备用一组。选项 D 一用一备，符合要求，故不选 D。

78. C　根据《自动喷水灭火系统设计规范》第11.0.7条，预作用系统、雨淋系统和自动控制的水幕系统，应同时具备下列三种开启报警阀组的控制方式：①自动控制；②消防控制室（盘）远程控制；③预作用装置或雨淋报警阀处现场手动应急操作。在预作用系统中，单纯的闭式喷头启动只能排气，而不能启动整个系统。故选C。

79. D　根据《气体灭火系统设计规范》第3.1.16条，单台热气溶胶预制灭火系统装置的保护容积不应大于160 m³；设置多台装置时，其相互间的距离不得大于10 m。故选D。

80. D　根据《线型感温火灾探测器》第3.1条，线型感温火灾探测器按敏感部件形式分为缆式、空气管式、分布式光纤、光纤光栅、线式多点型。故选D。

二、多项选择题（共20题，每题2分。每题的备选项中，有2个或2个以上符合题意，至少有1个错项。错选，本题不得分；少选，所选的每个选项得0.5分）

81. AD　根据《建筑防烟排烟系统技术标准》第5.2.3条，机械排烟系统中的常闭排烟阀或排烟口应具有火灾自动报警系统自动开启、消防控制室手动开启和现场手动开启功能，其开启信号应与排烟风机联动。当火灾确认后，火灾自动报警系统应在15 s内联动开启相应防烟分区的全部排烟阀、排烟口、排烟风机和补风设施，并应在30 s内自动关闭与排烟无关的通风、空调系统。故选A，不选B。根据该标准第5.2.5条，当火灾确认后，火灾自动报警系统应在15 s内联动相应防烟分区的全部活动挡烟垂壁，60 s以内挡烟垂壁应开启到位。根据《火灾自动报警系统设计规范》第4.5.1.2条，应由同一防烟分区内且位于电动挡烟垂壁附近的两只独立的感烟火灾探测器的报警信号，作为电动挡烟垂壁降落的联动触发信号，并应由消防联动控制器联动控制电动挡烟垂壁的降落。故不选C。根据该规范第4.5.3条，防烟、排烟风机的启动、停止按钮应采用专用线路直接连接至设置在消防控制室内的消防联动控制器的手动控制盘，并应直接手动控制防烟、排烟风机的启动、停止。故选D。根据该规范第4.5.5条，排烟风机入口处的总管上设置的280 ℃排烟防火阀在关闭后应直接联动控制风机停止，排烟防火阀及风机的动作信号应反馈至消防联动控制器。故不选E。

82. ABE　根据《建筑设计防火规范》第6.5.3条，防火分隔部位设置防火卷帘时，应符合下列规定：①除中庭外，当防火分隔部位的宽度不大于30 m时，防火卷帘的宽度不应大于10 m；当防火分隔部位的宽度大于30 m时，防火卷帘的宽度不应大于该部位宽度的1/3，且不应大于20 m。故选A。②防火卷帘应具有火灾时靠自重自动关闭功能。故选B。③除该规范另有规定外，防火卷帘的耐火极限不应低于该规范对所设置部位墙体的耐火极限要求。本题设置的部位为防火墙，耐火极限应为3 h，防火卷帘耐火极限应不低于3 h。故不选C。④防火卷帘应具有防烟性能，与楼板、梁、墙、柱之间的空隙应采用防火封堵材料封堵。故选E。⑤需在火灾时自动降落的防火卷帘，应具有信号反馈的功能。故不选D。

83. ABCE　干式自动喷水灭火系统的报警阀配有自动滴水球阀，没有延迟器。故选A、B、C、E。

84. CE　A 类火灾：固体物质火灾。这种物质通常具有有机物性质，一般在燃烧时能产生灼热的余烬。例如，木材、棉、毛、麻、纸张等火灾。B 类火灾：液体或可熔化固体物质火灾。例如，汽油、煤油、原油、甲醇、乙醇、沥青、石蜡等火灾。松香、焦炭、橡胶起火属于 A 类火灾，故不选 A、B、D。石蜡、沥青加热先融化为液态，起火属于 B 类火灾，故选 C、E。

85. CDE　根据《建筑设计防火规范》第 5.5.13 条，6 层以上的其他建筑的疏散楼梯，除与敞开式外廊直接相连的楼梯间外，均应采用封闭楼梯间。故不选 A。根据该规范第 6.4.2 条，高层建筑，人员密集的公共建筑，人员密集的多层丙类厂房，甲、乙类厂房，其封闭楼梯间的门应采用乙级防火门，并应向疏散方向开启；其他建筑，可采用双向弹簧门。本题中，建筑为高层建筑，故不选 B。根据该规范第 8.3.3 条，二类高层公共建筑及其地下、半地下室的公共活动用房、走道、办公室和旅馆的客房、可燃物品库房、自动扶梯底部应设置自动灭火系统，并宜采用自动喷水灭火系统。本题中，建筑为二类高层公共建筑，应设自动喷水灭火系统。根据该规范第 5.5.17 条，一、二级耐火等级建筑内疏散门或安全出口不少于 2 个的观众厅、展览厅、多功能厅、餐厅、营业厅等，其室内任一点至最近疏散门或安全出口的直线距离不应大于 30 m；设置自动喷水灭火系统时，室内任一点至最近安全出口的安全疏散距离可分别增加 25%。本题中，疏散距离最大为 37.5 m，故选 C。楼梯间应在首层直通室外，确有困难时，可在首层采用扩大的封闭楼梯间或防烟楼梯间前室。当层数不超过 4 层且未采用扩大的封闭楼梯间或防烟楼梯间前室时，可将直通室外的门设置在离楼梯间不大于 15 m 处。本题中，剧场为 6 层，采用的是封闭楼梯间，不符合此条，故选 D。根据该规范第 6.4.1 条，疏散楼梯间内不应设置烧水间、可燃材料储藏室、垃圾道。故选 E。

86. CE　本题考查的知识点是气体灭火系统的联动控制要求。根据《火灾自动报警系统设计规范》第 4.4.2 条第 2 款，气体灭火控制器在接收到满足联动逻辑关系的首个联动触发信号后，应启动设置在该防护区内的火灾声光警报器，且联动触发信号应为任一防护区域内设置的感烟火灾探测器、其他类型火灾探测器或手动火灾报警按钮的首次报警信号；在接收到第二个联动触发信号后，应发出联动控制信号，且联动触发信号应为同一防护区域内与首次报警的火灾探测器或手动火灾报警按钮相邻的感温火灾探测器、火焰探测器或手动火灾报警按钮的报警信号。手动火灾报警按钮必须是防护区内的才可启动警报器，故不选 A，也不选 B。根据该规范第 4.4.2 条第 3 款，联动控制信号应包括下列内容：①关闭防护区域的送（排）风机及送（排）风阀门；②停止通风和空调系统及关闭设置在该防护区域的电动防火阀；③联动控制防护区域开口封闭装置的启动，包括关闭防护区域的门、窗；④启动气体灭火装置。结合第 2 款，故选 C、E。无管网气体灭火系统中没有选择阀，故不选 D。

87. ACDE　根据《消防给水及消火栓系统技术规范》第 11.0.2 条，消防水泵不应设置自动停泵的控制功能，停泵应由具有管理权限的工作人员根据火灾扑救情况确定。故选 A。根据该规范第 11.0.3 条，消防水泵应确保从接到启泵信号到水泵正常运转的自动启动时间不应大于 2 min。故不选 B。根据该规范第 11.0.7 条，消防控制室或值班室，应具有下列控制和显示功能：①消防控制柜或控制盘应设置专用线路连接的手动直接启泵按钮；②消防控制柜或控制盘应能显示消防水泵和稳压泵的运行状态；③消防控制柜或控制盘应能显示消防水池、高位消防水箱等水源的高水位、低水位报警信号，以及正常水位。故选 D。根据该规范第 11.0.12 条，消防水泵控制柜应设置机械应急启泵功能，并应保证在控制柜内的控制线路发生故障时由有管理权限的人员在紧急时启动消防水泵。机械应急启动时，应确保消防水泵在报警 5 min 内正常工作。故选 C。根据该规范第 11.0.19 条，消火栓按钮不宜作为直接启动消防水泵的开关，但可作为发出报警信号的开关或启动干式消火栓系统的快速启闭装置等。故选 E。

88. ABCE 根据《消防应急照明和疏散指示系统技术标准》第 3.2.5 条，照明灯应采用多点、均匀布置方式，建、构筑物设置照明灯的部位或场所疏散路径地面水平最低照度应符合以下的规定：病房楼或手术部的避难间，老年人照料设施、人员密集场所、老年人照料设施、病房楼或手术部内的楼梯间、前室或合用前室、避难走道，逃生辅助装置存放处等特殊区域及屋顶直升机停机坪的地面水平最低照度不低于 10.0 lx。消防电梯间的前室或合用前室，寄宿制幼儿园和小学的寝室、医院手术室及重症监护室等病人行动不便的病房等需要救援人员协助疏散的区域的地面水平最低照度不低于 5.0 lx。观众厅、展览厅、电影院、多功能厅，建筑面积大于 200 m² 的营业厅、餐厅、演播厅，建筑面积超过 400 m² 的办公大厅、会议室等人员密集场所，人员密集厂房内的生产场所、室内步行街两侧的商铺及建筑面积大于 100 m² 的地下或半地下公共活动场所的地面水平最低照度不低于 3.0 lx。室内步行街，城市交通隧道两侧、人行横通道和人行疏散通道，宾馆、酒店的客房，自动扶梯上方或侧上方，安全出口外面及附近区域、连廊的连接处两端及进入屋顶直升机停机坪的途径的地面水平最低照度不低于 1.0 lx。其中大型商场属于人员密集场所，故选 A、B、C、E。

89. AC 根据《建筑防烟排烟系统技术标准》第 4.2.4 条，公共建筑、工业建筑防烟分区的最大允许面积及其长边最大允许长度应符合下表的规定，当工业建筑采用自然排烟系统时，其防烟分区的长边长度尚不应大于建筑内空间净高的 8 倍。

公共建筑、工业建筑防烟分区的最大允许面积及其长边最大允许长度

空间净高 H/m	最大允许面积 /m²	长边最大允许长度 /m
$H \leq 3$	500	24
$3 < H \leq 6$	1 000	36
$H > 6$	2 000	60 m；具有自然对流条件时，不应大于 75 m

注：公共建筑、工业建筑中的走道宽度不大于 2.5 m 时，其防烟分区的长边长度不应大于 60 m。

故选 A。采用自然排烟的丁类厂房内空间净高为 7 m 时，其防烟分区的长边最大允许长度不应大于 56 m，故选 C。

90. BCDE 根据《火灾自动报警系统设计规范》第 4.6.4 条，非疏散通道上设置的防火卷帘手动控制方式，应由防火卷帘两侧设置的手动控制按钮控制防火卷帘的升降，并应能在消防控制室内的消防联动控制器上手动控制防火卷帘的降落。消防控制室只能控制卷帘下降，不能控制升起。故不选 A。根据《消防控制室通用技术要求》第 5.3.8 条，对防烟排烟系统及通风空调系统的控制和显示应符合下列要求：①应能显示防烟排烟系统风机电源的工作状态；②应能显示防烟排烟系统的手动、自动工作状态及防烟排烟系统风机的正常工作状态和动作状态；③应能控制防烟排烟系统及通风空调系统的风机和电动排烟防火阀、电控挡烟垂壁、电动防火阀、常闭送风口、排烟阀（口）、电动排烟窗的动作，并显示其反馈信号。故选 B。根据该规范第 5.3.10 条，对电梯的控制和显示应符合下列要求：①应能控制所有电梯全部回降首层，非消防电梯应开门停用，消防电梯应开门待用，并显示反馈信号及消防电梯运行时所在楼层；②应能显示消防电梯的故障状态和停用状态。故选 D。根据《消防给水及消火栓系统技术规范》第 11.0.7 条，消防控制室或值班室，应具有下列控制和显示功能：①消防控制柜或控制盘应设置专用线路连接的手动直接启泵按钮；②消防控制柜或控制盘应能显示消防水泵和稳压泵的运行状态；③消防控制柜或控制盘应能显示消防水池、高位消防水箱等水源的高水位、低水位报警信号，以及正常水位。故选 C、E。

91. AE　根据《建筑设计防火规范》第 3.1.1 条条文说明，硫黄回收厂房为乙类厂房，卷烟厂包装厂房为丙类厂房，车辆装配厂房为戊类厂房，供热锅炉房为丁类厂房。根据该规范第 3.4.1 条，单层乙类厂房与单、多层民用建筑，防火间距不小于 25 m，故选 A。耐火等级一级的单层丙类厂房与二类高层民用建筑，防火间距不小于 15 m，故不选 B。耐火等级一级的单层戊类厂房与一类高层民用建筑，防火间距不小于 15 m，故不选 C。5 t ≤ 变压器总油量 ≤ 10 t 的室外变配电站与高层民用建筑，防火间距不小于 20 m，故不选 D。耐火等级一级的丁类厂房与二类高层民用建筑，防火间距不小于 13 m，故选 E。

92. ABCD　根据《水喷雾灭火系统技术规范》第 1.0.3 条，水喷雾灭火系统可用于扑救固体物质火灾、丙类液体火灾、饮料酒火灾和电气火灾，并可用于可燃气体和甲、乙、丙类液体的生产、储存装置或装卸设施的防护冷却。故该饮料酒仓库可采用水喷雾灭火系统进行保护。水喷雾灭火系统可采取的启动方式有电动启动、液动启动、气动启动和现场手动启动四种方式。故选 A、B、C、D。

93. ADE　根据《建筑设计防火规范》第 6.4.14 条，避难走道的设置应符合下列规定：①避难走道防火隔墙的耐火极限不应低于 3.00 h，楼板的耐火极限不应低于 1.50 h。故选 A。②避难走道直通地面的出口不应少于 2 个，并应设置在不同方向；当避难走道仅与一个防火分区相通且该防火分区至少有 1 个直通室外的安全出口时，可设置 1 个直通地面的出口。任一防火分区通向避难走道的门至该避难走道最近直通地面的出口的距离不应大于 60 m。故不选 B。③避难走道的净宽度不应小于任一防火分区通向该避难走道的设计疏散总净宽度。④避难走道内部装修材料的燃烧性能等级应为 A 级。故不选 C。⑤防火分区至避难走道入口处应设置防烟前室，前室的使用面积不应小于 6 m²，开向前室的门应采用甲级防火门，前室开向避难走道的门应采用乙级防火门。故选 D、E。

94. ACE　根据《火灾自动报警系统设计规范》第11.2.2条，火灾自动报警系统的供电线路、消防联动控制线路应采用耐火铜芯电线电缆，报警总线、消防应急广播和消防专用电话等传输线路应采用阻燃或阻燃耐火电线电缆。故不选B、D。根据《建筑设计防火规范》第10.1.10条，消防配电线路应满足火灾时连续供电的需要，明敷时（包括敷设在吊顶内），应穿金属导管或采用封闭式金属槽盒保护，金属导管或封闭式金属槽盒应采取防火保护措施；当采用阻燃或耐火电缆并敷设在电缆井、沟内时，可不穿金属导管或采用封闭式金属槽盒保护；当采用矿物绝缘类不燃性电缆时，可直接明敷。故选A、C、E。

95. ABDE　根据《自动喷水灭火系统设计规范》附录A，设置场所火灾危险等级分类，中危险级Ⅱ级有：①民用建筑：书库，舞台（葡萄架除外），汽车停车场（库），总建筑面积5 000 m²及以上的商场，总建筑面积1 000 m²及以上的地下商场，净空高度不超过8 m、物品高度不超过3.5 m的超级市场等；②工业建筑：棉毛麻丝及化纤的纺织、织物及制品、木材木器及胶合板、谷物加工、烟草及制品、饮用酒（啤酒除外）、皮革及制品、造纸及纸制品、制药等工厂的备料与生产车间等。故选A、B、D、E。

96. ABDE　根据《建筑设计防火规范》第8.2.1条，下列建筑或场所应设置室内消火栓系统：体积大于5 000 m³的车站、码头、机场的候车（船、机）建筑、展览建筑、商店建筑、旅馆建筑、医疗建筑、老年人照料设施和图书馆建筑等单、多层建筑。该建筑体积为20 000 m³（4×4 m×1 250 m²=20 000 m³），应设置室内消火栓系统。故选A。根据该规范第8.3.4条，除本规范另有规定和不适用水保护或灭火的场所外，下列单、多层民用建筑或场所应设置自动灭火系统，并宜采用自动喷水灭火系统：任一层建筑面积大于1 500 m²或总建筑面积大于3 000 m²的展览、商店、餐饮和旅馆建筑以及医院中同样建筑规模的病房楼、门诊楼和手术部；大、中型幼儿园、老年人照料设施。该建筑旅馆部分总面积为3 750 m²，且一楼为老年人照料设施，均应设置自动喷水灭火系统。故选B。根据《建筑灭火器配置设计规范》附录D，民用建筑灭火器配置场所的危险等级举例，老人住宿床位在50张以下的养老院为中危险级；客房数在50间以上的旅馆、饭店的公共活动用房、多功能厅、厨房为严重危险级。根据该规范第6.2.1条，严重危险级对应单具灭火器最小配置灭火级别应为3A，中危险级对应单具灭火器最小配置灭火级别为2A。故选D，不选C。根据该规范第7.3.2条，设有室内消火栓系统和灭火系统的灭火器计算单元最小需配灭火级别的修正系数取0.5。故选E。

97. BCD　根据《建筑防火通用规范》第7.4.7条，除剧场、电影院、礼堂、体育馆外的其他公共建筑，其房间疏散门、安全出口、疏散走道和疏散楼梯的各自总净宽度，应符合下列规定：每层的房间疏散门、安全出口、疏散走道和疏散楼梯的各自总净宽度，应根据疏散人数按每100人的最小疏散净宽度不小于下表的规定计算确定。当每层疏散人数不等时，疏散楼梯的总净宽度可分层计算，地上建筑内下层楼梯的总净宽度应按该层及以上疏散人数最多一层的人数计算；地下建筑内上层楼梯的总净宽度应按该层及以下疏散人数最多一层的人数计算。

每层的房间疏散门、安全出口、疏散走道和疏散楼梯的每100人最小疏散净宽度 （单位：m/百人）

建筑层数		建筑的耐火等级		
		一、二级	三级	四级
地上楼层	1～2层	0.65	0.75	1
	3层	0.75	1	—
	≥4层	1	1.25	—
地下楼层	与地面出入口地面的高差 $\Delta H \leq 10$ m	0.75	—	—
	与地面出入口地面的高差 $\Delta H > 10$ m	1	—	—

本题教学楼地上5层，百人宽度指标取1 m/百人。

选项A，280÷100×1=2.8（m）。故不选A。

选项B，300÷100×1=3（m）。故选B。

选项C，350÷100×1=3.5（m）。故选C。

选项D，400÷100×1=4（m）。故选D。

根据《建筑防火通用规范》第7.4.4条，一类高层公共建筑和建筑高度大于32 m的二类高层公共建筑，其疏散楼梯应采用防烟楼梯间。裙房和建筑高度不大于32 m的二类高层公共建筑，其疏散楼梯应采用封闭楼梯间。当裙房与高层建筑主体之间设置防火墙时，裙房的疏散楼梯可按该规范有关单、多层建筑的要求确定。根据该规范第7.4.5条，下列多层公共建筑的疏散楼梯，除与敞开式外廊直接相连的楼梯间外，均应采用封闭楼梯间：多层医疗建筑、旅馆建筑及类似使用功能的建筑；设置歌舞娱乐放映游艺场所的多层建筑；多层商店建筑、图书馆、展览建筑、会议中心及类似使用功能的建筑；6层及6层以上的其他建筑。本题建筑不属于以上任何建筑，可采用敞开楼梯间，故不选E。

98. BD 根据《建筑设计防火规范》第5.5.23条，建筑高度大于100 m的公共建筑，应设置避难层（间）。避难层（间）应符合下列规定：①第一个避难层（间）的楼地面至灭火救援场地地面的高度不应大于50 m，两个避难层（间）之间的高度不宜大于50 m。故不选A，选B。②通向避难层（间）的疏散楼梯应在避难层分隔、同层错位或上下层断开。故不选C。③避难层（间）的净面积应能满足设计避难人数避难的要求，并宜按5人/m² 计算。④避难层可兼作设备层。设备管道宜集中布置，其中的易燃、可燃液体或气体管道应集中布置，设备管道区应采用耐火极限不低于3.00 h的防火隔墙与避难区分隔。管道井和设备间应采用耐火极限不低于2.00 h的防火隔墙与避难区分隔，管道井和设备间的门不应直接开向避难区；确需直接开向避难区时，与避难层区出入口的距离不应小于5 m，且应采用甲级防火门。故选D。⑤应设置消防专线电话和应急广播。故不选E。

99. AC 根据《建筑设计防火规范》第7.2.4条，厂房、仓库、公共建筑的外墙应在每层的适当位置设置可供消防救援人员进入的窗口。根据该规范第 7.2.5 条，供消防救援人员进入的窗口的净高度和净宽度均不应小于 1 m。故不选 B。下沿距室内地面不宜大于 1.2 m。故选 C。间距不宜大于 20 m 且每个防火分区不应少于 2 个。故选 A。设置位置应与消防车登高操作场地相对应。故不选 D。窗口的玻璃应易于破碎，并应设置可在室外易于识别的明显标志。故不选 E。

100. AC　根据《建筑设计防火规范》第 7.3.5 条，除设置在仓库连廊、冷库穿堂或谷物筒仓工作塔内的消防电梯外，消防电梯应设置前室。故选 A。前室应符合下列规定：①前室宜靠外墙设置，并应在首层直通室外或经过长度不大于 30 m 的通道通向室外。故不选 B。②前室的使用面积不应小于 6 m^2，前室的短边不应小于 2.4 m。故选 C。③除前室的出入口、前室内设置的正压送风口和该规范第 5.5.27 条规定的户门外，前室内不应开设其他门、窗、洞口。故不选 D。④前室或合用前室的门应采用乙级防火门，不应设置防火卷帘。故不选 E。

消防安全技术实务
模考通关试卷（二）参考答案及解析

一、单项选择题（共80题，每题1分。每题的备选项中，只有1个最符合题意）

1. B　本题考查的知识点是可燃液体燃烧的特殊现象。沸溢形成必须具备3个条件：①原油具有形成热波的特性，即沸程宽，比重相差较大。②原油中含有乳化水，水遇热波变成蒸汽。③原油黏度较大，使水蒸气不容易从下向上穿过油层。选项A、C、D均属于以上要素，沸溢与油品闪点高低无关。故选B。

2. A　本题考查的知识点是固体的燃烧类型。固体的燃烧类型有蒸发燃烧、表面燃烧、分解燃烧及阴燃。可熔化的可燃性固体受热升华或熔化后蒸发，产生可燃气体进而发生有焰燃烧，称为蒸发燃烧。发生蒸发燃烧的固体，在燃烧前受热只发生相变，而成分不发生变化。一旦火焰稳定下来，火焰传热给蒸发表面，促使固体不断升华或蒸发燃烧，直至燃尽为止。如石蜡、松香、硫、钾、磷、沥青等可燃固体熔点低，均为蒸发燃烧。故选A。

3. B　本题考查的知识点是建筑材料燃烧性能分级附加信息标识。根据《建筑材料及制品燃烧性能分级》第B.2条，附加信息标识d0级表示燃烧滴落物/微粒。故选B。

4. D　本题考查的知识点是耐火等级的定义。承载能力是承重或非承重建筑构件在一定时间内抵抗垮塌的能力，所以说承载能力的时间应该是最长的；耐火完整性是指当建筑分隔构件某一面受火时，一定时间内防止火焰和热气穿透或在背火面出现火焰的能力；隔热性即耐火隔热性，指当建筑分隔构件某一面受火时，一定时间内其背火面温度不超过规定值的能力。它们之间的关系是：失去承载能力的时间≥丧失耐火完整性的时间≥丧失隔热性的时间。故选D。

5. C　本题考查的知识点是厂房耐火等级的确定。根据《建筑设计防火规范》第3.1.1条，镁粉厂房属于乙类厂房。根据该规范第3.2.2条，高层厂房，甲、乙类厂房的耐火等级不应低于二级，建筑面积不大于300 m²的独立甲、乙类单层厂房可采用三级耐火等级的建筑。故选C。

6. D　本题考查的知识点是工业场所内的平面布局。根据《建筑设计防火规范》第4.1.2条，桶装、瓶装甲类液体不应露天存放，故不选A。根据该规范第4.1.1条，甲、乙、丙类液体储罐区，液化石油气储罐区，可燃、助燃气体储罐区和可燃材料堆场等，应布置在城市（区域）的边缘或相对独立的安全地带，并宜布置在城市（区域）全年最小风频的上风向。甲、乙、丙类液体储罐（区）宜布置在地势较低的地带。当布置在地势较高的地带时，应采取安全防护设施。故不选 B、C。煤的露天堆场应布置在本区域全年最小风频的上风向，故选 D。

7. D 根据《建筑设计防火规范》第 7.4.1 条，建筑高度大于 100 m 且标准层建筑面积大于 2 000 m^2 的公共建筑，宜在屋顶设置直升机停机坪或供直升机救助的设施。根据该规范第 7.4.2 条，直升机停机坪应符合下列规定：①设置在屋顶平台上时，距离设备机房、电梯机房、水箱间、共用天线等突出物不应小于 5 m；②建筑通向停机坪的出口不应少于 2 个，每个出口的宽度不宜小于 0.9 m；③四周应设置航空障碍灯，并应设置应急照明；④在停机坪的适当位置应设置消火栓；⑤其他要求应符合国家现行航空管理有关标准的规定。选项 D 不属于消防检查的内容，故选 D。

8. A 本题考查的知识点是石油化工企业的工艺装置防火。根据《石油化工企业设计防火标准》第 5.4.1 条，隔油池的保护高度不应小于 400 mm，故选 A。隔油池应设难燃烧材料的盖板，故不选 B。该标准第 5.4.2 条规定，隔油池的进出水管道应设水封，故不选 C。距隔油池池壁 5 m 以内的水封井、检查井的井盖与盖座接缝处应密封，且井盖不得有孔洞，故不选 D。

9. B 本题考查的知识点是内浮顶罐泡沫灭火系统的设计要求。根据《泡沫灭火系统技术标准》第 4.4.2 条，钢制单盘式、双盘式内浮顶储罐的泡沫堰板设置、单个泡沫产生器保护周长及泡沫混合液供给强度与连续供给时间，应符合下列规定：①泡沫堰板距离罐壁不应小于 0.55 m，其高度不应小于 0.5 m，故不选 A。②单个泡沫产生器保护周长不应大于 24 m，故选 B。③非水溶性液体及加醇汽油的泡沫混合液供给强度不应小于 12.5 L/（min·m^2），水溶性液体的泡沫混合液供给强度不应小于该标准第 4.2.2 条第 3 款规定的 1.5 倍，故不选 C。④泡沫混合液连续供给时间不应小于 60 min，故不选 D。

10. D 本题考查的知识点是减轻性和预防性防爆措施的区分。选项 A、B、C 均属于预防性技术措施，选项 D 属于减轻性技术措施，故选 D。

11. C 本题考查的知识点是加油加气站灭火设施的设置要求。根据《汽车加油加气加氢站技术标准》第 12.1.1 条第 1 款，每 2 台加气机应配置不少于 2 具 5 kg 手提式干粉灭火器，加气机不足 2 台应按 2 台配置，故不选 A。根据该标准第 12.1.1 条第 2 款，每 2 台加油机应配置不少于 2 具 5 kg 手提式干粉灭火器，或 1 具 5 kg 手提式干粉灭火器和 1 具 6 L 泡沫灭火器。加油机不足 2 台应按 2 台配置。题干描述该加油加气站有 6 台加油机，需要至少 6 具满足要求的灭火器，选项 B 设置了 8 具灭火器，但干粉灭火器不达标，故不选 B。根据该标准第 12.1.1 条第 3 款，地上 LPG 储罐、地上 LNG 储罐、地下和半地下 LNG 储罐、地上液氢储罐、CNG 储气设施，应配置 2 台不小于 35 kg 推车式干粉灭火器，故选 C。根据该标准第 12.1.1 条第 6 款，一、二级加油站应配置灭火毯 5 块、沙子 2 m^3；三级加油站应配置灭火毯不少于 2 块、沙子 2 m^3。加油加气合建站应按同级别的加油站配置灭火毯和沙子。根据该标准第 3.0.9 条，加油站的等级划分，应符合下表的规定。

加油站的等级划分 （单位：m^3）

等级	油罐容积	
	总容积	单罐容积
一级	$150 < V \leq 210$	$V \leq 50$
二级	$90 < V \leq 150$	$V \leq 50$
三级	$V \leq 90$	汽油罐 $V \leq 30$，柴油罐 $V \leq 50$

注：①表格引自《汽车加油加气加氢站技术标准》第3.0.9条。②柴油罐容积可折半计入油罐总容积。

从题干可知加油加气合建站的储量为50+50+30+50/2=155（m^3），属于一级加油站，选项D不符合一级加油站灭火毯不少于5块的要求，故不选D。

12. C 本题考查的知识点是歌舞娱乐放映游艺场所疏散距离的要求。根据《建筑设计防火规范》第5.5.17条规定，公共建筑的直通疏散走道的房间疏散门至最近安全出口的直线距离不应大于下表的规定。

直通疏散走道的房间疏散门至最近安全出口的直线距离 （单位：m）

名称			位于两个安全出口之间的疏散门			位于袋形走道两侧或尽端的疏散门		
			一、二级	三级	四级	一、二级	三级	四级
托儿所、幼儿园老年人照料设施			25	20	15	20	15	10
歌舞娱乐放映游艺场所			25	20	15	9	—	—
医疗建筑	单、多层		35	30	25	20	15	10
	高层	病房部分	24	—	—	12	—	—
		其他部分	30	—	—	15	—	—
教学建筑	单、多层		35	30	25	22	20	10
	高层		30	—	—	15	—	—
高层旅馆、展览建筑			30	—	—	15	—	—
其他建筑	单、多层		40	35	25	22	20	15
	高层		40	—	—	20	—	—

本题KTV为二级耐火等级，位于2个安全出口之间的疏散门距最近安全出口的直线距离最小为25 m，但当建筑物内全部设置自动喷水灭火系统时，其安全疏散距离可按上表的规定增加25%。本题按要求距离应为31.25 m，故选C。

13. D 本题考查的知识点是室外消火栓的设置要求。根据《消防给水及消火栓系统技术规范》第7.3.2条，建筑室外消火栓的数量应根据室外消火栓设计流量和保护半径经计算确定，保护半径不应大于150 m，每个室外消火栓的出流量宜按10～15 L/s计算，故不选A。依据该规范第7.3.3条，室外消火栓宜沿建筑周围均匀布置，且不宜集中布置在建筑一侧；建筑消防扑救面一侧的室外消火栓数量不宜少于2个。北侧为扑救面，至少有2个室外消火栓，故不选B。依据该规范第7.3.4条，人防工程、地下工程等建筑应在出入口附近设置室外消火栓，且距出入口的距离不宜小于5 m，且不宜大于40 m，故不选C。依据该规范第7.3.5条，停车场的室外消火栓宜沿停车场周边设置，且与最近一排汽车的距离不宜小于7 m，故选D。

14. C 根据《建筑设计防火规范》第5.4.9条规定，歌舞厅、录像厅、夜总会、卡拉OK厅（含具有卡拉OK功能的餐厅）、游艺厅（含电子游艺厅）、桑拿浴室（不包括洗浴部分）、网吧等歌舞娱乐放映游艺场所（不含剧场、电影院）的布置应符合下列规定：布置在一、二级耐火等级建筑内的首层、二层或三层的靠外墙部位；确需布置在地下或四层及以上楼层时，1个厅、室的建筑面积不应大于200 m^2，故不选A。厅、室之间及与建筑的其他部位之间，应采用耐火极限不低于2.00 h的防火隔墙和1.00 h的不燃性楼板分隔，设置在厅、室墙上的门和该场所与建筑内其他部位相通的门均应采用乙级防火门，故不选B。根据该规范第5.4.7条规定，剧场、电影院、礼堂宜设置在独立的建筑内；采用三级耐火等级建筑时，不应超过2层；确需设置在其他民用建筑内时，至少应设置1个独立的安全出口和疏散楼梯，并应符合下列规定：设置在一、二级耐火等级的建筑内时，观众厅宜布置在首层、二层或三层；确需布置在四层及以上楼层时，1个厅、室的疏散门不应少于2个，且每个观众厅的建筑面积不宜大于400 m^2。故选C。根据该规范第5.4.15条规定，设置在建筑内的锅炉、柴油发电机，其燃料供给管道应符合下列规定：储油间的油箱应密闭且应设置通向室外的通气管，通气管应设置带阻火器的呼吸阀，油箱的下部应设置防止油品流散的设施，故不选D。

15. D 本题考查的知识点是四种不同气体灭火剂的灭火机理。IG100灭火剂是100%的氮气，与IG541灭火剂同属于惰性气体，主要灭火作用是窒息；二氧化碳灭火作用主要在于窒息，其次是冷却；七氟丙烷除具有冷却窒息效果外，还具有化学抑制作用。故选D。

16. B 本题考查的知识点是预制干粉灭火装置的设置要求。根据《干粉灭火系统设计规范》第3.4.1条，预制灭火装置应符合下列要求：灭火剂储存量不得大于150 kg，故不选A；管道长度不得大于20 m，故选B；工作压力不得大于2.5 MPa，故不选C。根据该规范第3.4.2条规定，一个防护区或保护对象宜用一套预制灭火装置保护，故不选D。

17. C 本题考查的知识点是自动喷水灭火系统的工作原理和系统组成。根据雨淋系统由开式洒水喷头、雨淋报警阀等组成，故不选A。干式系统中，加速排气阀动作后促进干式报警阀迅速开启，该阀由电动阀和排气阀组成，故不选B。湿式系统中，系统管网压力开关动作或高位水箱流量开关可直接启动消防水泵，故选C。选项D即预作用系统工作原理，故不选D。

18. C 本题考查的知识点是气溶胶灭火系统的使用范围。根据《气体灭火系统设计规范》第3.2.3条,热气溶胶预制灭火系统不应设置在人员密集场所、有爆炸危险性的场所及有超净要求的场所,故不选D。K型及其他型热气溶胶预制灭火系统不得用于电子计算机房、通信机房等场所,故不选A、B。根据该规范第3.2.1条,气体灭火系统适用于扑救下列火灾:电气火灾;固体表面火灾;液体火灾;灭火前能切断气源的气体火灾。除电缆隧道(夹层、井)及自备发电机房外,K型和其他型热气溶胶预制灭火系统不得用于其他电气火灾。所以电缆隧道可采用K型热气溶胶灭火系统保护,故选C。

19. D 本题考查的知识点是水喷雾灭火系统喷头的设置要求。根据《水喷雾灭火系统技术规范》第3.2.6条,当保护对象为甲、乙、丙类液体和可燃气体储罐时,水雾喷头与保护储罐外壁之间的距离不应大于0.7 m,故选D。

20. D 本题考查的知识点是气体灭火系统组件的设置要求。根据《气体灭火系统设计规范》第4.1.5条,在通向每个防护区的灭火系统主管道上,应设压力讯号器或流量讯号器,故不选A。根据该规范第4.1.6条,组合分配系统中的每个防护区应设置控制灭火剂流向的选择阀,其公称直径应与该防护区灭火系统的主管道公称直径相等,故不选B。根据该规范第4.1.9条第3款,输送启动气体的管道,宜采用铜管,故不选C。根据该规范第4.1.9条第1款和第2款,输送气体灭火剂的管道应采用无缝钢管,输送气体灭火剂的管道安装在腐蚀性较大的环境里,宜采用不锈钢管,故选D。

21. C 本题考查的知识点是火灾基础理论。轰燃是指室内火灾由局部燃烧向所有可燃物表面都燃烧的突然转变。室内轰燃是一个瞬间过程,其中包含着室内温度、燃烧范围、气体浓度等参数的剧烈变化。目前研究认为,当建筑室内火灾出现以下3种情况,即可判断发生了轰燃:一是顶棚附近的气体温度超过某一定值(约600 ℃);二是地面的辐射热通量超过某一特定值(约20 kW/m^2);三是火焰从通风开口喷出。故选C。

22. C 本题考查的知识点是住宅建筑无空腔保温系统的设置要求。根据《建筑设计防火规范》第6.7.5条规定,与基层墙体、装饰层之间无空腔的建筑外墙外保温系统,对于住宅建筑:建筑高度大于100 m时,保温材料的燃烧性能等级应为A级,故不选A。建筑高度不大于27 m时,保温材料的燃烧性能等级不应低于B_2级,故不选B。根据该规范第6.7.7条规定,除第6.7.3条规定的情况外,当建筑的外墙外保温系统按该节规定采用燃烧性能等级为B_1、B_2级的保温材料时,应符合下列规定:除采用B_1级保温材料且建筑高度不大于24 m的公共建筑或采用B_1级保温材料且建筑高度不大于27 m的住宅建筑外,建筑外墙上门、窗的耐火完整性不应低于0.5 h,故选C,不选D。

23. A 本题考查的知识点是加油加气站的分级。根据《汽车加油加气加氢站技术标准》第3.0.10条,LPG加气站的等级划分应符合下表的规定。题干描述加气站的LPG储罐总储量为30+20=50(m^3),故选A。

LPG 加气站的等级划分 （单位：m³）

等级	LPG 罐容积	
	总容积	单罐容积
一级	45 < V ≤ 60	V ≤ 30
二级	30 < V ≤ 45	V ≤ 30
三级	V ≤ 30	V ≤ 30

24. A 本题考查的知识点是灭火器的选择要求。铁路列车车厢内的火灾主要是固体物质火灾，也就是 A 类火灾，扑救 A 类火灾应首选水基型灭火器和 ABC 干粉灭火器，故选 A。不能选择二氧化碳灭火器和碳酸氢钠干粉灭火器，故不选 C 和 D。车厢属于非必要配置卤代烷灭火器的场所，故不选 B。

25. B 根据《建筑设计防火规范》第 9.2.1 条规定，在散发可燃粉尘、纤维的厂房内，散热器表面平均温度不应超过 82.5 ℃，输煤廊的散热器表面平均温度不应超过 130 ℃，故不选 A。根据该规范第 9.2.2 条规定，甲、乙类厂房（仓库）内严禁采用明火和电热散热器供暖。电解食盐厂房为甲类生产厂房，不能采用电热散热器供暖，故选 B。根据该规范第 9.2.3 条规定，生产过程中散发的可燃气体、蒸汽、粉尘或纤维与供暖管道、散热器表面接触能引起燃烧的厂房应采用不循环使用的热风供暖，选项 C 活性炭制造与再生厂房为乙类厂房，可散发粉尘，故不选 C。根据该规范第 9.2.5 条，供暖管道与可燃物之间应保持一定距离，且当供暖管道的表面温度大于 100 ℃时，不应小于 100 mm 或采用不燃材料隔热，故不选 D。

26. A 根据《火灾自动报警系统设计规范》第 6.2.3 条第 1 款，当梁突出顶棚的高度小于 200 mm 时，可不计梁对探测器保护面积的影响，故选 A。

27. D 本题考查的知识点是室外消火栓的设置要求。根据《消防给水及消火栓系统技术规范》第 7.3.6 条，甲、乙、丙类液体储罐区和液化烃罐区等构筑物的室外消火栓，应设在防火堤或防护墙外，故不选 A。根据该规范第 7.3.7 条，工艺装置区等采用高压或临时高压消防给水系统的场所，其周围应设置室外消火栓，数量应根据设计流量经计算确定，且间距不应大于 60 m，故不选 B。根据该规范第 7.3.9 条，当工艺装置区、储罐区、堆场等构筑物采用高压或临时高压消防给水系统时，室外消火栓处宜配置消防水带和消防水枪，故不选 C。根据该规范第 7.2.1 条，采用地下式室外消火栓，地下消火栓井的直径不宜小于 1.5 m，故选 D。

28. B 本题考查的知识点是洁净厂房耐火等级要求，洁净厂房的耐火等级不应低于二级，建筑构件和材料的燃烧性能要求包括：①洁净室的顶棚和壁板（包括夹芯材料）应为不燃烧体，且不得采用有机复合材料。顶棚的耐火极限不应低于 0.40 h，疏散走道顶棚的耐火极限不应低于 1.00 h。故不选 A。②在 1 个防火区内的综合性厂房，其洁净生产与一般生产区域之间应设置不燃烧体隔墙封闭到顶。隔墙及其相应顶板的耐火极限不应低于

1.00 h，隔墙上的门窗耐火极限不应低于0.60 h。穿过隔墙或顶板的管线周围空隙应采用防火或耐火材料紧密填塞。选项B选材的燃烧性能和耐火极限高于最低要求，故选B。选项C的密封材料为难燃材料，不是防火或耐火材料，故不选C。③技术竖井井壁应为不燃烧体，其耐火极限不应低于1.00 h。井壁上检查门的耐火极限不应低于0.60 h，故不选D。

29. D 本题考查的知识点是地铁的防烟与排烟要求，根据《地铁设计防火标准》第8.4.1条，地下车站的排烟风机确需与补风机、加压送风机共用机房时，设置在机房内的排烟管道及其连接件的耐火极限不应低于1.50 h，故不选A。依据该标准第8.4.2条，地下车站的排烟风机在280 ℃时应能连续工作不小于1 h，地上车站和控制中心及其他附属建筑的排烟风机在280 ℃时应能连续工作不小于0.5 h，故不选B。依据该标准第8.4.3条，地下区间的排烟风机的运转时间不应小于区间乘客疏散所需的最长时间，且在280 ℃时应能连续工作不小于1 h，故不选C。依据该标准第8.4.5条，火灾时需要运行的风机，从静态转换为事故状态所需时间不应大于30 s，从运转状态转换为事故状态所需时间不应大于60 s，故选D。

30. D 本题考查的知识点是水喷雾灭火系统的设置要求。根据《水喷雾灭火系统技术规范》第4.0.2条第3款，离心雾化型水雾喷头应带柱状过滤网，故不选A。依据该规范第4.0.2条第2款，室内粉尘场所设置的水雾喷头应带防尘帽，室外设置的水雾喷头宜带防尘帽，故不选B。依据该规范第4.0.2条第1款，扑救电气火灾，应选用离心雾化型水雾喷头，故不选C。依据该规范第4.0.6条，管道工作压力不应大于1.6 MPa，故选D。

31. B 本题考查的知识点是点型感烟火灾探测器的设置要求。根据《火灾自动报警系统设计规范》第6.2.18条，感烟火灾探测器在格栅吊顶场所的设置，应符合下列规定：①镂空面积与总面积的比例不大于15%时，探测器应设置在吊顶下方。②镂空面积与总面积的比例大于30%时，探测器应设置在吊顶上方。③镂空面积与总面积的比例为15% ~ 30%时，探测器的设置部位应根据实际试验结果确定。故选B。

32. D 根据《火灾自动报警系统设计规范》第6.2.2条第4款，1个探测区域内所需设置的探测器数量，不应小于下式的计算值：

$$N \geq \frac{S}{K \cdot A}$$

式中　N——应设火灾探测器数量；
　　　S——探测区域面积（m^2）；
　　　A——探测器的保护面积（m^2）；
　　　K——安全修正系数。

$N=300/(80 \times 0.8)=4.69$，取整数为5，故选D。

33. C 根据《火灾自动报警系统设计规范》第3.1.5条，任一台火灾报警控制器所连接的火灾探测器、手动火灾报警按钮和模块等设备总数和地址总数，均不应超过3 200点，其中每一总线回路连接设备的总数不宜超过200点，且应留有不少于额定容量10%的余量；任一台消防联动控制器地址总数或火灾报警控制器（联动型）所控制的各类模块总数不应超过 1 600 点，每一联动总线回路连接设备的总数不宜超过 100 点，且应留有不少于额定容量 10% 的余量。联动控制模块为 400 点，至少要有 4 条回路，又考虑到 10% 的余量，所以应设置 5 条总线回路。故选 C。

34. B 本题考查的知识点是设置自动喷水灭火系统的场所的火灾危险等级分类。根据《自动喷水灭火系统设计规范》附录 A 的示例，净空高度不超过 8 m，物品高度不超过 3.5 m 的一座大型超市属于中危险级 Ⅱ 级，故选 B。

35. A 本题考查的知识点是水喷雾灭火系统的适用范围。根据《水喷雾灭火系统设计规范》第 1.0.3 条规定，水喷雾灭火系统可用于扑救固体物质火灾、丙类液体火灾、饮料酒火灾和电气火灾，并可用于可燃气体和甲、乙、丙类液体的生产、储存装置或装卸设施的防护冷却。松节油属于乙类液体，而菜籽油和花生油火灾都属于丙类液体。故选 A。

36. D 本题考查的知识点是避难层的设计要求。根据《建筑设计防火规范》第 5.5.23 条第 1 款规定，第一个避难层（间）的楼地面至灭火救援场地地面的高度不应大于 50 m，两个避难层（间）之间的高度不宜大于 50 m。选项 A 中 11 层楼板距室外灭火救援场地地面 48.8 m，故不选 A。根据该规范第 5.5.23 条第 2 款规定，通向避难层（间）的疏散楼梯应在避难层分隔、同层错位或上下层断开，故不选 B。根据该规范第 5.5.23 条第 3 款规定，避难层（间）的净面积应能满足设计避难人数避难的要求，并宜按 5 人/m² 计算，故不选 C。根据该规范第 5.5.23 条第 4 款规定，避难层可兼作设备层。设备管道宜集中布置，其中的易燃、可燃液体或气体管道应集中布置，设备管道区应采用耐火极限不低于 3.00 h 的防火隔墙与避难区分隔，故选 D。

37. A 本题考查的知识点是防爆电气设备的类型。根据《爆炸危险环境电力装置设计规范》第 5.2.2 条，爆炸性粉尘危险环境防爆电气设备类型的选用应符合下表规定。

爆炸性粉尘危险环境防爆电气设备类型的选用

危险区域	电气设备保护级别	电气设备防爆结构
20 区	Da	本质安全型、浇封型、外壳保护型
21 区	Da 或 Db	本质安全型、浇封型、外壳保护型、正压型
22 区	Da、Db 或 Dc	本质安全型、浇封型、外壳保护型、正压型

由上表可知，爆炸性粉尘环境所使用的防爆电气设备无增安型，故选 A。

38. C 本题考查的知识点是室内消火栓的设置要求。根据《消防给水及消火栓系统技术规范》第 7.4.13 条第 1 款，干式消防竖管宜设置在楼梯间休息平台，且仅应配置消火栓栓口，故不选 A、B。根据该规范第 7.4.13 条第 2 款和第 3 款，干式消防竖管应设置消防车供水的接口；消防车供水接口应设置在首层便于消防车接近和安全的地点；住宅单元出入口不便于消防车靠近。故选 C。根据该规范第 7.4.13 条第 4 款，竖管顶端应设置自动排气阀，故不选 D。

39. C 根据《消防应急照明和疏散指示系统技术标准》第 3.2.3 条，火灾状态下，灯具光源应急点亮、熄灭的响应时间应符合下列规定：①高危险场所灯具光源应急点亮的响应时间不应大于 0.25 s；②其他场所灯具光源应急点亮的响应时间不应大于 5 s。又根据其条文说明，自动滚梯上方等高危险场所设置的照明灯光源应急点亮的响应时间不应大于 0.25 s。故选 C。

40. C 根据《火灾自动报警系统设计规范》第 8.1.6 条，可燃气体探测报警系统保护区域内有联动和警报要求时，应由可燃气体报警控制器或消防联动控制器联动实现，故不选 A。根据该规范第 8.1.2 条，可燃气体探测报警系统应独立组成，可燃气体探测器不应接入火灾报警控制器的探测器回路；当可燃气体的报警信号需接入火灾自动报警系统时，应由可燃气体报警控制器接入。故不选 B。根据该规范第 8.2.4 条，线型可燃气体探测器的保护区域长度不宜大于 60 m，故选 C。根据该规范第 8.3.1 条，当有消防控制室时，可燃气体报警控制器可设置在保护区域附近；当无消防控制室时，可燃气体报警控制器应设置在有人值班的场所。故不选 D。

41. B 本题考查的知识点是自动喷水灭火系统水流指示器的设置要求。该 2 层地上大型超市的耐火极限不应低于二级，每个防火分区的最大允许建筑面积为 2 500 m²，当建筑内设置自动喷水灭火系统时，防火分区的最大允许建筑面积可按相关规定增加 1 倍，即 5 000 m²。该建筑的每层建筑面积为 8 000 m²，至少应划分为 2 个防火分区，而根据《自动喷水灭火系统设计规范》第 6.3.1 条，除报警阀组控制的洒水喷头只保护不超过防火分区面积的同层场所外，每个防火分区、每个楼层均应设水流指示器，故该建筑至少应设置 4 个水流指示器。故选 B。

42. C 根据《建筑设计防火规范》第 10.1.7 条，消防配电干线宜按防火分区划分，消防配电支线不宜穿越防火分区，可能存在 1 个楼层划分为 2 个及以上防火分区的情况，故不选 B。根据该规范第 5.1.1 条民用建筑的分类规定，高层医院门诊楼属于一类高层民用建筑，根据该规范第 10.1.1 条，一类高层民用建筑应按一级负荷供电，根据 10.1.4 的条文说明，具备下列条件之一的供电，可视为一级负荷：①电源来自两个不同发电厂；②电源来自两个区域变电站（电压一般在 35 kV 及以上）；③电源来自一个区域变电站，另一个设置自备发电设备。因此，区域变电站的两路高压电不满足一级负荷要求，故不选 D。根据《民用建筑电气设计标准》第 13.7.4 条，建筑物的消防用电设备供电，当消防用电负荷等级为一级负荷时，应由双重电源的两个低压回路或一路市电和一路自备应急电源的两个低压回路在最末一级配电箱自动转换供电。故选 C，不选 A。

43. A 本题考查的知识点是灭火器的配置要求。根据《建筑灭火器配置设计规范》附录 C，工业建筑灭火器配置场所的危险等级举例，木制品堆场属于中危险级场所（原木堆场属于轻危险级），火灾类别属于 A 类火灾。根据该规范第 6.2.1 条，中危险级场所单具灭火器最小配置灭火级别为 2A。选项 A 中 MF/ABC5 代表 5 kg 的 ABC 类干粉灭火器，灭火级别为 3A；选项 B 中 MPZ/AR6 代表 6 L 的抗溶性泡沫灭火器，灭火级别为 1A，不能达到灭火级别要求；选项 C 中 MFT50 代表 50 kg 的推车式 BC 类干粉灭火器，不能扑救 A 类火灾；选项 D 中 MTT50 代表 50 kg 的推车式二氧化碳灭火器，也不能扑救 A 类火灾。故选 A。

44. B 本题考查的知识点是火灾风险评估。火灾中的第一类危险源包括可燃物、火灾烟气及燃烧产生的有毒、有害气体成分；第二类危险源是人们为了防止火灾发生、减小火灾损失所采取的消防措施中存在的隐患。选项 A 是引发电气火灾的可燃物，属于第一类危险源，故不选 A。选项 B 是早期探测火灾，减小火灾损失的措施中存在的故障，属于第二类危险源，故选 B。选项 C 是引火源的可燃物，属于第一类危险源，故不选 C。选项 D 是防火分隔，减小火灾蔓延的措施存在的隐患，属于第二类危险源，故不选 D。

45. D 本题考查的知识点是细水雾灭火系统的设置要求。根据《细水雾灭火系统技术规范》第 3.3.2 条，开式系统应按防护区设置分区控制阀，故不选 A。根据该规范第 3.3.3 条，闭式系统应按楼层或防火分区设置分区控制阀。分区控制阀应为带开关锁定或开关指示的阀组，故不选 B 和 C。根据该规范第 3.3.7 条，系统管网的最低点处应设置泄水阀，故选 D。

46. D 本题考查的知识点是水喷雾灭火系统的设计参数。根据《水喷雾灭火系统设计规范》第 3.1.3 条，水雾喷头的工作压力，当用于灭火时不应小于 0.35 MPa；当用于防护冷却时不应小于 0.2 MPa，但对于甲$_B$、乙、丙类液体储罐不应小于 0.15 MPa。故选 D。

47. C 本题考查的知识点是楼梯间可不设防烟系统的建筑种类。根据《建筑设计防火规范》第 8.5.1 条规定，建筑高度不大于 50 m 的公共建筑、厂房、仓库和建筑高度不大于 100 m 的住宅建筑，当其防烟楼梯间的前室或合用前室符合下列条件之一时，楼梯间可不设置防烟系统：前室或合用前室采用敞开的阳台、凹廊；前室或合用前室具有不同朝向的可开启外窗，且可开启外窗的面积满足自然排烟口的面积要求。选项 A 建筑高度为 85 m 的酒店建筑属于高度大于 50 m 的公共建筑，需设防烟系统，故不选 A。选项 B 建筑高度为 55 m 的生产建筑不满足建筑高度不大于 50 m 的厂房，需设防烟系统，故不选 B。选项 C 建筑高度为 81 m 的住宅建筑，满足建筑高度不大于 100 m 的住宅建筑，可不设防烟系统，故选 C。选项 D 建筑高度为 55 m 的办公楼不满足建筑高度不大于 50 m 的公共建筑，需设防烟系统，故不选 D。

48. B 本题考查的知识点是隧道的通风和排烟系统。根据《建筑设计防火规范》第 12.3.2 条，隧道内机械排烟系统的设置应符合下列规定：①长度大于 3 000 m 的隧道，宜采用纵向分段排烟方式或重点排烟方式；②长度不大于 3 000 m 的单洞单向交通隧道，宜采用纵向排烟方式；③单洞双向交通隧道，宜采用重点排烟方式。故选 B。

49. C 本题考查的知识点是气体灭火系统的分类标准。气体灭火系统按系统的应用方式可分为全淹没灭火系统和局部应用灭火系统，故选 C。

50. D 根据《火灾自动报警系统设计规范》第 6.2.7 条，房间被书架、设备或隔断等分隔，其顶部至顶棚或梁的距离小于房间净高的 5% 时，每个被隔开的部分应至少安装 1

只点型探测器。房间被 3 排书架分隔成 4 个区域,且顶部至顶棚距离为房间净高的 3.33%,故选 D。

51. A　本题考查的知识点是灭火器配置场所的分类和灭火器的设置要求。根据《建筑灭火器配置设计规范》附录 D,客房数在 50 间以上的旅馆的危险等级为严重危险级,其火灾类型为 A 类火灾。根据该规范第 6.2.1 条,严重危险级 A 类火灾场所单具手提式灭火器的最低配置基准为 3A;根据该规范 5.2.1 条,严重危险级场所手提式灭火器最大保护距离为 15 m。故选 A。

52. C　本题考查的知识点是泡沫灭火系统中泡沫炮的选择。根据《泡沫灭火系统技术标准》第 4.1.2 条第 4 款,非水溶性液体外浮顶储罐、内浮顶储罐、直径大于 18 m 的固定顶储罐及水溶性甲、乙、丙类液体立式储罐,不得选用泡沫炮作为主要灭火设施,故选 C。

53. D　本题考查的知识点是泡沫灭火系统中泡沫-水喷淋系统的设计参数。根据《泡沫灭火系统技术标准》第 6.1.3 条第 1 款,泡沫-水喷淋系统泡沫混合液的连续供给时间不应小于 10 min,故选 D。

54. B　本题考查的知识点是汽车库、修车库的灭火设施。根据《汽车库、修车库、停车场设计防火规范》第 7.2.3 条,下列汽车库、修车库宜采用泡沫-水喷淋系统:①Ⅰ类地下、半地下汽车库;②Ⅰ类修车库;③停车数大于 100 辆的室内无车道且无人员停留的机械式汽车库。根据该规范第 3.0.1 条,修车库的分类应根据停车(车位)数量和总建筑面积确定,并应符合下表的规定,且车位数控制值及建筑面积控制值两项限值应从严执行,即先到哪项就按该项执行。

修车库的分类

名称		Ⅰ	Ⅱ	Ⅲ	Ⅳ
修车库	车位数/个	>15	6~15	3~5	≤2
	总建筑面积 S/m^2	$S>3\,000$	$1\,000<S\leqslant 3\,000$	$500<S\leqslant 1\,000$	$S\leqslant 500$

通过本题描述的 20 个修车位和面积 3 000 m² 判断该修车库为Ⅰ类修车库,应选用泡沫-水喷淋系统,故选 B。

55. D　本题考查的知识点是水喷雾灭火系统冷却液体储罐的设计要求。根据《水喷雾灭火系统设计规范》第 3.1.9 条,系统用于冷却甲$_B$、乙、丙类液体储罐时,其冷却范围及保护面积应符合下列规定:①着火的地上固定顶储罐及距着火罐罐壁 1.5 倍着火罐直径范围内的相邻地上储罐应同时冷却,当相邻地上储罐超过 3 座时,可按 3 座较大的相邻储罐计算消防冷却水用量,故不选 A、B;②着火罐的保护面积应按罐壁外表面面积计算,相邻罐的保护面积可按实际需要冷却部位的外表面面积计算,但不得小于罐壁外表面面积的 1/2,故不选 C;③着火的浮顶罐应冷却,其相邻储罐可不冷却,故选 D。

56. D 本题考查的知识点是消防电梯的设置场所。根据《建筑设计防火规范》第 7.3.1 条规定，下列建筑应设置消防电梯：建筑高度大于 33 m 的住宅建筑；一类高层公共建筑和建筑高度大于 32 m 的二类高层公共建筑、5 层及以上且总建筑面积大于 3 000 m² (包括设置在其他建筑内五层及以上楼层) 的老年人照料设施；设置消防电梯的建筑的地下或半地下室，埋深大于 10 m 且总建筑面积大于 3 000 m² 的其他地下或半地下建筑 (室)。选项 A 建筑深埋 12 m，大于 10 m，且面积大于 3 000 m²，需设置消防电梯，故不选 A。选项 B 建筑高度为 25 m 的图书馆为一类高层公共建筑，需设消防电梯，故不选 B。选项 C 建筑高度为 50 m 的办公楼属于二类高层公共建筑，符合建筑高度大于 32 m 的二类高层公共建筑，需设消防电梯，故不选 C。选项 D 建筑高度为 33 m 的住宅建筑不符合建筑高度大于 33 m 的住宅建筑，可不设消防电梯，故选 D。

57. B 本题考查的知识点是防烟分区划分的要求。根据《建筑防烟排烟系统技术标准》第 4.2.1 条规定，防烟分区不应跨越防火分区，故不选 A。根据该规范第 4.2.2 条规定，对于有吊顶的空间，当吊顶开孔不均匀或开孔率小于或等于 25% 时，吊顶内空间高度不得计入储烟仓厚度，故选 B。根据该规范第 4.2.3 条规定，设置排烟设施的建筑内，敞开楼梯和自动扶梯穿越楼板的开口部应设置挡烟垂壁等设施，故不选 D。一个防火分区内可以有多个防烟分区，但防烟分区不能跨越防火分区，故不选 C。

58. D 根据《火灾自动报警系统设计规范》第 6.1.3 条规定，火灾报警控制器和消防联动控制器安装在墙上时，其主显示屏高度宜为 1.5 ~ 1.8 m，其靠近门轴的侧面距墙不应小于 0.5 m，正面操作距离不应小于 1.2 m，故不选 A。根据该规范第 6.7.4 条第 3 款，各避难层应每隔 20 m 设置一个消防专用电话分机或电话插孔，故不选 B。根据该规范第 6.2.4 条，在宽度小于 3 m 的内走道顶棚上设置点型探测器时，宜居中布置，感烟火灾探测器的安装间距不应超过 15 m，故不选 C。根据该规范第 6.8.2 条，模块严禁设置在配电 (控制) 柜 (箱) 内，故选 D。

59. B 本题考查的知识点是室内消火栓的设置要求。根据《消防给水及消火栓系统技术规范》第 7.4.3 条，设置室内消火栓的建筑，包括设备层在内的各层均应设置消火栓。根据该规范第 7.4.6 条，室内消火栓的布置应满足同一平面有 2 支消防水枪的 2 股充实水柱同时达到任何部位的要求，但建筑高度小于或等于 24 m 且体积小于或等于 5 000 m³ 的多层仓库可采用 1 支消防水枪的 1 股充实水柱到达室内任何部位。因此，包括设备层在内，该仓库至少每层设置 1 个消火栓，共 4 个，故选 B。

60. C 根据《民用建筑电气设计标准》第 13.7.5 条，消防水泵、消防电梯、消防控制室等的两个供电回路，应由变电所或总配电室放射式供电，故不选 A。根据《建筑设计防火规范》第 10.1.8 条，消防控制室、消防水泵房、防烟和排烟风机房的消防用电设备及消防电梯等的供电，应在其配电线路的最末一级配电箱处设置自动切换装置。选项 B 指出消防水泵的切换装置设置在水泵房内，已是消防水泵的最末级配电箱，故不选 B。消防负荷的配电线路不能设置剩余电流动作保护和过、欠压保护，故选 C。根据《火灾自动报警系统设计规范》第 4.1.5 条，启动电流较大的消防设备宜分时启动。消防水泵功率大，启动电流也大，故不选 D。

61. A 根据《建筑防烟排烟系统技术标准》第 4.3.2 条，防烟分区内任一点与最近的自然排烟窗（口）之间的水平距离不应大于 30 m，故选 A。根据该规范第 4.3.3 条第 3 款和第 5 款，当房间面积不大于 200 m² 时，自然排烟窗（口）的开启方向可不限；设置在防火墙两侧的自然排烟窗（口）之间最近边缘的水平距离不应小于 2 m，故不选 B、D。根据该规范第 4.3.6 条，净空高度大于 9 m 的中庭，建筑面积大于 2 000 m² 的营业厅、展览厅、多功能厅等场所，尚应设置集中手动开启装置和自动开启设施，故不选 C。

62. D 本题考查的知识点是预作用系统的工作原理。预作用系统处于准工作状态时，由消防水箱或稳压泵、气压给水设备等稳压设施维持雨淋阀入口前管道内的充水压力，雨淋阀后的管道内平时无水或充以有压气体。发生火灾时，由火灾自动报警系统自动开启预作用阀，配水管道开始排气充水，使系统在闭式喷头动作前转换成湿式系统，并在闭式喷头开启后立即喷水。故选 D，因为只要火灾导致报警系统动作开启预作用阀，一般在喷头热敏感元件动作前，配水管道就已经开始排气充水。

63. D 本题考查的知识点是消防水泵的设置要求。根据《消防给水及消火栓系统技术规范》第 5.1.8 条第 1 款，柴油机消防水泵应采用压缩式点火型柴油机，故不选 A。根据第 5.1.8 条第 2 款，应校核海拔高度和环境温度对柴油机额定功率的影响，故不选 B。根据第 5.1.8 条第 3 款，柴油机消防水泵应具备连续工作的性能，试验运行时间不应小于 24 h，故选 D。根据第 5.1.8 条第 4 款，柴油机消防水泵的蓄电池应保证消防水泵随时自动启泵的要求，故不选 C。

64. B 本题考查的知识点是气体灭火系统的设置要求。根据《气体灭火系统设计规范》第 3.2.7 条，防护区应设置泄压口，七氟丙烷灭火系统的泄压口应位于防护区净高的 2/3 以上。题中该防护区的室内净高为 3 m，则该防护区设置的泄压口下沿距离防护区楼地板的高度应不低于 2/3×3=2（m），故选 B。

65. D 本题考查的知识点是地下餐饮场所内部装修材料的要求。根据《建筑内部装修设计防火规范》第 5.3.1 条规定，关于地下民用建筑内部各部位装修材料的燃烧性能等级，其中餐饮场所顶棚、墙面、地面的装修材料需 A 级，其他隔断、固定家具、装饰织物都采用 B_1 级，故选 D。

66. D 本题考查的知识点是厂房、仓库的总平面布局设置要求。根据《建筑设计防火规范》第 3.1.1 条及第 3.1.3 条，本题黄磷仓库为甲类仓库、电石仓库为甲类仓库、煤粉厂房为乙类厂房、白兰地蒸馏车间为甲类车间。根据该规范第 3.5.1 条，甲类仓库与高层仓库的防火间距不应小于 13 m，故不选 A。根据《汽车加油加气加氢站技术标准》附录 B 规定，藏书量超过 50 万册的图书馆，地市级以上的文物古迹、博物馆、展览馆、档案馆等建筑物为重要的公共建筑。又根据《建筑设计防火规范》第 3.5.1 条可知，甲类仓库与重要的公共建筑防火间距不应小于 50 m，故不选 B。乙类厂房与明火或散发火花地点，不宜小于 30 m，故不选 C。根据该规范第 3.3.8 条，供甲、乙类厂房专用的 10 kV 及以下的变配电站，当采用无门、窗、洞口的防火墙分隔时，可一面贴邻，并应符合现行国家标准《爆炸危险环境电力装置设计规范》的规定。乙类厂房的配电站确需在防火墙上开窗时，应采用甲级防火窗。故选 D。

67. B 根据《火灾自动报警系统设计规范》第 4.5.2 条，排烟系统的联动控制方式应符合下列规定：①应由同一防烟分区内的两只独立的火灾探测器的报警信号，作为排烟口、排烟窗或排烟阀开启的联动触发信号，并应由消防联动控制器联动控制排烟口、排烟窗或排烟阀的开启，同时停止该防烟分区的空调系统，故不选 A。②应由排烟口、排烟窗或排烟阀开启的动作信号，作为排烟风机启动的联动触发信号，并应由消防联动控制器联动控制排烟风机的启动。不能由探测报警装置直接启动排烟风机，故选 B。根据第 4.5.5 条，排烟风机入口处的总管上设置的 280 ℃ 排烟防火阀在关闭后应直接联动控制风机停止，排烟防火阀及风机的动作信号应反馈至消防联动控制器，故不选 C。根据《建筑防烟排烟系统技术标准》第 5.2.3 条，机械排烟系统中的常闭排烟阀或排烟口应具有火灾自动报警系统自动开启、消防控制室手动开启和现场手动开启功能，其开启信号应与排烟风机联动，故不选 D。

68. D 本题考查的知识点是老年人照料设施的消防应急照明备用电源连续供电时间要求。根据《建筑设计防火规范》第 10.1.5 条第 2 款，建筑内消防应急照明和灯光疏散指示标志的备用电源的连续供电时间应符合下列规定：医疗建筑、老年人照料设施、总建筑面积大于 100 000 m² 的公共建筑和总建筑面积大于 20 000 m² 的地下、半地下建筑，不应少于 1 h，故选 D。

69. A 本题考查的知识点是汽车库、修车库的建筑防火要求。根据《汽车库、修车库、停车场设计防火规范》第 3.0.3 条，汽车库和修车库的耐火等级应符合下列规定：①地下、半地下和高层汽车库应为一级。②甲、乙类物品运输车的汽车库、修车库和 Ⅰ 类汽车库、修车库，应为一级。③Ⅱ、Ⅲ 类汽车库、修车库的耐火等级不应低于二级。④Ⅳ 类汽车库、修车库的耐火等级不应低于三级。该车库为地下车库，无论几类都应为一级耐火等级建造，故选 A。

70. A 电线电缆截面面积的选型原则应符合下列规定：①通过负载电流时，线芯温度不超过电线电缆绝缘所允许的长期工作温度；②通过短路电流时，不超过所允许的短路强度，高压电缆要校验热稳定性，母线要校验动、热稳定性；③电压损失在允许范围内；④满足强度的要求；⑤低压电线电缆应符合负载保护的要求，TN 系统中还应保证在接地故障时保护电器能断开电路。故选 A，不选 B、C、D。

71. D 根据《建筑设计防火规范》第 8.5.3 条第 1 款，设置在一、二、三层且房间建筑面积大于 100 m² 的歌舞娱乐放映游艺场所，设置在四层及以上楼层、地下或半地下的歌舞娱乐放映游艺场所应设排烟设施，故不选 A。根据该条第 3 款，公共建筑内建筑面积大于 100 m² 且经常有人停留的地上房间应设排烟设施，故不选 C。根据该规范第 8.5.2 条第2款,建筑面积大于5 000 m² 的丁类生产车间应设排烟设施,故不选B。根据该规范第8.5.4条,地下或半地下建筑(室)、地上建筑内的无窗房间,当总建筑面积大于200 m² 或一个房间建筑面积大于50 m²,且经常有人停留或可燃物较多时,应设置排烟设施,故选D。

72. B 本题考查的知识点是泡沫比例混合装置的选择。根据《泡沫灭火系统技术标准》第3.4.1条,泡沫比例混合装置的选择应符合下列规定:①固定式系统,应选用平衡式、机械泵入式、囊式压力比例混合装置或泵直接注入式比例混合流程,混合比类型应与所选泡沫液一致,且混合比不得小于额定值,故不选A。②单罐容量不小于5 000 m³ 的固定顶储罐、外浮顶储罐、内浮顶储罐,应选择平衡式或机械泵入式比例混合装置,故选B。③全淹没高倍数泡沫灭火系统或局部应用中倍数、高倍数泡沫灭火系统,应选用机械泵入式、平衡式或囊式压力比例混合装置,故不选C。④保护油浸变压器的泡沫喷雾系统,可选用囊式压力比例混合装置,故不选D。

73. D 本题考查的知识点是消防车登高操作场地的设置要求。根据《建筑设计防火规范》第7.2.1条,高层建筑应至少沿一个长边或周边长度的1/4且不小于一个长边长度的底边连续布置消防车登高操作场地;根据该规范第7.2.2条第2款,对于建筑高度大于50 m的建筑,场地的长度和宽度分别不应小于20 m和10 m。故不选A、B。根据该规范第7.2.2条第4款,场地应与消防车道连通,场地靠建筑外墙一侧的边缘距离建筑外墙不宜小于5 m,且不应大于10 m,场地的坡度不宜大于3%,故不选C,选D。

74. B 根据《大型商业综合体火灾风险检查指引(试行)》,现场实体抽查重点包括顶棚、墙面、地面等是否违规采用聚氨酯、聚苯乙烯、海绵、毛毯、木板等易燃可燃材料装修装饰,故不选A。根据《大型商业综合体火灾风险指南(试行)》,火灾蔓延扩大风险包括中庭内设置海洋球等游乐设施或店铺,发生火灾导致立体燃烧蔓延;室内步行街中间走道区域设置店铺。故不选C、D。

75. C 本题考查的知识点是设备用房的平面布置要求。根据《建筑设计防火规范》第5.4.12条第1款和第2款,燃油或燃气锅炉房、变压器室应设置在首层或地下一层的靠外墙部位,但常(负)压燃油或燃气锅炉可设置在地下二层或屋顶上。设置在屋顶上的常(负)压燃气锅炉,距离通向屋面的安全出口不应小于6 m。锅炉房、变压器室的疏散门均应直通室外或安全出口。故不选A、B。根据该规范第8.1.6条第2款和第3款,消防水泵房的设置应符合下列规定:附设在建筑内的消防水泵房,不应设置在地下三层及以下或室内地面与室外出入口地坪高差大于10 m的地下楼层;疏散门应直通室外或安全出口。选项C消防水泵房设置在地下三层且室内地面与室外出入口地坪高差为10.6 m,大于10 m,故选C。根据该规范第8.1.7条,设置火灾自动报警系统和需要联动控制消防设备的建筑(群)应设置消防控制室。附设在建筑内的消防控制室,宜设置在建筑内首层或地下一层,并宜布置在靠外墙部位,故不选D。

76. A 本题考查的知识点是人民防空工程平面布置要求。根据《人民防空工程设计防火规范》第3.1.2条,人防工程内不得使用和储存液化石油气、相对密度(与空气密度比值)大于或等于0.75的可燃气体和闪点小于60 ℃的液体燃料。选项B不包含其中,故不选B。根据该规范第3.1.3条,人防工程内不应设置哺乳室、托儿所、幼儿园、游乐厅等儿童活动场所和残疾人员活动场所。故选A。根据该规范第3.1.6条,地下商店不应经营和储存火灾危险性为甲、乙类储存物品属性的商品;营业厅不应设置在地下三层及三层以下;选项C、D经营物品不属于禁止商品,故不选C、D。

77. D 根据《建筑防烟排烟系统技术标准》第3.1.3条,建筑高度小于或等于50 m的公共建筑、工业建筑和建筑高度小于或等于100 m的住宅建筑,其防烟楼梯间、独立前室、共用前室、合用前室(除共用前室与消防电梯前室合用外)及消防电梯前室应采用自然通风系统;当不能设置自然通风系统时,应采用机械加压送风系统。故不选C。根据该条第1款,当独立前室或合用前室满足下列条件之一时,楼梯间可不设置防烟系统:①采用全敞开的阳台或凹廊;②设有2个及以上不同朝向的可开启外窗,且独立前室2个外窗面积分别不小于2 m²,合用前室2个外窗面积分别不小于3 m²。故选D。根据该条第2款的规定,当独立前室、共用前室及合用前室的机械加压送风口设置在前室的顶部或正对前室入口的墙面时,楼梯间可采用自然通风系统,故不选B。根据该规范第3.1.5条,建筑高度小于或等于50 m的公共建筑、工业建筑和建筑高度小于或等于100 m的住宅建筑,当采用独立前室且其仅有1个门与走道或房间相通时,可仅在楼梯间设置机械加压送风系统,故不选A。

78. A 根据《建筑设计防火规范》第10.2.3条,配电线路不得穿越通风管道内腔或直接敷设在通风管道外壁上,穿金属导管保护的配电线路可紧贴通风管道外壁敷设。配电线路敷设在有可燃物的闷顶、吊顶内时,应采取穿金属导管、采用封闭式金属槽盒等防火保护措施。故选A,不选B。根据该规范第10.2.4条,卤钨灯和额定功率不小于100 W的白炽灯泡的吸顶灯、槽灯、嵌入式灯,其引入线应采用瓷管、矿棉等不燃材料作隔热保护,故不选C。根据该规范第10.2.5条,可燃材料仓库内宜使用低温照明灯具,并应对灯具的发热部件采取隔热等防火措施,不应使用卤钨灯等高温照明灯具。LED灯具为低温照明灯具,故不选D。

79. B 本题考查的知识点是火力发电厂的灭火设施。根据《火力发电厂与变电站设计防火标准》第7.1.6条第1款,机组容量为50～150 MW的燃煤电厂在电缆夹层、控制室、电缆隧道、电缆竖井及屋内配电装置处应设置火灾自动报警系统,故不选A。根据该标准第7.1.6条第3款,封闭式运煤栈桥为钢结构时,应设置开式水灭火系统及火灾自动报警系统,故选B。根据该标准第7.1.6条第4款,容量为90 MW及以上的油浸变压器应设置火灾自动报警系统、水喷雾灭火系统或其他灭火系统,故不选C。根据该标准7.1.2条,单机容量125 MW机组及以上的燃煤电厂消防给水应采用独立的消防给水系统,故不选D。

80. D 本题考查的知识点是不同类型建筑疏散楼梯间类型及楼梯宽度。根据《建筑设计防火规范》第5.5.13条,下列多层公共建筑的疏散楼梯间,除与敞开式外廊直接相连的楼梯间外，均应采用封闭楼梯间：医疗建筑、旅馆及类似使用功能的建筑；设置歌舞娱乐放映游艺场所的建筑；商店、图书馆、展览建筑、会议中心及类似使用功能的建筑；6层及以上的其他建筑。故选项 A 可设敞开式疏散楼梯间，选项 B 需设封闭楼梯间。又根据该规范第 5.5.18 条，除该规范另有规定外，公共建筑内疏散门和安全出口的净宽度不应小于 0.9 m，疏散走道和疏散楼梯的净宽度不应小于 1.1 m。选项 A 和选项 B 都为多层公共建筑，疏散楼梯宽度符合要求，故不选 A、B。根据该规范第 5.5.13A 条，老年人照料设施的疏散楼梯或疏散楼梯间宜与敞开式外廊直接连通，不能与敞开式外廊直接连通的室内疏散楼梯应采用封闭楼梯间。建筑高度大于 24 m 的老年人照料设施，其室内疏散楼梯应采用防烟楼梯间。选项 C 老年人照料设施采取防烟楼梯间，又根据第该规范第 5.5.18 条规定，高层公共建筑内楼梯间的首层疏散门、首层疏散外门、疏散走道和疏散楼梯的最小净宽度应符合规范中表 5.5.18 的规定，选项 C 为高层建筑，楼梯段净宽度不小于 1.2 m，故不选 C。根据该规范第 5.5.27 条，住宅建筑的疏散楼梯设置应符合下列规定：建筑高度大于 21 m、不大于 33 m 的住宅建筑应采用封闭楼梯间；当户门采用乙级防火门时，可采用敞开楼梯间。选项 D 可采用敞开楼梯间。又根据该规范第 5.5.30 条，住宅建筑的户门、安全出口、疏散走道和疏散楼梯的各自总净宽度应经计算确定，且户门和安全出口的净宽度不应小于 0.9 m，疏散走道、疏散楼梯和首层疏散外门的净宽度不应小于 1.1 m。本题选项 D 楼梯宽度为 0.9 m，故选 D。

二、多项选择题（共 20 题，每题 2 分。每题的备选项中，有 2 个或 2 个以上符合题意，至少有 1 个错项。错选，本题不得分；少选，所选的每个选项得 0.5 分）

81. ACE 本题考查的知识点是乙类储存火灾危险性典型物质。根据《建筑设计防火规范》第 3.1.3 条条文说明，丁醚、樟脑油和硝酸铜为乙类储存火灾危险性物品，赛璐珞棉和硝酸铵是甲类储存火灾危险性物品，故选 A、C、E。

82. CD 本题考查的知识点是加油加气站的建设要求。根据《汽车加油加气加氢站技术标准》第 4.0.2 条，在城市中心区不应建一级加油加气加氢站、CNG 加气母站，故不选 A、B。选项 C、D 中不存在以上不应建设的加油站，故选 C、D。依据该标准第 4.0.3 条，城市建成区内的加油加气站，宜靠近城市道路，但不宜选在城市干道的交叉路口附近，故不选 E。

83. CDE 根据《建筑设计防火规范》第 5.4.12 条，燃油或燃气锅炉、油浸变压器、充有可燃油的高压电容器和多油开关等，宜设置在建筑外的专用房间内；确需贴邻民用建筑布置时，应采用防火墙与所贴邻的建筑分隔，故不选 A。根据该条第 1 款规定，燃油或燃气锅炉房、变压器室应设置在首层或地下一层的靠外墙部位，但常（负）压燃油或燃气锅炉可设置在地下二层或屋顶上。设置在屋顶上的常（负）压燃气锅炉，距离通向屋面的安全出口不应小于 6 m。故不选 B。根据该条第 4 款，锅炉房内设置储油间时，其总储存量不应大于 1 m³，且储油间应采用耐火极限不低于 3.00 h 的防火隔墙与锅炉间分隔；确需在防火隔墙上设置门时，应采用甲级防火门，故选 E。根据该条第 10 款规定，燃气锅炉房应设置爆炸泄压设施，燃油或燃气锅炉房应设置独立的通风系统，故选 C。根据该规范第

5.2.3 条，民用建筑与燃油、燃气或燃煤锅炉房的防火间距应符合该规范第 3.4.1 条有关丁类厂房的规定，但与单台蒸汽锅炉的蒸发量不大于 4 t/h 或单台热水锅炉的额定热功率不大于 2.8 MW 的燃煤锅炉房的防火间距，可根据锅炉房的耐火等级按该规范第 5.2.2 条有关民用建筑的规定确定。故选 D。

84. ABD 本题考查的知识点是设置自动喷水灭火系统的设计基本参数。根据《自动喷水灭火系统设计规范》附录 A 表格的示例，总建筑面积为 5 000 m² 及以上的商场为中危险级 Ⅱ 级场所。该商场建筑面积为 15 000 m²，属于中危险级 Ⅱ 级场所，根据该规范第 5.0.1 条，系统喷水强度为 8 L/（min·m²），作用面积应为 160 m²，则选项 A 和选项 D 不符合规范。故选 A、D。根据该规范第 7.1.2 条，中危险级 Ⅱ 级的一只喷头的最大保护面积为 11.5 m²，至少需要喷头数量为 15 000/11.5=1 305（个），而根据该规范第 6.2.3 条，一个报警阀组控制的喷头数，对于湿式系统、预作用系统不宜超过 800 只，对于干式系统不宜超过 500 只，则报警阀组最少套数 =1 305/800=1.63，即 2 套湿式报警阀组，故选 B。根据该规范第 6.1.2 条，闭式系统的洒水喷头，其公称动作温度宜高于环境最高温度 30 ℃。根据该规范第 5.0.1 条，民用建筑和厂房采用湿式系统时，系统最不利点处喷头的工作压力不应低于 0.05 MPa。故不选 C 和 E。

85. CDE 本题考查的知识点是汽车库、修车库的灭火设施。汽车库、修车库的自动灭火设施设置要求与车库的类型和级别有关。根据《汽车库、修车库、停车场设计防火规范》的第 7.2.1 条，除敞开式汽车库、屋面停车场外，下列汽车库、修车库应设置自动喷水灭火系统：①Ⅰ、Ⅱ、Ⅲ 类地上汽车库；②停车数大于 10 辆的地下、半地下汽车库；③机械式汽车库；④采用汽车专用升降机作汽车疏散出口的汽车库；⑤Ⅰ 类修车库。根据该规范第 7.2.3 条，下列汽车库、修车库宜采用泡沫 – 水喷淋系统：①Ⅰ 类地下、半地下汽车库；②Ⅰ 类修车库；③停车数大于 100 辆的室内无车道且无人员停留的机械式汽车库。根据该规范第 7.2.4 条，地下、半地下汽车库可采用高倍数泡沫灭火系统。停车数量不大于 50 辆的室内无车道且无人员停留的机械式汽车库，可采用二氧化碳等气体灭火系统。自动喷水灭火系统、泡沫 – 水喷淋系统、二氧化碳等气体灭火系统都属于自动灭火系统，其中第 7.2.1 条所列范围包含了第 7.2.3 条、第 7.2.4 条，因此，只依据第 7.2.1 条判断即可。首先应判断车库的类型和级别，依据该规范的 3.0.1 条，选项 A 属于 Ⅳ 类地上车库，故不选 A。选项 B 属于 Ⅱ 类修车库，故不选 B。选项 C 属于机械式汽车库，故选 C。选项 D 属于 Ⅲ 类地上车库，故选 D。选项 E 为地下车库且车位大于 10 辆，故选 E。

86. BE 本题考查的知识点是电子信息系统机房的防火要求。电子信息系统机房分为 A、B、C 三级，省会城市的广播电台的电子信息系统机房属于 A 级机房。附设在建筑物内的 A、B 级电子信息系统机房应避免设置在地下室，故不选 A。面积大于 100 m² 的主机房，安全出口不应少于 2 个，并宜设于机房的两端，面积不大于 100 m² 的主机房可设置 1 个安全出口，并可通过其他相邻房间的门进行疏散，故选 B。主机房、基本工作间及辅助房间与其他建筑物合建时，应单独设置防火分区，故选 E。A 级电子信息系统机房的主机房应设置洁净气体灭火系统。B 级电子信息系统机房的主机房，以及 A 级和 B 级机房中的变配电、不间断电源系统和电池室，宜设置洁净气体灭火系统，也可设置高压细水雾灭火系统。故不选 C。卡片穿孔室、纸带穿孔室、已记录的磁介质库和已记录的纸介质库、高低压配电室、变压器室、变频机室、稳压稳频室、发电机房等不能用水扑救的房间，应设置除二氧化碳以外的气体灭火系统，故不选 D。

87. ABE 本题考查的知识点是消防车道的设置要求。根据《建筑设计防火规范》第 7.1.1 条，当建筑物沿街道部分的长度大于 150 m 或总长度大于 220 m 时，应设置穿过建筑物的消防车道。确有困难时，应设置环形消防车道，故选 A。根据该规范第 7.1.8 条，消防车道应符合下列要求：车道的净宽度和净空高度均不应小于 4 m。B 选项中消防车道高度为 4.2 m，故选 B。根据该规范第 7.1.3 条，高层厂房，占地面积大于 3 000 m² 的甲、乙、丙类厂房和占地面积大于 1 500 m² 的乙、丙类仓库，应设置环形消防车道，确有困难时，应沿建筑物的 2 个长边设置消防车道。根据该规范第 7.1.9 条，环形消防车道至少应有 2 处与其他车道连通。尽头式消防车道应设置回车道或回车场，回车场的面积不应小于 12 m×12 m；对于高层建筑，不宜小于 15 m×15 m；供重型消防车使用时，不宜小于 18 m×18 m。选项 C 属于高层厂房，回车场尺寸应为 15 m×15 m，故不选 C。选项 D 应有两处与其他通道连通，故不选 D。根据该规范第 7.1.2 条，对于高层住宅建筑和山坡地或河道边临空建造的高层民用建筑，可沿建筑的 1 个长边设置消防车道，但该长边所在建筑立面应为消防车登高操作面，故选 E。

88. ABC 根据《火灾自动报警系统设计规范》第 4.5.1 条，防烟系统的联动控制方式应由加压送风口所在防火分区内的 2 只独立的火灾探测器或 1 只火灾探测器与 1 只手动火灾报警按钮的报警信号，作为送风口开启和加压送风机启动的联动触发信号，并应由消防联动控制器联动控制相关层前室等需要加压送风场所的加压送风口开启和加压送风机启动。根据《建筑防烟排烟系统技术标准》第 5.1.3 条，当防火分区内火灾确认后，应能在 15 s 内联动开启常闭加压送风口和加压送风机。并应符合下列规定：①应开启该防火分区楼梯间的全部加压送风机；②应开启该防火分区内着火层及其相邻上下层前室及合用前室的常闭送风口，同时开启加压送风机。由题目描述知每层为 1 个防火分区，故选 A、B，不选 D。根据该标准 5.1.2 条第 4 款，系统中任一常闭加压送风口开启时，加压送风机应能自动启动，故选 C。送风机启动联动送风口开启，规范无此要求，故不选 E。

89. ABCD 本题考查的知识点是设置自动喷水灭火系统的设计基本参数。根据《自动喷水灭火系统设计规范》附录 A 表格的示例，建筑高度为 24 m 及以下的旅馆、办公楼为轻危险级场所，该建筑高 20 m，属于轻危险级。若地下车库未设取暖设施，为替代干式系统，可设置预作用系统，故选 A。根据该规范第 6.1.3 条第 3 款，顶板为水平面的轻危险级、中危险级 I 级住宅建筑、宿舍、旅馆客房、医疗建筑病房和办公室，可采用边墙型喷头，故选 B。根据该规范第 6.1.3 条第 1 款，不做吊顶的场所，当配水支管布置在梁下时，应采用直立型喷头，故选 C。根据该规范第 6.1.3 条第 7 款，湿式系统不宜选用隐蔽式洒水喷头，确需采用时，应仅适用于轻危险级和中危险级 I 级场所，故选 D。根据该规范第 6.1.2 条，闭式系统的洒水喷头，其公称动作温度高于环境最高温度 30 ℃，故不选 E。

90. **ABD** 本题考查的知识点是防火分隔的设置要求。根据《防火门》第 4.4 条,甲级防火门的耐火性能大于或等于 1.50 h。防火墙上要开设甲级防火门,故选 A。根据《建筑设计防火规范》第 9.3.11 条规定,通风、空调系统的风管在穿越防火分隔处的变形缝两侧应设置公称动作温度为 70 ℃ 的防火阀,故选 B。根据该规范第 3.3.2 条规定,仓库内的防火分区之间必须采用防火墙分隔,甲、乙类仓库内防火分区之间的防火墙不应开设门、窗、洞口;根据该规范第 3.2.9 条规定,甲、乙类厂房和甲、乙、丙类仓库内的防火墙,其耐火极限不应低于 4.00 h。选项 C 为乙类仓库,防火墙上不能设门、窗、洞口。故不选 C。根据该规范第 6.5.3 条,防火分隔部位设置防火卷帘时,应符合下列规定:除中庭外,当防火分隔部位的宽度不大于 30 m 时,防火卷帘的宽度不应大于 10 m;当防火分隔部位的宽度大于 30 m 时,防火卷帘的宽度不应大于该部位宽度的 1/3,且不应大于 20 m。防火卷帘应具有火灾时靠自重自动关闭功能。故选 D。根据该规范第 9.3.12 条规定,公共建筑内厨房的排油烟管道宜按防火分区设置,且在与竖向排风管连接的支管处应设置公称动作温度为 150 ℃ 的防火阀,故不选 E。

91. **ABE** 本题考查的知识点是可燃液体分类和储罐附件的设置要求。根据《石油库设计规范》第 6.4.7 条,下列储罐的通气管上必须装设阻火器:①储存甲$_B$类、乙类、丙$_A$类液体的固定顶储罐和地上卧式储罐;②储存甲$_B$类和乙类液体的覆土卧式油罐;③储存甲$_B$类、乙类、丙$_A$类液体并采用氮气密封保护系统的内浮顶储罐。同时依据该规范第 3.0.1 条条文说明,煤油属于乙类液体,故选 A。甲醛属于丙$_A$类液体,故选 B。重柴油属于丙$_A$类液体,但为覆土卧式油罐,故不选 C。原油属于甲$_B$类液体,浮顶储罐没有通气管,故不选 D。苯乙炔属于乙类液体,故选 E。

92. **AB** 本题考查的知识点是气体灭火系统的工作原理和控制要求。根据《气体灭火系统设计规范》第 5.0.9 条,组合分配系统启动时,选择阀应在容器阀开启前或同时打开,故选 A。根据该规范第 5.0.2 条,管网灭火系统应设自动控制、手动控制和机械应急操作 3 种启动方式,故选 B。根据该规范第 5.0.5 条,自动控制装置应在接到两个独立的火灾信号后才能启动,故不选 C。单元独立式系统具有同时保护且同时灭火的特点,故不选 D。根据该规范第 5.0.5 条,手动控制装置和手动与自动转换装置应设在防护区疏散出口的门外便于操作的地方,安装高度为中心点距地面 1.5 m,故不选 E。

93. **BCD** 本题考查的知识点是人民防空工程平面布置要求。根据《人民防空工程设计防火规范》第 4.4.3 条第 1 款,当防火分隔部位的宽度不大于 30 m 时,防火卷帘的宽度不应大于 10 m,当防火分隔部位的宽度大于 30 m 时,防火卷帘的宽度不应大于防火分隔部位宽度的 1/3,且不应大于 20 m,故不选 A,选 B。根据该规范第 4.4.3 条第 3 款,防火卷帘应具有防烟性能,与楼板、梁和墙、柱之间的空隙应采用防火封堵材料封堵,故选 C。根据该规范第 4.4.3 条第 4 款,在火灾时能自动降落的防火卷帘,应具有信号反馈的功能,故选 D。根据该规范第 4.4.3 条第 2 款,防火卷帘的耐火极限不应低于 3.00 h,故不选 E。

94. ACDE 根据《火灾自动报警系统设计规范》第4.9.2条，当确认火灾后，由发生火灾的报警区域开始，顺序启动全楼疏散通道的消防应急照明和疏散指示系统，系统全部投入应急状态的启动时间不应大于5 s，故选A。根据该规范第4.8.1条，火灾自动报警系统应设置火灾声光警报器，并应在确认火灾后启动建筑内的所有火灾声光警报器，故不选B。根据该规范第4.7.1条，消防联动控制器应具有发出联动控制信号强制所有电梯停于首层或电梯转换层的功能，故选C。根据该规范第4.10.1条，消防联动控制器应具有切断火灾区域及相关区域的非消防电源的功能，当需要切断正常照明时，宜在自动喷淋系统、消火栓系统动作前切断，故选D。根据该规范第4.8.12条，消防应急广播与普通广播或背景音乐广播合用时，应具有强制切入消防应急广播的功能，故选E。

95. ACE 根据《建筑设计防火规范》第3.1.1条，农药厂乐果厂房为甲类厂房，氨压缩机房为乙类单、多层厂房，桐油制备厂房为单、多层丙类厂房，燃煤锅炉房为丁类厂房，硫黄回收厂房为高层乙类厂房，汽油储罐为甲类储罐。根据该规范第3.4.1条，与氨压缩机房（建筑高度为23.8 m）的防火间距最小为12 m，故选A。与桐油制备厂房（建筑高度为22 m）的防火间距最小为12 m，故选C。与硫黄回收厂房（建筑高度为25 m）的防火间距最小为13 m，故不选D。根据该规范第3.4.2条，甲类厂房与重要公共建筑的防火间距不应小于50 m，与明火或散发火花地点的防火间距不应小于30 m。选项B燃煤锅炉房为明火或散发火花地点，所以选项B错误，应为30 m以上，故不选B。根据该规范第4.2.1条，容量20 m³的汽油储罐属于甲类液体储罐，与甲类一级单层厂房的防火间距最小为12 m，故选E。

96. DE 根据《建筑防烟排烟系统技术标准》第3.1.1条，建筑防烟系统的设计应根据建筑高度、使用性质等因素，采用自然通风系统或机械加压送风系统，故不选A。根据该标准第4.1.2条，同一个防烟分区应采用同一种排烟方式，故不选B。根据该标准第4.5.1条，除地上建筑的走道或建筑面积小于500 m²的房间外，设置排烟系统的场所应设置补风系统，故不选C。根据该标准第4.4.3条，排烟系统与通风、空调系统应分开设置；当确有困难时可以合用，但应符合排烟系统的要求，故选D。根据《建筑通风和排烟系统用防火阀门》第3.1条，防火阀安装在通风、空调系统的送、回风管道上，平时呈开启状态。根据该规范第3.2条，排烟防火阀安装在机械排烟系统的管道上，平时呈开启状态。排烟阀安装在机械排烟系统各支管端部（烟气吸入口）处，平时呈关闭状态并满足漏风量要求。故选E。

97. CDE 本题考查的知识点是疏散门的设置要求。根据《建筑设计防火规范》第5.5.13条，医疗建筑、旅馆及类似使用功能的建筑的疏散楼梯，除与敞开式外廊直接相连的楼梯间外，均应采用封闭楼梯间；根据该规范第6.4.2条，高层建筑、人员密集的公共建筑、人员密集的多层丙类厂房、甲、乙类厂房，其封闭楼梯间的门应采用乙级防火门，并应向疏散方向开启；其他建筑，可采用双向弹簧门。本题医院门诊楼属于人员密集的公共建筑，封闭楼梯间应采用乙级防火门，故不选A。根据该规范第6.4.11条第1款，民用建筑和厂房的疏散门，应采用向疏散方向开启的平开门，不应采用推拉门、卷帘门、吊门、转门和折叠门，故不选 B。除甲、乙类生产车间外，人数不超过 60 人且每樘门的平均疏散人数不超过 30 人的房间，其疏散门的开启方向不限，且根据该规范第 5.5.18 条，除本规范另有规定外，公共建筑内疏散门和安全出口的净宽度不应小于 0.9 m，疏散走道和疏散楼梯的净宽度不应小于 1.1 m。故选 D。选项 C 木工厂房为丙类生产，每个车间人数不超过 60 人，每个门的平均疏散人数不超过 30 人，故选 C。根据该规范第 6.4.11 条第 2 款，仓库的疏散门应采用向疏散方向开启的平开门，但丙、丁、戊类仓库首层靠墙的外侧可采用推拉门或卷帘门。选项 E 搪瓷制品仓库为戊类仓库，且仓库无疏散宽度要求，故选 E。

98. BCE 本题考查的知识点是高层建筑内部装修要求及装修材料等级划分。根据《建筑内部装修设计防火规范》第 3.0.2 条条文说明规定，复合壁纸为 B_2 级，PVC 卷材地板为 B_2 级，化纤织物为 B_2 级，水泥刨花板为 B_1 级，玻璃钢属于 B_2 级。根据《建筑设计防火规范》第 5.1.1 条，建筑高度为 33 m 的医院病房是高层公共建筑。根据《建筑内部装修设计防火规范》第 5.2.3 条，除该规范第 4 章规定的场所和该规范表 5.2.1 中序号为 10～12 规定的部位外，以及大于 400 m² 的观众厅、会议厅和 100 m 以上的高层民用建筑外，当设有火灾自动报警装置和自动灭火系统时，除顶棚外，其内部装修材料的燃烧性能等级可在该规范表 5.2.1 规定的基础上降低一级。选项 A 墙面应采用燃烧性能等级为 B_1 级装修，复合壁纸为 B_2 级，不符合规范，故不选 A。选项 B 地面铺装 PVC 卷材地板，符合 B_2 级要求，故选 B。选项 C 窗帘采用化纤织物，为 B_2 级，符合要求，故选 C。选项 D 顶棚采用水泥刨花板装修，但是水泥刨花板为 B_1 级材料，不符合规范，故不选 D。选项 E 隔断采用玻璃钢装修，玻璃钢为 B_2 级，符合要求，故选 E。

99. ADE 本题考查的知识点是消防水泵的设置要求。根据《消防给水及消火栓系统技术规范》第 5.1.13 条第 1 款，一组消防水泵，吸水管不应少于两条，当其中一条损坏或检修时，其余吸水管应仍能通过全部消防给水设计流量，故选 A。根据该规范第 5.1.13 条第 3 款，一组消防水泵应设不少于两条输水干管与消防给水环状管网连接，当其中一条输水管检修时，其余输水管应仍能供应全部消防给水设计流量，故不选 B。根据该规范第 5.1.13 条第 4 款，消防水泵吸水口的淹没深度应满足消防水泵在最低水位运行安全的要求，吸水管喇叭口在消防水池最低有效水位下的淹没深度应根据吸水管喇叭口的水流速度和水力条件确定，但不应小于 600 mm，故不选 C。当采用旋流防止器时，淹没深度不应小于 200 mm，故选 D。依据该规范第 5.1.13 条第 5 款，消防水泵的吸水管上应设置明杆闸阀或带自锁装置的蝶阀，但当设置暗杆阀门时应设有开启刻度和标志，故选 E。

100. ABE 本题考查的知识点是火灾风险评估。一个事故树中的割集一般不止一个，在这些割集中，凡不包含其他割集的，叫作最小割集。换言之，如果割集中任意去掉一个基本事件后就不是割集，那么这样的割集就是最小割集。所以，最小割集是引起顶事件发生的充分必要条件。故选 A。最小割集在事故树分析中起着非常重要的作用，归纳起来有 3 个方面：①表示系统的危险性；②表示顶事件发生的原因组合；③为降低系统的危险性，提出控制方向和预防措施。每个最小割集都代表了一种事故模式。故选 B，不选 C。最小径集在事故树分析中的作用与最小割集同样重要，主要表现在以下两个方面：①表示系统的安全性。②选取确保系统安全的最佳方案。每一个最小径集都是防止顶事件发生的一个方案，可以根据最小径集中所包含的基本事件个数的多少、技术上的难易程度、耗费的时间以及投入的资金数量来选择最经济、最有效地控制事故的方案。故选 E，不选 D。

消防安全技术实务
模考通关试卷（三）参考答案及解析

一、单项选择题（共80题，每题1分。每题的备选项中，只有1个最符合题意）

1. C 根据《特种火灾探测器》第3.5条，吸气式感烟火灾探测器按其采样方式可分为：①管路采样式；②点型采样式。故不选A。根据《线性感温火灾探测器》第3.2条，线性感温火灾探测器按动作性能分为：①定温；②差温；③差定温。故不选B。根据《火灾自动报警系统设计规范》第5.1.1条第4款，对火灾初期有阴燃阶段，且需要早期探测的场所，宜增设一氧化碳火灾探测器。一氧化碳火灾探测器用于火灾早期探测时，可接入火灾报警控制器的探测器回路，故选C。根据该规范第5.2.4条，高海拔地区不宜选择点型光电感烟火灾探测器。故不选D。

2. C 本题考查的知识点是控制中心报警系统的设置要求。根据《火灾自动报警系统设计规范》第3.2.4条，控制中心报警系统的设计，应符合下列规定：①有两个及以上消防控制室时，应确定一个主消防控制室。②主消防控制室应能显示所有火灾报警信号和联动控制状态信号，并应能控制重要的消防设备；各分消防控制室内消防设备之间可互相传输、显示状态信息，但不应互相控制。重要的消防设备一般是指系统中共同使用的消防水泵，故选C。

3. A 根据《建筑材料及制品燃烧性能分级》第5.1.1条，平板状建筑材料及制品的燃烧性能等级和分级判据表中满足A_1级、A_2级即为A级，满足B级、C级即为B_1级，满足D级、E级即为B_2级，故选A。

4. C 根据《火灾自动报警系统设计规范》第5.2.2条，下列场所宜选择点型感烟火灾探测器：饭店、旅馆、教学楼、办公楼的厅堂、卧室、办公室、商场、列车载客车厢等；计算机房、通信机房、电影或电视放映室等；楼梯、走道、电梯机房、车库等；书库、档案库等。故不选A、B、D。根据该规范第5.2.5条，符合下列条件之一的场所，宜选择点型感温火灾探测器：相对湿度经常大于95%；可能发生无烟火灾；有大量粉尘；吸烟室等在正常情况下有烟或蒸气滞留的场所；厨房、锅炉房、发电机房、烘干车间等不宜安装感烟火灾探测器的场所。故选C。

5. C 本题考查的知识点是室外消火栓的设置。根据《消防给水及消火栓系统技术规范》第7.3.4条，人防工程、地下工程等建筑应在出入口附近设置室外消火栓，且距出入口的距离不宜小于5 m，并不宜大于40 m。地下车库属于地下工程，故选C。

6. C 根据《火灾自动报警系统设计规范》第4.5.1条，防烟系统的联动控制应由加压送风口所在防火分区内的2只独立的火灾探测器或1只火灾探测器与1只手动火灾报警按钮的报警信号，作为送风口开启和加压送风机启动的联动触发信号，并应由消防联动控制器联动控制相关层前室等需要加压送风场所的加压送风口开启和加压送风机启动。又根据《建筑防烟排烟系统技术标准》第4.2.1条，防烟分区不应跨越防火分区，故不选A。风机控制柜处于手动状态时，无法远程启动风机，只能在风机控制柜上现场手动启停风机，无法通过联动控制器手动远程启动送风机，故不选B，选C。根据《建筑防烟排烟系统技术标准》第5.1.2条第4款，系统中任一常闭加压送风口开启时，加压风机应能自动启动，故不选D。

7. D 本题考查的知识点是建筑灭火器配置计算的修正系数。根据《建筑灭火器配置设计规范》第7.3.2条，修正系数应按下表的规定取值。

修正系数

计算单元	K
未设室内消火栓系统和灭火系统	1
设有室内消火栓系统	0.9
设有灭火系统	0.7
设有室内消火栓系统和灭火系统	0.5
可燃物露天堆场 甲、乙、丙类液体储罐区 可燃气体储罐区	0.3

同时设置室内消火栓系统和气体灭火系统时，修正系数也应为0.5，故选D。

8. A 本题考查的知识点是室外消火栓系统的设置。根据《建筑设计防火规范》第8.1.2条，民用建筑、厂房、仓库、储罐（区）和堆场周围应设置室外消火栓系统。用于消防救援和消防车停靠的屋面上，应设置室外消火栓系统。耐火等级不低于二级且建筑体积不大于3 000 m³的戊类厂房，居住区人数不超过500人且建筑层数不超过两层的居住区，可不设置室外消火栓系统。故不选D。根据该规范第3.1.1条的条文说明，瓷器和钢铁生产属于戊类火灾危险性，且建筑耐火等级为二级，故不选B、C。用排除法，故选A。

9. A 本题考查的知识点是柴油发电机房的设置要求。根据《建筑设计防火规范》第5.4.13条，布置在民用建筑内的柴油发电机房应符合下列规定：宜布置在首层或地下一、二层。不应布置在人员密集场所的上一层、下一层或贴邻。应采用耐火极限不低于2.00 h的防火隔墙和耐火极限不低于1.50 h的不燃性楼板与其他部位分隔，门应采用甲级防火门。机房内设置储油间时，其总储存量不应大于1 m³，储油间应采用耐火极限不低于3.00 h的防火隔墙与发电机间分隔；确需在防火隔墙上开门时，应设置甲级防火门，故不选C。应设置火灾报警装置，故不选D。选项A柴油发电机房设在地下一层，地上一、二层为人员密集场所，故选A。根据该规范5.4.15条第1款，设置在建筑内的锅炉、柴油发电机，其燃料供给管道应符合下列规定：在进入建筑物前和设备间内的管道上均应设置自动和手动切断阀，故不选B。

10. D 本题考查的知识点是各类功能场所的平面布置要求。根据《建筑设计防火规范》第5.4.3条，商店建筑、展览建筑采用三级耐火等级建筑时，不应超过2层，故不选A。地下或半地下营业厅、展览厅不应经营、储存和展示甲、乙类火灾危险性物品，故不选B。根据该规范第5.4.4条，托儿所、幼儿园的儿童用房和儿童游乐厅等儿童活动场所宜设置在独立的建筑内，且不应设置在地下或半地下，故不选C。根据该规范第5.4.4B条，当老年人照料设施中的老年人公共活动用房、康复与医疗用房设置在地下、半地下时，应设置在地下一层，每间用房的建筑面积不应大于200 m^2且使用人数不应大于30人，故选D。

11. B 本题考查的知识点是防火卷帘的联动控制要求。根据《建筑设计防火规范》第6.4.10条，疏散走道在防火分区处应设置常开甲级防火门。防火分区间分隔用防火卷帘属于非疏散通道上设置的防火卷帘，根据《火灾自动报警系统设计规范》第4.6.4条，非疏散通道上设置的防火卷帘的联动控制设计，应符合下列规定：①联动控制方式，应由防火卷帘所在防火分区内任两只独立的火灾探测器的报警信号，作为防火卷帘下降的联动触发信号，并应联动控制防火卷帘直接下降到楼板面。②手动控制方式，应由防火卷帘两侧设置的手动控制按钮控制防火卷帘的升降，并应能在消防控制室内的消防联动控制器上手动控制防火卷帘的降落。故选B。

12. B 承载能力是承重或非承重建筑构件在一定时间内抵抗垮塌的能力，所以说承载能力的时间应该是最长的，耐火完整性是指当建筑分隔构件某一面受火时，能在一定时间内防止火焰和热气穿透或在背火面出现火焰的能力，隔热性是指耐火隔热性，指当建筑分隔构件某一面受火时，能在一定时间内其背火面温度不超过规定值的能力。它们之间的关系是：失去承载能力的时间≥失去耐火完整性的时间≥失去隔热性的时间。故选B。

13. C 本题考查的知识点是不同建筑内楼梯间的设置要求。根据《建筑设计防火规范》第5.1.1条，建筑高度为25 m的6层医院为一类高层民用建筑，建筑高度为33 m的10层商场为二类高层建筑。又根据该规范第5.5.12条，一类高层公共建筑和建筑高度大于32 m的二类高层公共建筑，其疏散楼梯应采用防烟楼梯间。故不选A，不选B。根据该规范第5.5.13条，下列多层公共建筑的疏散楼梯，除与敞开式外廊直接相连的楼梯间外，均应采用封闭楼梯间：商店、图书馆、展览建筑、会议中心及类似使用功能的建筑，故选项D应采用封闭楼梯间。故不选D。根据该规范第5.5.13A条，建筑高度大于24 m的老年人照料设施，其室内疏散楼梯应采用防烟楼梯间，故选C。

14. D 本题考查的知识点是室内消火栓的设置。根据《建筑设计防火规范》第8.2.1

条第 1 款，建筑占地面积大于 300 m² 的厂房和仓库应设置室内消火栓系统，故不选 A。根据该规范第 8.2.1 条第 3 款，体积大于 5 000 m³ 的车站、码头、机场的候车（船、机）建筑、展览建筑、商店建筑、旅馆建筑、医疗建筑、老年人照料设施和图书馆建筑等单、多层建筑应设置室内消火栓系统，故不选 B。根据该规范第 8.2.1 条第 4 款，特等、甲等剧场，超过 800 个座位的其他等级的剧场和电影院等以及超过 1 200 个座位的礼堂、体育馆等单、多层建筑应设置室内消火栓系统，故不选 C。根据该规范第 8.2.1 条第 5 款，建筑高度大于 15 m 或体积大于 10 000 m³ 的办公建筑、教学建筑和其他单、多层民用建筑应设置室内消火栓系统，故选 D。

15. D 本题考查的知识点是火灾的分类。根据《火灾分类》第 2 章，火灾分为 A、B、C、D、E、F 六类。A 类火灾：固体物质火灾。这种物质通常具有有机物性质，一般在燃烧时能产生灼热的余烬。例如，木材、棉、毛、麻、纸张火灾等。B 类火灾：液体或可熔化固体物质火灾。例如，汽油、煤油、原油、甲醇、乙醇、沥青、石蜡火灾等。C 类火灾：气体火灾。例如，煤气、天然气、甲烷、乙烷、氢气、乙炔火灾等。D 类火灾：金属火灾。例如，钾、钠、镁、钛、锆、锂火灾等。E 类火灾：带电火灾。物体带电燃烧的火灾。例如，变压器等设备的电气火灾等。F 类火灾：烹饪器具内的烹饪物（如动植物油脂）火灾。题干描述是烹调油油温过热起火，故选 D。

16. A 根据《火灾自动报警系统设计规范》第 5.2.2 条，楼梯、走道、电梯机房、车库等场所宜选择点型感烟火灾探测器。说明地下车库宜选择感烟火灾探测器，选项 A 情况会造成探测器误报火警，但不会报故障，故选 A。火灾探测器常见故障原因有：探测器与底座脱落、接触不良；报警总线与底座接触不良；报警总线开路或接地性能不良造成短路；探测器本身损坏；探测器接口板故障。故不选 B、C、D。

17. A 根据《中华人民共和国消防法》第七十三条第四款，人员密集场所，是指公众聚集场所，医院的门诊楼、病房楼，学校的教学楼、图书馆、食堂和集体宿舍，养老院，福利院，托儿所，幼儿园，公共图书馆的阅览室，公共展览馆、博物馆的展示厅，劳动密集型企业的生产加工车间和员工集体宿舍，旅游、宗教活动场所等。故本题公共图书馆阅览室为人员密集场所。根据《建筑设计防火规范》第 10.3.2 条第 2 款，建筑内疏散照明的地面最低水平照度应符合下列规定：对于人员密集场所、避难层（间），不应低于 3.0 lx；对于老年人照料设施、病房楼或手术部的避难间，不应低于 10.0 lx。故选 A。

18. D 加强通风除尘、利用惰性介质进行保护、消除静电火花属于预防性技术措施，加强建筑结构主体的强度和刚度属于减轻性措施，故选 D。

19. B 本题考查的知识点是泡沫灭火剂的选择。根据《泡沫灭火系统技术标准》第 3.2.3 条，对于水溶性甲、乙、丙类液体和其他对普通泡沫有破坏作用的甲、乙、丙类液体，必须选用抗溶水成膜、抗溶氟蛋白或低黏度抗溶氟蛋白泡沫液。车用乙醇汽油是指在不含甲基叔丁基醚（MTBE）、含氧添加剂的专用汽油组分油中，按体积比加入一定比例（我国暂定为 10%）的变性燃料乙醇，由车用乙醇汽油定点调配中心按国标的质量要求，通过特定工艺混配而成的新一代清洁环保型车用燃料。为提高灭火效果，乙醇汽油宜选用抗溶性泡沫液。故选 B。

20. C 本题考查的知识点是雨淋系统的适用范围。根据《建筑设计防火规范》第 8.3.7 条，下列建筑或部位应设置雨淋自动喷水灭火系统：①火柴厂的氯酸钾压碾厂房，建筑面积大于 100 m² 且生产或使用硝化棉、喷漆棉、火胶棉、赛璐珞胶片、硝化纤维的厂房；②乒乓球厂的轧坯、切片、磨球、分球检验部位；③建筑面积大于 60 m² 或储存量大于 2 t 的硝化棉、喷漆棉、火胶棉、赛璐珞胶片、硝化纤维的仓库；④日装瓶数量大于 3 000 瓶的液化石油气储配站的灌瓶间、实瓶库；⑤特等、甲等剧场、超过 1 500 个座位的其他等级剧场和超过 2 000 个座位的会堂或礼堂的舞台葡萄架下部；⑥建筑面积不小于 400 m² 的演播室，建筑面积不小于 500 m² 的电影摄影棚。故选 C。

21. D 根据《可燃气体探测器》前言，可燃气体探测器分为七类：测量范围为 0～100%LEL 的点型可燃气体探测器；测量范围为 0～100%LEL 的独立式可燃气体探测器；测量范围为 0～100%LEL 的便携式可燃气体探测器；测量人工煤气的点型可燃气体探测器；测量人工煤气的独立式可燃气体探测器；测量人工煤气的便携式可燃气体探测器；线型可燃气体探测器。故不选 A。独立式可燃气体探测器可独立探测报警，但不能接入火灾报警控制器的探测回路，如接入必须通过中继模块，故不选 B。一氧化碳比空气轻，探测器应设置在空间上方，故不选 C。根据《可燃气体报警控制器》第 4.1.2.2 条，控制器应能显示所有可燃气体探测器探测的可燃气体浓度值，故选 D。

22. B 本题考查的知识点是二氧化碳灭火器的结构组成。一般手提储压式灭火器由筒体、器头（阀门）、虹吸管、保险销、灭火剂、密封圈和压力表等组成。但二氧化碳灭火器由于充装压力较高，一般为 5.0 MPa 左右，所以增设了安全阀，取消了压力表。故选 B。

23. C 本题考查的知识点是自燃物质。易于自燃的物质有三类：①遇空气自燃性物质，如白磷、三氯化钛。②遇湿易燃火灾危险性物质，如金属钠、碳化钙等。③积热自燃性物质，如硝化纤维胶片、废影片、X 光片等，在常温下就能缓慢分解，产生热量，自动升温，达到其自燃点而引起自燃。故选 C。

24. A 本题考查的知识点是泡沫灭火剂的选择。根据《泡沫灭火系统技术标准》第 3.2.2 条，保护非水溶性液体的泡沫 – 水喷淋系统、泡沫枪系统、泡沫炮系统泡沫液的选择应符合下列规定：①当采用吸气型泡沫产生装置时，可选用 3% 型氟蛋白、水成膜泡沫液；②当采用非吸气型喷射装置时，应选用 3% 型水成膜泡沫液。故选 A。

25. A 本题考查的知识点是地铁站的安全出口要求。根据《地铁设计防火标准》第 5.1.4 条，每个站厅公共区应至少设置 2 个直通室外的安全出口。安全出口应分散布置，且相邻 2 个安全出口之间的最小水平距离不应小于 20 m。故不选 B。换乘车站共用 1 个站厅公共区时，站厅公共区的安全出口应按每条线不少于 2 个设置。题干为两线的换乘车站，每条线 2 个安全出口，两条线至少 4 个安全出口，故选 A。根据该规范第 5.1.11 条，站厅公共区与商业等非地铁功能的场所的安全出口应各自独立设置。两者的连通口和上、下联系楼梯或扶梯不得作为相互间的安全出口。故不选 C、D。

26. C 本题考查的知识点是建筑性能化设计理论。火灾的场模拟是利用计算机求解火灾过程中各参数（如速度、温度、组分浓度等）的空间分布及其随时间的变化，是一种物理模拟，故选 C。

27. A 根据《建筑设计防火规范》第 6.2.7 条，附设在建筑内的消防控制室、灭火设备室、消防水泵房和通风空调机房、变配电室等，应采用耐火极限不低于 2.00 h 的防火隔墙和耐火极限不低于 1.50 h 的楼板与其他部位分隔。故选 A。消防控制室和其他设备房开向建筑内的门应采用乙级防火门。故不选 B。根据该规范第 8.1.7 条，附设在建筑内的消防控制室，宜设置在建筑内首层或地下一层，并宜布置在靠外墙部位；疏散门应直通室外或安全出口。故不选 C、D。

28. A 本题考查的知识点是消防水泵的设置。根据《消防给水及消火栓系统技术规范》第 5.1.11 条第 1 款，单台消防给水泵的流量不大于 20 L/s、设计工作压力不大于 0.5 MPa 时，泵组应预留测量用流量计和压力计接口，其他泵组宜设置泵组流量和压力测试装置；题干描述医院消防水泵内需在消防水泵房内设置流量和压力测试装置，故单台消防给水泵的流量大于 20 L/s、设计工作压力大于 0.5 MPa 符合要求，故选 A。根据该规范第 5.1.11 条第 2 款，消防水泵流量检测装置的计量精度应为 0.4 级，最大量程的 75% 应大于每大一台消防水泵设计流量值的 175%，故不选 B。根据该规范第 5.1.11 条第 3 款，消防水泵压力检测装置的计量精度应为 0.5 级，最大量程的 75% 应大于最大一台消防水泵设计压力值的 165%，故不选 C。根据该规范第 5.1.11 条第 4 款，每台消防水泵出水管上应设置 DN65 的试水管，并应采取排水措施，故不选 D。

29. D 本题考查的知识点是地铁站的防烟与排烟要求。根据《地铁设计防火标准》第 8.1.4 条，机械防烟系统和机械排烟系统可与正常通风系统合用，合用的通风系统应符合防烟、排烟系统的要求，且该系统由正常运转模式转为防烟或排烟运转模式的时间不应大于 180 s，故不选 A。根据该标准第 8.1.5 条，站厅公共区和设备管理区应采用挡烟垂壁或建筑结构划分防烟分区，防烟分区不应跨越防火分区。站厅公共区内每个防烟分区的最大允许建筑面积不应大于 2 000 m²，设备管理区内每个防烟分区的最大允许建筑面积不应大于 750 m²。故不选 B。根据该标准第 8.1.7 条，挡烟垂壁或划分防烟分区的建筑结构应为不燃材料且耐火极限为 0.50 h，凸出顶棚或封闭吊顶不应小于 0.5 m。挡烟垂壁的下缘至地面、楼梯或扶梯踏步面的垂直距离不应小于 2.3 m。故不选 C，选 D。

30. D 本题考查的知识点是避难走道的设置要求。根据《建筑设计防火规范》第 6.4.14 条第 1 款，避难走道防火隔墙的耐火极限不应低于 3.00 h，楼板的耐火极限不应低于 1.50 h，故不选 A。根据该条第 4 款，避难走道内部装修材料的燃烧性能等级应为 A 级。故不选 B。根据该条第 5 款，防火分区至避难走道入口处应设置防烟前室，前室的使用面积不应小于 6 m²，开向前室的门应采用甲级防火门，前室开向避难走道的门应采用乙级防火门，故不选 C。根据该条第 6 款，避难走道内应设置消火栓、消防应急照明、应急广播和消防专线电话，故选 D。

31. A　本题考查的知识点是自动喷水灭火系统的设计要求。根据《自动喷水灭火系统设计规范》第6.1.7条，当采用快速响应洒水喷头时，系统应为湿式系统，故选A。

32. A　根据《自动跟踪定位射流灭火系统技术标准》第3.1.1条，自动跟踪定位射流灭火系统可用于扑救民用建筑和丙类生产车间、丙类库房中，火灾类别为A类的下列场所：①净空高度大于12 m的高大空间场所；②净空高度大于8 m且不大于12 m，难以设置自动喷水灭火系统的高大空间场所。选项A属于净空高度大于12 m的高大空间且火灾类别为A类的场所，故选A。根据该标准第3.1.2条，自动跟踪定位射流灭火系统不应用于下列场所：①经常有明火作业；②不适宜用水保护；③存在明显遮挡；④火灾水平蔓延速度快；⑤高架仓库的货架区域；⑥火灾危险等级为现行国家标准《自动喷水灭火系统设计规范》规定的严重危险级。铝制轮毂生产过程会产生铝粉，故选项B属于不适宜用水保护的场所，不选B。选项C属于B类火灾且是甲类储罐区，故不选C。选项D属于高架仓库，故不选D。

33. C　根据《大型商业综合体火灾风险指南（试行）》，餐饮场所的主要风险包括：①厨房排油烟罩、油烟道未定期清洗，故不选B。②餐饮区违规使用木炭、卡式炉、酒精炉等明火加热食物，故不选D。③餐厅桌椅摆放占用疏散通道、安全出口，故不选A。根据《建筑内部装修设计防火规范》第4.0.11条，建筑物内的厨房，其顶棚、墙面、地面均应采用A级装修材料，故选C。

34. D　根据《消防控制室通用技术要求》第5.2条，火灾报警控制器应符合下列要求：①应能显示火灾探测器、火灾显示盘、手动火灾报警按钮的正常工作状态、火灾报警状态、屏蔽状态及故障状态等相关信息；②应能控制火灾声光警报器启动和停止，故不选A、C。根据该规范5.3.8条的规定，消防联动控制器应能显示防烟、排烟系统的手动、自动工作状态及防烟、排烟系统风机的正常工作状态和动作状态，故选D。消防水池水位信息是由专门的水位监测装置来显示，故不选B。

35. B　根据《建筑设计防火规范》第3.1.1条中关于乙类生产场所举例，本题谷物筒仓工作塔为乙类生产场所。又根据该规范第3.6.7条，有爆炸危险的甲、乙类生产部位，宜布置在单层厂房靠外墙的泄压设施或多层厂房顶层靠外墙的泄压设施附近。故选B。

36. B　本题考查的知识点是公共建筑百人疏散宽度指标。根据《建筑设计防火规范》第2.1.2条，裙房是指在高层建筑主体投影范围外，与建筑主体相连且建筑高度不大于24 m的附属建筑。故本题综合体建筑设有裙房为高层建筑。本题裙房与高层建筑主体连通，裙房疏散楼梯可按该高层建筑要求确定。根据该规范第5.5.21条规定，除剧场、电影院、礼堂、体育馆外的其他公共建筑，其房间疏散门、安全出口、疏散走道和疏散楼梯的各自总净宽度，应符合下列规定：每层的房间疏散门、安全出口、疏散走道和疏散楼梯的各自总净宽度，应根据疏散人数按每百人的最小疏散净宽度不小于该规范中表5.5.21-1的规定计算确定。本题建筑裙房按 5 层综合体设计，故一、二级耐火等级百人疏散宽度指标为 1 m，选 B。

37. C　本题考查的知识点是气体灭火系统的设计要求。根据《气体灭火系统设计规范》第 3.4.1 条，IG541 混合气体灭火系统的灭火设计浓度不应小于灭火浓度的 1.3 倍，惰化设计浓度不应小于灭火浓度的 1.1 倍，故选 C。

38. D　本题考查的知识点是汽车库、修车库的消防给水要求。根据《汽车库、修车库、停车场设计防火规范》第 3.0.1 条，该汽车库为Ⅲ类地上车库。根据该规范第 7.1.2 条，符合下列条件之一的汽车库、修车库、停车场，可不设置消防给水系统：①耐火等级为一、二级且停车数量不大于 5 辆的汽车库；②耐火等级为一、二级的Ⅳ类修车库；③停车数量不大于 5 辆的停车场。Ⅲ类地上车库应设消防给水系统，故不选 A。依据该规范第 7.2.1 条，除敞开式汽车库、屋面停车场外，下列汽车库、修车库应设置自动喷水灭火系统：①Ⅰ、Ⅱ、Ⅲ类地上汽车库；②停车数大于 10 辆的地下、半地下汽车库；③机械式汽车库；④采用汽车专用升降机作汽车疏散出口的汽车库；⑤Ⅰ类修车库。Ⅲ类地上车库应设自动喷水灭火系统，故不选 B。依据该规范第 7.2.3 条，下列汽车库、修车库宜采用泡沫－水喷淋系统，泡沫－水喷淋系统的设计应符合现行国家标准《泡沫灭火系统设计规范》的有关规定，①Ⅰ类地下、半地下汽车库；②Ⅰ类修车库；③停车数大于 100 辆的室内无车道且无人员停留的机械式汽车库。Ⅲ类地上车库可不设置泡沫－水喷淋系统，故不选 C。依据该规范第 9.0.7 条，除敞开式汽车库、屋面停车场外，下列汽车库、修车库应设置火灾自动报警系统：①Ⅰ类汽车库、修车库；②Ⅱ类地下、半地下汽车库、修车库；③Ⅱ类高层汽车库、修车库；④机械式汽车库；⑤采用汽车专用升降机作汽车疏散出口的汽车库。Ⅲ类地上车库可不设火灾自动报警系统，故选 D。

39. A　本题考查的知识点是预作用系统的工作原理。预作用系统的工作原理是：系统处于准工作状态时，由消防水箱或稳压泵、气压给水设备等稳压设施维持雨淋阀入口前管道内充水的压力，雨淋阀后的管道内平时无水或充以有压气体。发生火灾时，由火灾自动报警系统自动开启预作用装置中雨淋阀上的电磁阀，配水管道开始排气充水，使系统在闭式喷头动作前转换成湿式系统，并在闭式喷头开启后立即喷水。故选 A。

40. D　根据《建筑内部装修设计防火规范》第 3.0.2 条的条文说明，常用建筑内部装修材料燃烧性能等级划分举例规定，天然木材、半硬质 PVC 塑料地板、纯毛装饰布属于 B_2 级材料，硬 PVC 塑料地板属于 B_1 级材料，故选 D。

41. C　本题考查的知识点是墙面装修材料的燃烧性能等级。根据《建筑内部装修设计防火规范》第 3.0.2 条的条文说明，常用建筑内部装修材料燃烧性能等级划分举例规定，复合壁纸、聚酯装饰板、纸质装饰板属于 B_2 级材料，水泥刨花板属于 B_1 级材料，故选 C。

42. B　根据《建筑设计防火规范》第 7.2.4 条，厂房、仓库、公共建筑的外墙应在每层的适当位置设置可供消防救援人员进入的窗口。又根据该规范第 7.2.5 条，供消防救援人员进入的窗口的净高度和净宽度均不应小于 1 m，下沿距室内地面不宜大于 1.2 m，间距不宜大于 20 m 且每个防火分区不应少于 2 个，设置位置应与消防车登高操作场地相对应。故选 B。选项 A 应该每层设置消防救援口，故不选 A。选项 C 每个防火分区应至少设 2 个救援口，故不选 C。选项 D，连续设置无间隔的广告屏幕，就不能设置消防救援口，故不选 D。

43. C 本题考查的知识点是隧道防火要求。根据《建筑设计防火规范》第 12.1.2 条，单孔和双孔隧道应按其封闭段长度和交通情况分为一、二、三、四类，并应符合该规范中表 12.1.2 的规定。故题干给出的隧道为一类隧道。根据该规范第 12.1.3 条第 1 款，一、二类隧道和通行机动车的三类隧道，其承重结构体耐火极限的测定应符合该规范附录 C 的规定；对于一、二类隧道，火灾升温曲线应采用该规范附录 C 第 C.0.1 条规定的 RABT 标准升温曲线，耐火极限分别不应低于 2.00 h 和 1.50 h，故选 C。

44. D 根据《建筑设计防火规范》第 10.2.7 条，老年人照料设施的非消防用电负荷应设置电气火灾监控系统，故不选 A。根据《电气火灾监控系统第 4 部分：故障电弧探测器》前言的规定，电气火灾监控系统由以下部分组成：电气火灾监控设备、剩余电流式电气火灾监控探测器、测温式电气火灾监控探测器、故障电弧探测器。故不选 B。根据《火灾自动报警系统设计规范》第 9.4.2 条，设有火灾自动报警系统时，独立式电气火灾监控探测器的报警信息和故障信息应在消防控制室图形显示装置或集中火灾报警控制器上显示。又依据该规范第 9.4.3 条，未设火灾自动报警系统时，独立式电气火灾监控探测器应将报警信号传至有人值班的场所，故不选 C。根据该规范第 9.2.1 条，剩余电流式电气火灾监控探测器应以设置在低压配电系统首端为基本原则，宜设置在第一级配电柜（箱）的出线端，故选 D。

45. B 本题考查的知识点是室内消火栓的设置。根据《消防给水及消火栓系统技术规范》第 7.4.12 条，高层建筑、厂房、库房和室内净空高度超过 8 m 的民用建筑等场所，消火栓栓口动压不应小于 0.35 MPa，且消防水枪充实水柱应按 13 m 计算；其他场所，消火栓栓口动压不应小于 0.25 MPa，且消防水枪充实水柱应按 10 m 计算。题干描述新建 24 层，高度为 73 m 的住宅属于高层住宅，故选 B。

46. D 本题考查的知识点是石油库的选址与规划的一般要求。根据《石油库设计规范》第 5.1.9 条，同一储罐区内，火灾危险性类别相同或相近的储罐宜相对集中布置，故不选 A。根据该规范第 5.1.10 条，铁路装卸区宜布置在石油库的边缘地带，铁路线不宜与石油库出入口的道路相交叉，故不选 B。根据该规范第 5.1.11 条，公路装卸区应布置在石油库临近库外道路的一侧，并宜设围墙与其他各区隔开，故不选 C。根据该规范第 5.1.12 条，消防车库、办公室、控制室等场所，宜布置在储罐区全年最小频率风向的下风侧，故选 D。

47. B 本题考查的知识点是石油化工企业泄压排放和火炬系统要求。根据《石油化工企业设计防火标准》第 5.5.20 条，火炬应设长明灯和可靠的点火系统，故不选 A。根据该标准第 5.5.21 条第 1 款，严禁排入火炬的可燃气体携带可燃液体，故选 B。根据该标准第5.5.21条第2款，火炬的辐射热不应影响人身及设备的安全，故不选C。根据该标准第5.5.21条第3款，距火炬筒30 m范围内，不应设置可燃气体放空，故不选D。

48. B　本题考查的知识点是防护冷却水幕的设计要求。根据《自动喷水灭火系统设计规范》第6.1.5条第2款，防护冷却水幕应采用水幕喷头，故选B。

49. B　根据《建筑防烟排烟系统技术标准》第3.3.6条第3款，送风口的风速不宜大于7 m/s，故不选A。根据该标准第3.3.11条，设置机械加压送风系统的封闭楼梯间、防烟楼梯间，尚应在其顶部设置不小于1 m²的固定窗。靠外墙的防烟楼梯间，尚应在其外墙上每5层内设置总面积不小于2 m²的固定窗。故选B，不选C。根据该标准第3.3.10条，采用机械加压送风的场所不应设置百叶窗，且不宜设置可开启外窗，故不选D。

50. B　本题考查的知识点是封闭楼梯间可设乙级防火门的情况。根据《建筑设计防火规范》第5.5.19条的条文说明，人员密集的公共场所主要指营业厅、观众厅，礼堂、电影院、剧院和体育场馆的观众厅，公共娱乐场所中出入大厅、舞厅、候机（车、船）厅及医院的门诊大厅等面积较大、同一时间聚集人数较多的场所。根据《建筑设计防火规范》第6.4.2条第3款，高层建筑，人员密集的公共建筑，人员密集的多层丙类厂房，甲、乙类厂房，其封闭楼梯间的门应采用乙级防火门，并应向疏散方向开启；其他建筑，可采用双向弹簧门。根据该规范第5.1.1条，选项A属于高层民用建筑，其封闭楼梯间的门应采用乙级防火门，故不选A。选项B，5层的办公楼不属于人员密集的公共建筑，故可不采用乙级防火门，故选B。硫黄回收厂房为乙类生产厂房，故其封闭楼梯间的门应采用乙级防火门，故不选C。3层的服装加工厂房为人员密集的多层丙类厂房，其封闭楼梯间的门应采用乙级防火门，故不选D。

51. D　本题考查的知识点是七氟丙烷灭火系统的结构组成要求。根据《气体灭火系统设计规范》第4.2.3条，在容器阀和集流管之间的管道上应设单向阀，故选D。

52. A　本题考查的知识点是火灾的分类。根据《火灾分类》第2章，火灾分为A、B、C、D、E、F六类。E类火灾为带电火灾，指的是物体带电燃烧的火灾。例如，变压器等设备的电气火灾等，故选A。

53. B　本题考查的知识点是建筑火灾蔓延理论。在火场上燃烧物质所放出的热能，通常是以传导、辐射和对流三种方式传播，并影响火势蔓延扩大。其中由于流体之间的宏观位移所产生的运动，称为对流。通过对流形式来传播热能的，只有气体和液体，分别叫作气体对流和液体对流。楼道内的热烟气层在楼道上部扩散流动的传热方式主要是热对流，故选B。

54. C　本题考查的知识点是建筑消防性能化设计。t^2模型描述火灾过程中火源热释放速率随时间的变化关系，当不考虑火灾的初期点燃过程时，可表示为$Q=\alpha t^2$。根据火灾发展系数α，火灾发展阶段可分为极快、快速、中速和慢速四种类型，根据火灾发展系数α与美国消防协会标准中示例材料的对应关系，聚酯床垫属于中速蔓延分级，故选C。

55. B 本题考查的知识点是热气溶胶预制灭火系统的设计参数。根据《气体灭火系统设计规范》第3.5.3条，通信机房和电子计算机房等场所的电气设备火灾，S型热气溶胶的灭火设计密度不应小于130 g/m³，故选B。

56. B 本题考查的知识点是消防车登高操作场地的长度和宽度要求。根据《建筑设计防火规范》第7.2.2条第2款，消防车登高操作场地应符合下列规定：场地的长度和宽度分别不应小于15 m和10 m。对于建筑高度大于50 m的建筑，场地的长度和宽度分别不应小于20 m和10 m。本题高度为33 m的体育馆场消防车登高操作地的长度和宽度分别不应小于15 m和10 m，故选B。

57. C 安全疏散基本参数有人员密度、疏散宽度指标、疏散距离指标，故选C。

58. B 本题考查的知识点是燃煤电厂的消防设施。根据《火力发电厂与变电站设计防火标准》第7.1.6条，机组容量为50～150 MW的燃煤电厂的消防设施设计应符合下列规定：①在电缆夹层、控制室、电缆隧道、电缆竖井及屋内配电装置处应设置火灾自动报警系统，故不选A。②主厂房为钢结构时，电子设备间设计气体灭火系统，故选B。③封闭式运煤栈桥为钢结构时，应设置开式水灭火系统及火灾自动报警系统，故不选C。④容量为90 MV·A及以上的油浸变压器应设置火灾自动报警系统、水喷雾灭火系统或其他灭火系统，故不选D。

59. C 本题考查的知识点是灭火器的选型。根据《建筑灭火器配置设计规范》第4.2.1条，A类火灾场所应选择水型灭火器、磷酸铵盐干粉灭火器、泡沫灭火器或卤代烷灭火器。包装纸箱仓库火灾属于A类火灾，故选C。

60. B 本题考查的知识点是粉尘爆炸理论。粉尘爆炸存在粉尘爆炸的上、下限，同时粉尘爆炸受下列因素影响：①颗粒的尺寸。颗粒越细小，其比表面积越大，氧吸附也越多，在空中悬浮时间越长，爆炸危险性越大，故不选A。②空气的含水量。空气中含水量越高，粉尘的最小引爆能量越高，故选B。③含氧量。随着含氧量的增加，爆炸浓度极限范围扩大，故不选C。④可燃气体含量。有粉尘的环境中存在可燃气体时，会大大增加粉尘爆炸的危险性，故不选D。

61. D 医院门诊楼属于医疗建筑，根据《建筑设计防火规范》第5.1.1条，高层医疗建筑属于一类高层民用建筑。根据该规范第10.1.1条，一类高层民用建筑的消防用电应按一级负荷供电。根据该规范第10.1.4条的条文说明，一级负荷供电应由两个电源供电，当一个电源发生故障时，另一个电源不应同时受到破坏。具备下列条件之一的供电，可视为一级负荷：①电源来自两个不同发电厂；②电源来自两个区域变电站（电压一般在35 kV及以上）；③电源来自一个区域变电站，另一个设置自备发电设备。故选D。

62. C 本题考查的知识点是汽车库、修车库的消防给水要求。根据《汽车库、修车库、停车场设计防火规范》第3.0.1条，该修车库为Ⅲ类。根据该规范第7.1.8条第2款，Ⅳ类汽车库及Ⅲ、Ⅳ类修车库的用水量不应小于5 L/s，系统管道内的压力应保证一个消火栓的水枪充实水柱到达室内任何部位。故不选 A、B。根据该规范第 7.1.9 条，室内消火栓水枪的充实水柱不应小于 10 m，故选 C。同层相邻室内消火栓的间距不应大于 50 m，高层汽车库和地下汽车库、半地下汽车库室内消火栓的间距不应大于 30 m，故不选 D。

63. B　本题考查的知识点是局部应用式高倍数泡沫灭火系统的设计参数。根据《泡沫灭火系统技术标准》第 5.3.5 条，当高倍数泡沫系统设置在液化天然气集液池或储罐围堰区时，应符合下列规定：①应选择固定式系统，并应设置导泡筒，发泡网距集液池的距离不应小于 1 m，且导泡筒出口断面距集液池设计液面的距离不应小于 200 mm；②宜采用发泡倍数为 300～500 的高倍数泡沫产生器；③泡沫混合液供给强度应根据阻止形成蒸汽云和降低热辐射强度试验确定，并应取两项试验的较大值；当缺乏试验数据时，泡沫混合液供给强度不宜小于 7.2 L/(min·m²)；④泡沫连续供给时间应根据所需的控制时间确定，且不宜小于 40 min；当同时设有移动式系统时，固定式系统的泡沫连续供给时间可按达到稳定控火时间确定。故选 B。

64. C　本题考查的知识点是气体灭火系统的安全要求。根据《气体灭火系统设计规范》第 6.0.4 条，灭火后的防护区应通风换气，地下防护区和无窗或设固定窗扇的地上防护区，应设置机械排风装置，排风口宜设在防护区的下部并应直通室外。通信机房、电子计算机房等场所的通风换气次数应不少于每小时 5 次，故选 C。

65. C　本题考查的知识点是气体灭火系统的适用范围。七氟丙烷灭火系统适于扑救电气火灾、液体表面火灾或可熔化的固体火灾、固体表面火灾和灭火前可切断气源的气体火灾。本系统不得用于扑救下列物质的火灾：含氧化剂的化学制品及混合物，如硝化纤维、硝酸钠等；活泼金属，如钾、钠、镁、钛、锆、铀等；金属氢化物，如氢化钾、氢化钠等；能自行分解的化学物质，如过氧化氢、联胺等。故选 C。

66. A　本题考查的知识点是消防电梯的设置场所。根据《建筑设计防火规范》第 7.3.1 条，下列建筑应设置消防电梯：建筑高度大于 33 m 的住宅建筑；一类高层公共建筑和建筑高度大于 32 m 的二类高层公共建筑、5 层及以上且总建筑面积大于 3 000 m²（包括设置在其他建筑内五层及以上楼层）的老年人照料设施；设置消防电梯的建筑的地下或半地下室，埋深大于 10 m 且总建筑面积大于 3 000 m² 的其他地下或半地下建筑（室）。选项 A 不属于建筑高度大于 33 m 的住宅建筑，不需设消防电梯，故选 A。选项 B 属于建筑高度大于 32 m 的二类高层公共建筑，需设消防电梯，故不选 B。选项 C 需设消防电梯，故不选 C。选项 D 无法判定建筑高度，无法判定是否设置消防电梯，故不选 D。

67. A　根据《建筑设计防火规范》第 7.1.8 条第 5 款规定，消防车道的坡度不宜大于 8%，故选 A。根据该规范第 7.1.2 条，高层民用建筑，超过 3 000 个座位的体育馆，超过 2 000 个座位的会堂，占地面积大于 3 000 m² 的商店建筑、展览建筑等单、多层公共建筑应设置环形消防车道，确有困难时，可沿建筑的 2 个长边设置消防车道；对于高层住宅建筑和山坡地或河道边临空建造的高层民用建筑，可沿建筑的 1 个长边设置消防车道，但该长边所在建筑立面应为消防车登高操作面。选项 B 应设环形消防车道，故不选 B。

选项 C 可沿建筑的 2 个长边设置消防车道，故不选 C。根据该规范第 7.1.3 条，工厂、仓库区内应设置消防车道。高层厂房，占地面积大于 3 000 m^2 的甲、乙、丙类厂房和占地面积大于 1 500 m^2 的乙、丙类仓库，应设置环形消防车道，确有困难时，应沿建筑物的 2 个长边设置消防车道。高度为 25 m 的厂房为高层厂房，应设环形消防车道，故不选 D。

68. B 本题考查的知识点是民用建筑地下部分的耐火等级要求。根据《建筑设计防火规范》第 5.1.3 条规定，民用建筑的耐火等级应根据其建筑高度、使用功能、重要性和火灾扑救难度等确定，并应符合下列规定：地下或半地下建筑（室）和一类高层建筑的耐火等级不应低于一级，故选 B。

69. B 本题考查的知识点是灭火器的适用范围。加油加气站火灾属于 B、C 类火灾，磷酸铵盐干粉灭火器可以扑救 A、B、C、E 类火灾，故不选 A。碱金属（钾、钠）火灾属于 D 类火灾，而二氧化碳灭火器不能扑救 D 类火灾，故选 B。酒精火灾属于 B 类火灾，可以用水基型泡沫灭火器扑救，故不选 C。液化石油气灌瓶间火灾属于 B、C 类火灾，可用碳酸氢钠干粉灭火器扑救，故不选 D。

70. C 根据《建筑防烟排烟系统技术标准》第 4.5.4 条，补风口与排烟口设置在同一空间内相邻的防烟分区时，补风口位置不限；当补风口与排烟口设置在同一防烟分区时，补风口应设在储烟仓下沿以下；补风口与排烟口水平距离不应少于 5 m，故不选 A、B。根据该标准第 4.5.6 条，机械补风口的风速不宜大于 10 m/s，人员密集场所补风口的风速不宜大于 5 m/s；自然补风口的风速不宜大于 3 m/s，故选 C，不选 D。

71. C 本题考查的知识点是细水雾灭火系统的设计要求。根据《细水雾灭火系统设计规范》第 3.2.6 条，系统应按喷头的型号、规格储存备用喷头，其数量不应小于相同型号、规格喷头实际设计使用总数的 1%，且分别不应少于 5 只，故选 C。

72. D 根据《建筑设计防火规范》第 5.3.2 条第 1 款，建筑内设置中庭时需与周围连通空间进行防火分隔：采用防火玻璃墙时，其耐火隔热性和耐火完整性不应低于 1 h，故不选 A。采用防火卷帘时，其耐火极限不应低于 3.00 h，故不选 B。根据该条第 2 款，高层建筑内的中庭回廊应设置自动喷水灭火系统和火灾自动报警系统，故不选 C。根据该条第 4 款，中庭内不应布置可燃物，故选 D。

73. A 根据《建筑设计防火规范》第 8.5.2 条，厂房或仓库的下列场所或部位应设置排烟设施：人员或可燃物较多的丙类生产场所，丙类厂房内建筑面积大于 300 m^2 且经常有人停留或可燃物较多的地上房间；占地面积大于 1 000 m^2 的丙类仓库。根据该规范第 3.1.1 条，木器加工车间和服装仓库均为丙类，故选 A，不选 B。根据该规范第 8.5.3 条的规定，民用建筑内长度大于 20 m 的疏散走道应设置排烟设施，故不选 D。根据该规范第 8.5.4 条，地下或半地下建筑（室）、地上建筑内的无窗房间，当总建筑面积大于 200 m^2 或一个房间建筑面积大于 50 m^2，且经常有人停留或可燃物较多时，应设置排烟设施，故不选 C。

74. C 根据《建筑防烟排烟系统技术标准》第 3.3.5 条第 1 款和第 2 款，送风机的进风口应直通室外,且应采取防止烟气被吸入的措施。送风机的进风口宜设在机械加压送风系统的下部。故不选 A。根据该条第 3 款,送风机的进风口不应与排烟风机的出风口设在同一面上。当确有困难时,送风机的进风口与排烟风机的出风口应分开布置,且竖向布置时,送风机的进风口应设置在排烟风机的出风口的下方,其两者边缘最小垂直距离不应小于 6 m;水平布置时,两者边缘最小水平距离不应小于 20 m。故选 C,不选 D。根据该标准第 3.3.6 条,除直灌式加压送风方式外,楼梯间宜每隔 2~3 层设一个常开式百叶送风口,故不选 B。

75. D 根据《消防应急照明和疏散指示系统技术标准》第 3.2.5 条,逃生辅助装置存放处等特殊区域,地面水平最低照度不应低于 10.0 lx,故不选 A。消防电梯间的前室或合用前室,地面水平最低照度不应低于 5.0 lx,故不选 B。除病房楼或手术部的避难层,地面水平最低照度不应低于 3.0 lx,故不选 C。自动扶梯上方或侧上方,地面水平最低照度不应低于 1.0 lx,故选 D。

76. D 本题考查的知识点是人防工程的总平面布置防火要求。根据《人民防空工程设计防火规范》第 3.2.2 条,人防工程的采光窗井与相邻地面建筑的最小防火间距,应符合规范中表 3.2.2 的规定。人防工程超市属于其他类人防工程。选项 A 为高层建筑,距离 13 m 符合要求,故不选 A。选项 B 距丙类仓库为 5 m,根据注释当相邻的地面建筑物外墙为防火墙时,其防火间距不限,符合要求,故不选 B。选项 C 为戊类厂房,距离 13 m 符合要求,故不选 C。选项 D 住宅为二级耐火等级的民用建筑,距离应为 6 m,故选 D。

77. B 根据《消防应急照明和疏散指示系统技术标准》第 2.0.11 条的条文说明,按照灯具蓄电池电源供电方式的不同,集中控制型消防应急照明及疏散指示系统的组成分为两种不同的方式:灯具的蓄电池电源采用集中电源供电方式时,系统由应急照明控制器、集中电源集中控制型消防应急灯具、应急照明集中电源等系统部件组成;灯具的蓄电池电源采用自带蓄电池供电方式时,系统由应急照明控制器、自带电源集中控制型消防应急灯具、应急照明配电箱等系统部件组成。故选 B。

78. C 本题考查的知识点是防爆电气设备的选用。隔爆型的防爆电气设备类型符号为 d,增安型的防爆电气设备类型符号为 e,故不选 A、D。根据《爆炸危险环境电力装置设计规范》第 5.2.3 条,防爆电气设备的级别和组别不应低于该爆炸性气体环境内爆炸性气体混合物的级别和组别。

气体、蒸气或粉尘分级与电气设备类别的关系

气体、蒸气或粉尘分级	设备类别
ⅡA	ⅡA、ⅡB 或 ⅡC
ⅡB	ⅡB 或 ⅡC
ⅡC	ⅡC
ⅢA	ⅢA、ⅢB 或 ⅢC
ⅢB	ⅢB 或 ⅢC
ⅢC	ⅢC

由上表可知，在ⅡB级别的爆炸性气体危险环境中可选用ⅡB、ⅡC级别的防爆电气设备，故选C，不选B。

79. D 本题考查的知识点是汽车库、修车库的消防给水要求。根据《汽车库、修车库、停车场设计防火规范》第7.1.5条，除该规范另有规定外，汽车库、修车库、停车场应设置室外消火栓系统，其消防用水量应按消防用水量最大的一座计算，其中Ⅰ、Ⅱ类汽车库、修车库、停车场，不应小于20 L/s。建筑面积10 000 m²，设置车位300个的地下车库为Ⅱ类汽车库，故选D。

80. D 主消防泵为电动机水泵，备用消防泵为柴油机水泵，主消防泵可采用一路电源供电，故不选A。当消防电源由自备应急发电机组提供备用电源时，消防用电负荷为一级或二级的要设置自动和手动启动装置，并在30 s内供电；当采用中压柴油发电机组时，火灾确认后要在60 s内供电。故不选B。防烟排烟风机、防火卷帘和疏散照明可采用放射式或树干式供电，故不选C。消防负荷的配电线路不能设置剩余电流动作保护和过、欠电压保护。接地故障保护功能就是剩余电流动作保护，故选D。

二、多项选择题（共20题，每题2分。每题的备选项中，有2个或2个以上符合题意，至少有1个错项。错选，本题不得分；少选，所选的每个选项得0.5分）

81. ABD 根据《建筑设计防火规范》第3.1.1条，植物油属于丙类1项储存物质，但植物油加工的浸出车间为甲类生产火灾危险性，故选A。白兰地属于丙类1项储存物质，但是白兰地蒸馏车间属于甲类生产火灾危险性，故选B。桐油制品属于乙类6项储存物质，但是桐油制备厂房属于丙类生产火灾危险性，故选D。

82. ABCE 本题考查的知识点是变电站的防火要求。根据《火力发电厂与变电站设计防火标准》第11.5.4条，地下变电站的油浸变压器、油浸电抗器，宜采用固定式灭火系统。在室外专用储存场地储存作为备用的油浸变压器、油浸电抗器，可不设置火灾自动报警系统和固定式灭火系统，故选C。根据该标准第11.5.26条，变电站主要建（构）筑物和设备宜按表11.5.26（见下表）的规定设置火灾自动报警系统，故选A、B、E，不选D。

主要建（构）筑物和设备的火灾探测器类型

建筑物和设备	火灾探测器类型
控制室	点型感烟/吸气
通信机房	点型感烟/吸气
电缆层和电缆竖井	缆式线型感温
继电器室	点型感烟/吸气

83. ABD 本题考查的知识点是防火墙及防火卷帘设置要求。根据《建筑设计防火规范》第6.1.1条，防火墙应从楼地面基层隔断至梁、楼板或屋面板的底面基层，故选A。根据该规范第6.1.3条，建筑外墙为难燃性或可燃性墙体时，防火墙应凸出墙的外表面0.4 m以上，故选D。根据该规范第6.1.5条，防火墙上不应开设门、窗、洞口，确需开设时，应

设置不可开启或火灾时能自动关闭的甲级防火门、窗。可燃气体和甲、乙、丙类液体的管道严禁穿过防火墙。防火墙内不应设置排气道。故选 B，不选 C。根据该规范第 6.5.3 条，防火分隔部位设置防火卷帘时，应符合下列规定：除中庭外，当防火分隔部位的宽度不大于 30 m 时，防火卷帘的宽度不应大于 10 m；当防火分隔部位的宽度大于 30 m 时，防火卷帘的宽度不应大于该部位宽度的 1/3，且不应大于 20 m。选项 E 防火分隔宽度 30 m，则防火卷帘的宽度不应大于 10 m，故不选 E。

84. CD 根据《火灾自动报警系统设计规范》第 4.5.1 条第 1 款，同一防烟分区内的 2 只独立的火灾探测器的报警信号，作为排烟口、排烟窗或排烟阀开启的联动触发信号，并应由消防联动控制器联动控制排烟口、排烟窗或排烟阀的开启，同时停止该防烟分区的空调系统，故选 C。根据该条第 2 款，应由同一防烟分区内且位于电动挡烟垂壁附近的 2 只独立的感烟火灾探测器的报警信号，作为电动挡烟垂壁降落的联动触发信号，并应由消防联动控制器联动控制电动挡烟垂壁的降落。又根据《建筑防烟排烟系统技术标准》第 5.2.5 条，当火灾确认后，火灾自动报警系统应在 15 s 内联动相应防烟分区的全部活动挡烟垂壁，60 s 以内挡烟垂壁应开启到位。因为联动触发挡烟垂壁的感烟火灾探测器必须是要位于挡烟垂壁附近的，故不选 A。根据该规范第 5.2.4 条，当火灾确认后，担负 2 个及以上防烟分区的排烟系统，应仅打开着火防烟分区的排烟阀或排烟口，其他防烟分区的排烟阀或排烟口应呈关闭状态，故不选 B。根据该规范第 5.2.2 条第 4 款，系统中任一排烟阀或排烟口开启时，排烟风机、补风机自动启动，故选 D。挡烟垂壁联动防烟分区启动，无此规范要求，故不选 E。

85. CE 本题考查的知识点是人防工程的总平面布置防火要求。根据《人民防空工程设计防火规范》第 3.1.2 条，人防工程内不得使用和储存液化石油气、相对密度（与空气密度比值）大于或等于 0.75 的可燃气体和闪点小于 60 ℃ 的液体燃料，故不选 A。根据该规范第 3.1.3 条，人防工程内不应设置哺乳室、托儿所、幼儿园、游乐厅等儿童活动场所和残疾人员活动场所，故不选 B。根据该规范第 3.1.4 条，医院病房不应设置在地下二层及以下层，当设置在地下一层时，室内地面与室外出入口地坪高差不应大于 10 m。选项 C 地下一层与室外出入口地坪高差为 7.5 m，故选 C。根据该规范第 3.1.5 条，歌舞厅、卡拉 OK 厅（含具有卡拉 OK 功能的餐厅）、夜总会、录像厅、放映厅、桑拿浴室（除洗浴部分外）、游艺厅（含电子游艺厅）、网吧等歌舞娱乐放映游艺场所（以下简称歌舞娱乐放映游艺场所），不应设置在地下二层及以下层，故不选 D。根据该规范第 3.1.6 条，地下商店不应经营和储存火灾危险性为甲、乙类储存物品属性的商品；营业厅不应设置在地下三层及三层以下，故选 E。

86. BDE 本题考查的知识点是预作用系统的选型。根据《自动喷水灭火系统设计规范》第 4.2.4 条，具有下列要求之一的场所，应采用预作用系统：系统处于准工作状态时严禁误喷的场所；系统处于准工作状态时严禁管道充水的场所；用于替代干式系统的场所。故选 B、D、E。

87. BDE 本题考查的知识点是安全疏散距离要求。根据《建筑设计防火规范》第

5.5.17 条，一、二级耐火等级建筑内疏散门或安全出口不少于 2 个的观众厅、展览厅、多功能厅、餐厅、营业厅等，其室内任一点至最近疏散门或安全出口的直线距离不应大于 30 m；又根据其条文说明，本条中的"观众厅、展览厅、多功能厅、餐厅、营业厅等"场所，包括开敞式办公区、会议报告厅、宴会厅、观演建筑的序厅、体育建筑的入场等候与休息厅等，不包括用作舞厅和娱乐场所的多功能厅。故选 B、D、E。

88. BD 本题考查的知识点是公共建筑的保温材料设置要求。根据《建筑设计防火规范》第 6.7.5 条，与基层墙体、装饰层之间无空腔的建筑外墙外保温系统，其保温材料应符合下列规定：除住宅建筑和设置人员密集场所的建筑外，其他建筑的建筑高度大于 24 m，但不大于 50 m 时，保温材料的燃烧性能等级不应低于 B_1 级，故选 B、D。

89. ABE 本题考查的知识点是气体灭火系统的控制要求。根据《气体灭火系统设计规范》第 5.0.2 条，管网灭火系统应设自动控制、手动控制和机械应急操作 3 种启动方式。故选 A、B、E。

90. ACDE 本题考查的知识点是消防水泵的控制要求。根据《消防给水及消火栓系统技术规范》第 11.0.1 条，消防水泵控制柜在平时应使消防水泵处于自动启泵状态；当自动水灭火系统为开式系统，且设置自动启动确有困难时，经论证后消防水泵可设置在手动启动状态，并应确保 24 h 有人工值班。舞台水幕系统为开式系统，故选 A。根据该规范第 11.0.2 条，消防水泵不应设置自动停泵的控制功能，停泵应由具有管理权限的工作人员根据火灾扑救情况确定，故不选 B。根据该规范第 11.0.4 条，消防水泵应由消防水泵出水干管上设置的压力开关、高位消防水箱出水管上的流量开关，或报警阀压力开关等开关信号直接自动启动。消防水泵房内的压力开关宜引入消防水泵控制柜内。故选 C。根据该规范第 11.0.7 条，消防控制柜或控制盘应设置专用线路连接的手动直接启泵按钮，故选 D。根据该规范第 11.0.12 条，消防水泵控制柜应设置机械应急启泵功能，并应保证在控制柜内的控制线路发生故障时由有管理权限的人员在紧急时启动消防水泵，故选 E。

91. CDE 根据《火灾自动报警系统设计规范》第 4.2.3 条，同一报警区域内 2 只及以上独立的感温火灾探测器或 1 只感温火灾探测器与 1 只手动火灾报警按钮的报警信号，作为雨淋阀组开启的联动触发信号，故不选 A。根据《自动喷水灭火系统设计规范》第 11.0.3 条，雨淋系统消防水泵的自动启动方式应符合下列要求：①当采用火灾自动报警系统控制雨淋报警阀时，消防水泵应由火灾自动报警系统、消防水泵出水干管上设置的压力开关、高位消防水箱出水管上的流量开关和报警阀组压力开关直接自动启动；②当采用充液（水）传动管控制雨淋报警阀时，消防水泵应由消防水泵出水干管上设置的压力开关、高位消防水箱出水管上的流量开关和报警阀组压力开关直接启动。故选 C、D、E。火灾自动报警系统启动消防水泵必须通过消防联动控制器，由消防联动控制器控制雨淋阀组的开启，故不选 B。

92. ACD 本题考查的知识点是古建筑消防给水系统设置要求。室外消火栓给水管应布置成环状，环状管道应用阀门分成若干独立段，文物建筑防火保护区内，每段内消火栓数量不宜超过2个,故选A。向室外消火栓环状管网输水的进水管不应少于2条,室外消火栓给水管道的直径不应小于DN100,故不选B。室外消火栓宜采用地上式消火栓,有可能结冰的地区宜采用干式地上式消火栓,严寒地区宜设置消防水鹤,当采用地下式室外消火栓时,应设明显的永久性标志,故选C。道路条件许可时,室外消火栓距临街文物建筑的排檐垂直投影边线距离宜大于建筑物的檐高尺寸,且不应小于5 m,故选D。文物建筑宜采取室内消火栓室外设置,当必须设置在文物建筑内部时,应减少对被保护对象的明显影响;有传统彩画、壁画、泥塑等的文物建筑内部,不得设置室内消火栓,故不选E。

93. AE　本题考查的知识点是锅炉房的设置要求。根据《建筑设计防火规范》第5.4.12条,燃油或燃气锅炉、油浸变压器、充有可燃油的高压电容器和多油开关等,宜设置在建筑外的专用房间内,故选A。根据《中华人民共和国消防法》第七十三条第四款规定,人员密集场所,是指公众聚集场所,医院的门诊楼、病房楼、学校的教学楼、图书馆、食堂和集体宿舍,养老院、福利院,托儿所、幼儿园,公共图书馆的阅览室,公共展览馆、博物馆的展示厅,劳动密集型企业的生产加工车间和员工集体宿舍,旅游、宗教活动场所等。选项B中图书馆为人员密集场所。又根据《建筑设计防火规范》第5.4.12条规定,锅炉房确需布置在民用建筑内时,不应布置在人员密集场所的上一层、下一层或贴邻,故不选B。根据该规范第5.4.12条第2款,锅炉房、变压器室的疏散门均应直通室外或安全出口,故不选D。根据该规范第5.4.12条第4款,锅炉房内设置储油间时,其总储存量不应大于1 m³,且储油间应采用耐火极限不低于3.00 h的防火隔墙与锅炉间分隔;确需在防火隔墙上设置门时,应采用甲级防火门。故选E。根据该规范第5.4.12条第7款,锅炉房应设置火灾报警装置,故不选C。

94. ACE　本题考查的知识点是气体灭火系统设计用量的计算。根据《气体灭火系统设计规范》第3.3.14条第3款,系统灭火剂储存量应按下式计算:

$$W_0=W+\Delta W_1+\Delta W_2$$

式中　W_0——系统灭火剂储存量(kg);

W——防护区设计用量(kg);

ΔW_1——储存容器内的灭火剂剩余量(kg);

ΔW_2——管道内的灭火剂剩余量(kg)。

故选A、C、E。

95. ABE　本题考查的知识点是易燃易爆储罐区布置的防火要求。根据《建筑设计防火规范》第4.1.1条,甲、乙、丙类液体储罐区,液化石油气储罐区,可燃、助燃气体储罐区和可燃材料堆场等,应布置在城市(区域)的边缘或相对独立的安全地带,并宜布置在城市(区域)全年最小频率风向的上风侧,故选B。甲、乙、丙类液体储罐(区)宜布置在地势较低的地带。当布置在地势较高的地带时,应采取安全防护设施。故选A。根据该规范第4.1.2条,桶装、瓶装甲类液体不应露天存放,故不选C。根据该规范第4.1.4条,甲、乙、丙类液体储罐区,液化石油气储罐区,可燃、助燃气体储罐区和可燃材料堆场,应与装卸区、辅助生产区及办公区分开布置,故不选D。根据该规范第4.1.5条,甲、乙、丙类液体储罐，液化石油气储罐，可燃、助燃气体储罐和可燃材料堆垛，与架空电力线的最近水平距离为电杆高度的 1.5 倍，故选 E。

96. ABDE　电气照明灯具的选型：①有腐蚀性气体及特别潮湿的场所，应采用密闭型灯具，灯具的各种部件还应进行防腐处理。②人防工程内的潮湿场所应采用防潮型灯具；柴油发电机房的储油间、蓄电池室等房间应采用密闭型灯具；可燃物品库房不应设置卤钨灯等高温照明灯具。故选 A、B。照明灯具的设置要求：①照明与动力合用同一电源时，应有各自的分支回路，所有照明线路均应有短路保护装置。②插座不宜和照明灯接在同一分支回路。③可燃吊顶上所有暗装、明装灯具、舞台暗装彩灯、舞池脚灯的电源导线，均应穿钢管敷设。故不选 C，选 D、E。

97. ABC　本题考查的知识点是不同功能场所的防火门设置要求。根据《建筑设计防火规范》第 5.4.12 条第 3 款，锅炉房、变压器室等与其他部位之间应采用耐火极限不低于 2.00 h 的防火隔墙和 1.50 h 的不燃性楼板分隔。在隔墙和楼板上不应开设洞口，确需在隔墙上设置门、窗时，应采用甲级防火门、窗。故选 A、B。根据该规范第 5.4.13 条第 4 款，柴油发电机房内设置储油间时，其总储存量不应大于 1 m^3，储油间应采用耐火极限不低于 3.00 h 的防火隔墙与发电机间分隔；确需在防火隔墙上开门时，应设置甲级防火门。故选 C。根据该规范第 6.2.7 条，消防控制室和其他设备房开向建筑内的门应采用乙级防火门，故不选 D。根据该规范第 5.4.9 条第 6 款，歌舞厅、录像厅、夜总会、卡拉 OK 厅（含具有卡拉 OK 功能的餐厅）、游艺厅（含电子游艺厅）、桑拿浴室（不包括洗浴部分）、网吧等歌舞娱乐放映游艺场所（不含剧场、电影院）的布置应符合下列规定：厅、室之间及与建筑的其他部位之间，应采用耐火极限不低于 2.00 h 的防火隔墙和 1.00 h 的不燃性楼板分隔，设置在厅、室墙上的门和该场所与建筑内其他部位相通的门均应采用乙级防火门，故不选 E。

98. CDE　本题考查的知识点是灭火器的选择要求。当烹饪器具内的烹饪物（如动植物油脂）发生火灾时，由于二氧化碳灭火器对 F 类火灾只能暂时扑灭，容易复燃，故不选 A。一般可选用 BC 类干粉灭火器（试验表明，ABC 类干粉灭火器对 F 类火灾灭火效果不佳）、水基型（水雾、泡沫）灭火器进行扑救，故不选 B，选 C、D、E。

99. AD　本题考查的知识点是安全疏散距离的定义。安全疏散距离包括两个部分：一是房间内最远点到房门的疏散距离，二是从房门到疏散楼梯间或外部出口的距离。我国规范采用限制安全疏散距离的办法来保证疏散行动时间，故选 A、D。

100. AC　本题考查的知识点是民用和工业建筑之间的防火间距的设定要求。根据《建筑设计防火规范》第 5.2.2 条，选项 A 为两个高层民用建筑之间的防火间距，为 13 m，故选 A。根据该条注释规定，两座建筑相邻较高一面外墙为防火墙，或高出相邻较低一座一、二级耐火等级建筑的屋面 15 m 及以下范围内的外墙为防火墙时，其防火间距不限。选项 B，二者之间的防火间距应为不限，故不选 B。根据该规范第 3.4.1 条，乙类厂房与重要公共建筑的防火间距不宜小于 50 m；与明火或散发火花地点，不宜小于 30 m。根据《汽车加油加气加氢站技术标准》第 B.0.1 条，重要公共建筑物，应包括下列内容：地市级及以上的党政机关办公楼。设计使用人数或座位数超过 1 500 人（座）的体育馆、会堂、影剧院、娱乐场所、车站、证券交易所等人员密集的公共室内场所。藏书量超过 50 万册的图书馆，地市级及以上的文物古迹、博物馆、展览馆、档案馆等建筑物。省级及以上的银行等金融机构办公楼，省级及以上的广播电视建筑。设计使用人数超过 5 000 人的露天体育场、露天游泳场和其他露天公众聚会娱乐场所。使用人数超过 500 人的中小学校及其他未成年人学校；使用人数超过 200 人的幼儿园、托儿所、残障人员康复设施；150 张床位及以上的养老院、医院的门诊楼和住院楼。这些设施有围墙者，从围墙中心线算起；无围墙者，从最近的建筑物算起。总建筑面积超过 20 000 m² 的商店（商场）建筑，商业营业场所的建筑面积超过 15 000 m² 的综合楼。地铁出入口、隧道出入口。选项 C 中 6 000 人的露天体育馆为重要的公共建筑，故选 C。选项 D 二级耐火等级、高 22 m 的毛纺织厂为二级多层丙类厂房与二级高层丙类仓库的防火间距最小为 13 m，故不选 D。选项 E，13 m 高的 2 层松香提炼厂房为多层乙类厂房，锅炉房为散发火花地点，故与乙类厂房的防火间距应为 30 m，故不选 E。

消防安全技术实务
模考通关试卷（四）参考答案及解析

一、单项选择题（共80题，每题1分。每题的备选项中，只有1个最符合题意）

1. C 本题考查的知识点是燃烧理论。可燃气体的燃烧根据燃烧前可燃气体与氧混合状况不同，其燃烧方式分为扩散燃烧和预混燃烧。故选C。

2. D 本题考查的知识点是气体灭火系统的设计浓度。根据《二氧化碳灭火系统设计规范》附录A和《气体灭火系统设计规范》附录A，甲醇分别采用二氧化碳灭火系统、IG541灭火系统和七氟丙烷灭火系统进行保护时，灭火设计浓度分别为40%、44.2%和9.9%，所以七氟丙烷的灭火设计浓度最低。根据《氮气灭火系统设计规范》（湖南省地方标准），氮气针对甲醇的灭火设计浓度为53.6%。经比较9.9%最小，故选D。

3. D 本题考查的知识点是甲、乙类气体储存物品的火灾危险性分类判定标准。根据《建筑设计防火规范》第3.1.3条及其条文说明里甲、乙类气体储存物品典型物质，可判定氢气、甲烷、乙烯属于甲类2项储存物品，爆炸下限小于10%，氨气属于乙类2项储存物品，爆炸下限不小于10%，故选D。

4. A 本题考查的知识点是甲、乙类液体储存物品的火灾危险性分类判定标准。根据《建筑设计防火规范》第3.1.3条及其条文说明，甲、乙类液体储存物品典型物质，可判定樟脑油、松节油、煤油属于乙类1项储存物品，为闪点不小于28 ℃，但小于60 ℃的液体。二硫化碳属于甲类1项储存物品，为闪点小于28 ℃的液体，故选A。

5. A 本题考查的知识点是储存场所不按照本身危险性进行确定的情况。根据《建筑设计防火规范》第3.1.5条，丁、戊类储存物品仓库的火灾危险性，当可燃包装质量大于物品本身质量的1/4或可燃包装体积大于物品本身体积的1/2时，应按丙类确定。根据该规范第3.1.3条表3.1.3及其条文说明里丁、戊类储存物品典型物质，可判定自熄性塑料制品为丁类储存物质，制品无可燃包装，则自熄性塑料制品仓库为本身危险性丁类，故选A。岩棉为戊类储存物质，制品有可燃包装，无法判断可燃包装质量是否大于物品本身质量的1/4或可燃包装体积是否大于物品本身体积的1/2，所以无法判断仓库类别，故不选B。水泥刨花板为丁类储存物质，制品有可燃包装，无法判断可燃包装质量是否大于物品本身质量的1/4或可燃包装体积是否大于物品本身体积的1/2，所以无法判断仓库类别，故不选C。陶瓷为戊类储存物质，制品无可燃包装，则陶瓷制品仓库为本身危险性戊类，故不选 D。

6. A 根据《建筑设计防火规范》第 3.2.17 条，建筑中的非承重外墙、房间隔墙和屋面板，当确需采用金属夹芯板材时，其芯材应为不燃材料，且耐火极限应符合该规范有关规定，故选 A。

7. D 本题考查的知识点是一类高层住宅建筑与商业服务网点的建筑构件的耐火极限要求。根据《建筑设计防火规范》第 2.1.4 条，商业服务网点是设置在住宅建筑的首层或首层及二层，每个分隔单元建筑面积不大于 300 m² 的商店、邮政所、储蓄所、理发店等小型营业性用房。本题中首层和二层设置的商业、储蓄所、理发店等营业场所，每个不超过 250 m²，属于商业服务网点。根据该规范第 5.4.11 条，设置商业服务网点的住宅建筑，其居住部分与商业服务网点之间应采用耐火极限不低于 2.00 h 且无门、窗、洞口的防火隔墙和耐火极限不低于 1.50 h 的不燃性楼板完全分隔，住宅部分和商业服务网点部分的安全出口和疏散楼梯应分别独立设置。故不选 A、B。根据该规范第 5.1.1 条民用建筑分类的规定，建筑高度大于 54 m 的住宅建筑（包括商业服务网点）属于一类高层住宅建筑。本题建筑高 85 m，属于一类住宅建筑。根据该规范第 5.1.3 条，民用建筑的耐火等级应根据其建筑高度、使用功能、重要性和火灾扑救难度等确定，并应符合下列规定：地下或半地下建筑（室）和一类高层建筑的耐火等级不应低于一级；单、多层重要公共建筑和二类高层建筑的耐火等级不应低于二级。本题建筑属于一级耐火等级的一类高层住宅建筑。根据该规范第 5.1.2 条民用建筑不同耐火等级建筑相应构件的燃烧性能和耐火极限的规定，住宅建筑之间的墙和分户墙为不燃性，耐火极限应不低于 2.00 h。楼板为不燃性，耐火极限应不低于 1.50 h。故不选 C，选 D。

8. A 根据《火灾自动报警系统设计规范》第 4.5.2 条，同一防烟分区内的两只独立的火灾探测器的报警信号，作为排烟口、排烟窗或排烟阀开启的联动触发信号，并应由消防联动控制器联动控制排烟口、排烟窗或排烟阀的开启，同时停止该防烟分区的空调系统。根据该条的条文说明，排烟系统在自动控制方式下，同一防烟分区内两只独立的火灾探测器或一只火灾探测器与一只手动报警按钮报警信号的"与"逻辑联动启动排烟口或排烟阀，故选 A。根据《建筑防烟排烟系统技术标准》第 5.2.3 条，当火灾确认后，火灾自动报警系统应在 15 s 内联动开启相应防烟分区的全部排烟阀、排烟口、排烟风机和补风设施，并应在 30 s 内自动关闭与排烟无关的通风、空调系统，故不选 B。选项 C 情况，规范无此规定，故不选 C。根据《火灾自动报警系统设计规范》第 4.5.5 条，排烟风机入口处的总管上设置的 280 ℃ 排烟防火阀在关闭后应直接联动控制风机停止，排烟防火阀及风机的动作信号应反馈至消防联动控制器，故不选 D。

9. B 本题考查的知识点是气体灭火系统的设计浓度。根据《气体灭火系统设计规范》第 3.4.3 条，当 IG541 混合气体灭火剂喷放至设计用量的 95% 时，其喷放时间不应大于 60 s，且不应小于 48 s，故选 B。

10. D 根据《建筑防烟排烟系统技术标准》第 4.1.4 条第 3 款，总建筑面积大于

1 000 m² 的歌舞娱乐放映游艺场所，当设置机械排烟系统时，尚应按本标准第 4.4.14 条~第 4.4.16 条的要求在外墙或屋顶设置固定窗，故不选 A。根据该标准第 4.4.1 条的规定，当建筑的机械排烟系统沿水平方向布置时，每个防火分区的机械排烟系统应独立设置，故不选 B。根据该标准第 4.4.2 条，建筑高度超过 50 m 的公共建筑和建筑高度超过 100 m 的住宅，其排烟系统应竖向分段独立设置，且公共建筑每段高度不应超过 50 m，住宅建筑每段高度不应超过 100 m，故不选 C。根据该标准第 4.1.2 条，同一个防烟分区应采用同一种排烟方式。自动排烟窗是自然排烟设施，故选 D。

11. C 根据《火灾自动报警系统设计规范》第 9.2.3 条，选择剩余电流式电气火灾监控探测器时，应计及供电系统自然漏流的影响，并应选择参数合适的探测器；探测器报警值宜为 300~500 mA，故不选 A。根据该规范第 9.2.1 条，剩余电流式电气火灾监控探测器应以设置在低压配电系统首端为基本原则，宜设置在第一级配电柜（箱）的出线端。在供电线路泄漏电流大于 500 mA 时，宜在其下一级配电柜（箱）设置。故不选 B。根据该规范 9.2.2 条，剩余电流式电气火灾监控探测器不宜设置在 IT 系统的配电线路和消防配电线路中，故选 C。非独立式电气火灾监控探测器，即自身不具备报警功能，需要配接电气火灾监控设备组成系统，故不选 D。

12. D 本题考查的知识点是市政消火栓。根据《消防给水及消火栓系统技术规范》第 7.2.1 条，市政消火栓宜采用地上式室外消火栓；在严寒、寒冷等冬季结冰地区宜采用干式地上式室外消火栓，严寒地区宜增置消防水鹤，故不选 A。根据该规范第 7.2.6 条，市政消火栓应布置在消防车易于接近的人行道和绿地等地点，距路边不宜小于 0.5 m，并不应大于 2 m，且不应妨碍交通，故不选 B。根据该规范第 7.2.8 条，当市政给水管网设有市政消火栓时，其平时运行工作压力不应小于 0.14 MPa，故不选 C。火灾时水力最不利市政消火栓的出流量不应小于 15 L/s，且供水压力从地面算起不应小于 0.1 MPa，故选 D。

13. C 本题考查的知识点是火灾风险评估理论。事故树分析法是一种演绎推理法，这种方法把系统可能发生的某种事故与导致事故发生的各种原因之间的逻辑关系用一种称为事故树的树形图表示，通过对事故树的定性与定量分析，找出事故发生的主要原因，为确定安全对策提供可靠依据，故选 C。

14. C 根据《建筑设计防火规范》第 7.3.1 条，下列建筑应设置消防电梯：建筑高度大于 33 m 的住宅建筑；一类高层公共建筑和建筑高度大于 32 m 的二类高层公共建筑、5 层及以上且总建筑面积大于 3 000 m²（包括设置在其他建筑内五层及以上楼层）的老年人照料设施；设置消防电梯的建筑的地下或半地下室，埋深大于 10 m 且总建筑面积大于 3 000 m² 的其他地下或半地下建筑（室），故不选 A。选项 B 30 层的酒店大约高 60 m 以上，属于一类高层公共建筑，需设消防电梯，故不选 B。选项 C 需设消防电梯，故选 C。根据第 7.3.3 条，建筑高度大于 32 m 且设置电梯的高层厂房（仓库），每个防火分区内宜设置 1 台消防电梯，但符合下列条件的建筑可不设置消防电梯：建筑高度大于 32 m 且设置电梯，任一层工作平台上的人数不超过 2 人的高层塔架；局部建筑高度大于 32 m，且局部高出部分的每层建筑面积不大于 50 m² 的丁、戊类厂房，故不选 D。

15. B 本题考查的知识点是高层病房楼的避难间设置要求。根据《建筑设计防火规范》第5.5.24条，高层病房楼应在二层及以上的病房楼层和洁净手术部设置避难间。避难间应符合下列规定：避难间服务的护理单元不应超过2个，其净面积应按每个护理单元不小于25 m²确定。避难间兼作其他用途时，应保证人员的避难安全，且不得减少可供避难的净面积。应靠近楼梯间，并应采用耐火极限不低于2.00 h的防火隔墙和甲级防火门与其他部位分隔。应设置消防专线电话和消防应急广播。避难间的入口处应设置明显的指示标志。应设置直接对外的可开启窗口或独立的机械防烟设施，外窗应采用乙级防火窗。选项A每层设置避难间错误，应在二层至十六层设置避难间，故不选A。每层4个护理单元，需设2个避难间，4×25=100（m²），所以总面积不小于100 m²，故选B。选项C应采用甲级防火门与其他部分分隔，故不选C。选项D外窗应采用乙级防火窗，故不选D。

16. D 本题考查的知识点是单层、多层民用建筑内装修规定。根据《建筑内部装修设计防火规范》第5.1.1条单、多层民用建筑内部各部位装修材料的燃烧性能等级规定，单、多层宾馆、饭店的客房及公共活动用房，设置送回风道（管）的集中空调系统，顶棚、墙面、地面的装修材料燃烧性能等级分别为：A、B_1、B_1。根据该规范第5.1.3条，除该规范第4章规定的场所和该规范表5.1.1中序号为11～13规定的部位外，当单、多层民用建筑需做内部装修的空间内装有自动灭火系统时，除顶棚外，其内部装修材料的燃烧性能等级可在续表5.1.1规定的基础上降低一级；当同时装有火灾自动报警装置和自动灭火系统时，其装修材料的燃烧性能等级可在上述规定的基础上降低一级。本题未设自动灭火系统，不降级。故选D。

17. B 本题考查的知识点是石油化工企业的总平面布置要求。根据《石油化工企业设计防火标准》第4.2.8条，罐区泡沫站应布置在罐组防火堤外的非防爆区，与可燃液体罐的防火间距不宜小于20 m，故选B。

18. C 本题考查的知识点是火力发电厂消防设施。根据《火力发电厂与变电站设计防火标准》第7.3.1条，下列建筑物或场所应设置室内消火栓：主厂房（包括汽机房和锅炉房的底层、运转层、煤仓间各层、除氧器层、锅炉燃烧器各层平台，集中控制楼）；主控制楼，网络控制楼，微波楼，屋内高压配电装置（有充油设备），脱硫控制楼，吸收塔的检修维护平台；屋内卸煤装置、碎煤机室、转运站、筒仓运煤皮带层；柴油发电机房；一般材料库，特殊材料库。根据该规范第7.3.2条，室内储煤场、消防水泵房、供氢站（制氢站）等可不设置室内消火栓。故不选A、B、D，选C。

19. B 本题考查的知识点是公共建筑直通疏散走道的房间到最近安全出口疏散距离的规定。根据《建筑设计防火规范》第5.5.17条，一级耐火等级的展览建筑位于两个安全出口之间的疏散门至最近安全出口的直线距离为30 m。建筑内开向敞开式外廊的房间疏散门至最近安全出口的直线距离可按上述的规定增加5 m。本题展览建筑三层为开敞式外廊，应为30+5=35（m），故选B。

20. C 根据《建筑设计防火规范》第6.7.7条，除该规范第6.7.3条规定的情况外，当建筑的外墙外保温系统按该节规定采用燃烧性能等级为 B_1、B_2 级的保温材料时，应符合下列规定：除采用 B_1 级保温材料且建筑高度不大于24 m的公共建筑或采用 B_1 级保温材料且建筑高度不大于27 m的住宅建筑外，建筑外墙上门、窗的耐火完整性不应低于0.5 h。应在保温系统中每层设置水平防火隔离带。防火隔离带应采用燃烧性能等级为 A 级的材料，防火隔离带的高度不应小于300 mm。故不选 A、B。选项 C 防火隔离带高度应不小于300 mm，故选 C。根据该规范第6.7.8条，建筑的外墙外保温系统应采用不燃材料在其表面设置防护层，防护层应将保温材料完全包覆。除该规范第6.7.3条规定的情况外，当按该节规定采用 B_1、B_2 级保温材料时，防护层厚度首层不应小于15 mm，其他层不应小于5 mm。故不选 D。

21. B 本题考查的知识点是人民防空工程防火分隔和安全疏散要求。根据《人民防空工程设计防火规范》第5.2.1条，设有电影院、礼堂等公共活动场所的人防工程，当底层室内地面与室外出入口地坪高差大于10 m时，应设置防烟楼梯间；当地下为2层，且地下第二层的室内地面与室外出入口地坪高差不大于10 m时，应设置封闭楼梯间。该题干描述地下一层且地坪高差9 m，对楼梯间没有特殊要求，故设封闭楼梯间满足规范，故不选 A。根据该规范第4.1.3条第2款，电影院、礼堂的观众厅，防火分区允许最大建筑面积不应大于1 000 m^2。当设置有火灾自动报警系统和自动灭火系统时，其允许最大建筑面积也不得增加。故选 B。根据该规范第4.4.2条第1款，位于防火分区分隔处安全出口的门应为甲级防火门；当使用功能上确定需要采用防火卷帘分隔时，应在其旁设置与相邻防火分区的疏散走道相通的甲级防火门，故不选 C。根据该规范第4.4.2条第2款，公共场所的疏散门应向疏散方向开启，并在关闭后能从任何一侧手动开启，故不选 D。

22. B 本题考查的知识点是城市隧道的防火要求。根据《建筑设计防火规范》第12.1.2条，单孔和双孔隧道应按其封闭段长度和交通情况分为一、二、三、四类，该隧道属于二类隧道。根据该规范第12.5.4条，隧道内严禁设置可燃气体管道；电缆线槽应与其他管道分开敷设。当设置10 kV及以上的高压电缆时，应采用耐火极限不低于2.00 h的防火分隔体与其他区域分隔。故不选 A。根据该规范第12.3.1条和第12.3.2条，通行机动车的一、二、三类隧道应设置排烟设施，长度不大于3 000 m的单洞单向交通隧道，宜采用纵向排烟方式的机械排烟设施，故选 B。根据该规范第12.1.3条，隧道承重结构体的耐火极限应符合以下规定：一、二类隧道和通行机动车的三类隧道，其承重结构体耐火极限的测定应符合该规范附录 C 的规定；对于一、二类隧道，火灾升温曲线应采用该规范附录 C 第 C.0.1 条规定的 RABT 标准升温曲线，耐火极限分别不应低于2.00 h和1.50 h；对于通行机动车的三类隧道，火灾升温曲线应采用该规范附录 C 第 C.0.1 条规定的 HC 标准升温曲线，耐火极限不应低于2.00 h，故不选 C。根据该规范第12.1.4条，隧道内的地下设备用房、风井和消防救援出入口的耐火等级应为一级，地面的重要设备用房、运营管理中心及其他地面附属用房的耐火等级不应低于二级，故不选 D。

23. C 本题考查的知识点是建筑外保温材料的设置要求。根据《中华人民共和国消防法》规定：人员密集场所，是指公众聚集场所，医院的门诊楼、病房楼，学校的教学楼、图书馆、食堂和集体宿舍，养老院，福利院，托儿所，幼儿园，公共图书馆的阅览室，公共展览馆、博物馆的展示厅，劳动密集型企业的生产加工车间和员工集体宿舍，旅游、宗教活动场所等。本题医院门诊为人员密集场所。根据《建筑设计防火规范》第6.7.4条规定，设置人员密集场所的建筑，其外墙外保温材料的燃烧性能应为A级，故选C。根据该规范第6.7.5条，与基层墙体、装饰层之间无空腔的建筑外墙外保温系统，其保温材料应符合下列规定：①住宅建筑：建筑高度大于100 m时，保温材料的燃烧性能应为A级；建筑高度大于27 m，但不大于100 m时，保温材料的燃烧性能不应低于B_1级；建筑高度不大于27 m时，保温材料的燃烧性能不应低于B_2级。②除住宅建筑和设置人员密集场所的建筑外，其他建筑：建筑高度大于50 m时，保温材料的燃烧性能应为A级；建筑高度大于24 m，但不大于50 m时，保温材料的燃烧性能不应低于B_1级；建筑高度不大于24 m时，保温材料的燃烧性能不应低于B_2级。故不选A，不选B。根据该规范第6.7.6条，除设置人员密集场所的建筑外，与基层墙体、装饰层之间有空腔的建筑外墙外保温系统，当建筑高度大于24 m时，保温材料的燃烧性能应为A级。建筑高度不大于24 m时，保温材料的燃烧性能不应低于B_1级。故不选D。

24. B 本题考查的知识点是细水雾灭火系统的设计参数。根据《细水雾灭火系统技术规范》第3.4.1条，喷头的最低设计工作压力不应小于1.2 MPa，故选B。

25. D 本题考查的知识点是地铁站安全疏散。根据《地铁设计防火标准》第5.1.4条，每个站厅公共区应至少设置2个直通室外的安全出口。安全出口应分散布置，且相邻两个安全出口之间的最小水平距离不应小于20 m。换乘车站共用一个站厅公共区时，站厅公共区的安全出口应按每条线不少于2个设置。故选D。

26. D 本题考查的知识点是变电站的安全疏散。根据《火力发电厂与变电站设计防火标准》第11.2.8条，地下变电站、地上变电站的地下室、半地下室安全出口数量不应少于2个。地下室与地上层不应共用楼梯间，当必须共用楼梯间时，应在地上首层采用耐火极限不低于2.00 h的不燃烧体隔墙和乙级防火门将地下或半地下部分与地上部分的连通部分完全隔开，并应有明显标志。故不选A、B、C。根据该标准第11.2.9条，地下变电站当地下层数为3层及3层以上或地下室内地面与室外出入口地坪高差大于10 m时，应设置防烟楼梯间，楼梯间应设乙级防火门，并向疏散方向开启，故选D。

27. C 本题考查的知识点是洁净厂房的安全疏散。根据《洁净厂房设计规范》第5.2.3条，生产类别为甲、乙类生产的洁净厂房宜为单层厂房，其防火分区最大允许建筑面积，单层厂房宜为3 000 m²，多层厂房宜为2 000 m²。根据该规范第5.2.7条，洁净厂房每一生产层，每一防火分区或每一洁净区的安全出口数量不应少于2个。故不选A、B。根据该规范第5.2.9条，洁净区与非洁净区、洁净区与室外相通的安全疏散门应向疏散方向开启，并应加闭门器。安全疏散门不应采用吊门、转门、侧拉门、卷帘门以及电控自动门。故选 C。根据该规范第 5.2.10 条，洁净厂房同层洁净室（区）外墙应设可供消防人员通往厂房洁净室（区）的门窗，其门窗洞口间距大于 80 m 时，应在该段外墙的适当部位设置专用消防口。专用消防口的宽度不应小于 750 mm，高度不应小于 1 800 mm，并应有明显标志。故不选 D。

28. D　本题考查的知识点是气体灭火系统的设计参数。根据《气体灭火系统设计规范》第 3.1.12 条第 2 款，喷头最小保护高度不应小于 0.3 m，故不选 A。根据该规范 3.1.12 条第 4 款，喷头安装高度不小于 1.5 m 时，保护半径不应大于 7.5 m，故不选 B。根据该规范 3.1.4 条，1 套组合分配系统所保护的防护区不能超过 8 个，故不选 C。根据该规范第 3.3.6 条，防护区实际应用的浓度不应大于灭火设计浓度的 1.1 倍，故选 D。

29. B　本题考查的知识点是人民防空工程的消防照明要求。根据《人民防空工程设计防火规范》第 8.2.5 条，消防备用照明应设置在避难走道、消防控制室、消防水泵房、柴油发电机室、配电室、通风空调室、排烟机房、电话总机房以及发生火灾时仍需坚持工作的其他房间。其设置应符合下列规定：①建筑面积大于 5 000 m² 的人防工程，其消防备用照明照度值宜保持正常照明的照度值；②建筑面积不大于 5 000 m² 的人防工程，其消防备用照明的照度值不宜低于正常照明照度值的 50%。故选 B，不选 A。停车库内不属于必设消防备用照明的场所，故不选 C。根据该规范第 8.2.6 条，消防疏散照明和消防备用照明在工作电源断电后，应能自动投合备用电源，故不选 D。

30. C　本题考查的知识点是消防用水计算。根据《消防给水及消火栓系统技术规范》第 3.6.1 条，消防给水一起火灾灭火用水量应按需要同时作用的室内外消防给水用水量之和计算，两座及以上建筑合用时，应取最大者，并应按下列公式计算：

$$V = V_1 + V_2$$

$$V_1 = 3.6 \sum_{i=1}^{n} q_{1i} t_{1i}$$

$$V_2 = 3.6 \sum_{i=1}^{m} q_{2i} t_{2i}$$

式中　V——建筑消防给水一起火灾灭火用水总量（m³）；
　　　V_1——室外消防给水一起火灾灭火用水量（m³）；
　　　V_2——室内消防给水一起火灾灭火用水量（m³）；
　　　q_{1i}——室外第 i 种水灭火系统的设计流量（L/s）；
　　　t_{1i}——室外第 i 种水灭火系统的火灾延续时间（h）；
　　　n——建筑需要同时作用的室外水灭火系统数量；
　　　q_{2i}——室内第 i 种水灭火系统的设计流量（L/s）；
　　　t_{2i}——室内第 i 种水灭火系统的火灾延续时间（h）；
　　　m——建筑需要同时作用的室内水灭火系统数量。

根据该规范第 3.6.2 条，不同场所消火栓系统和固定冷却水系统的火灾延续时间不应小于下表的规定。

不同场所火灾延续时间 （单位：h）

建筑		火灾危险性	火灾延续时间
工业建筑	仓库	甲、乙、丙类	3
		丁、戊类	2
	厂房	甲、乙、丙类	3
		丁、戊类	2

题干给出的丙类厂房，火灾延续时间为 3 h，计算如下：
$V_1=3.6\times25\times3=270$（$m^3$），$V_2=3.6\times20\times3=216$（$m^3$）；$V_1+V_2=486$（$m^3$）。故选 C。

31. D 根据《建筑设计防火规范》第 5.1.1 条，建筑高度大于 50 m 的公共建筑属于一类高层民用建筑。根据该规范第 10.1.1 条，一类高层民用建筑的消防用电应按一级负荷供电，故不选 A。根据该规范第 10.1.4 条，消防用电按一、二级负荷供电的建筑，当采用自备发电设备作备用电源时，自备发电设备应设置自动和手动启动装置。当采用自动启动方式时，应能保证在 30 s 内供电。故不选 B。根据《民用建筑电气设计标准》第 13.7.11 条，除消防水泵、消防电梯、消防控制室的消防设备外，各防火分区的消防用电设备，应由消防电源中的双电源或双回线路电源供电，末端配电箱应安装于防火分区的配电小间或电气竖井内，故不选 C。根据《消防给水及消火栓系统技术规范》第 3.6.2 条，高层建筑中综合楼的消火栓系统和固定冷却水系统的火灾延续时间不应小于 3 h。因此，应急供电时间也不能小于 3 h，故选 D。

32. C 根据《火灾自动报警系统设计规范》第 4.2.3 条，雨淋系统的联动控制设计，应符合下列规定：①联动控制方式，应由同一报警区域内两只及以上独立的感温火灾探测器或一只感温火灾探测器与一只手动火灾报警按钮的报警信号，作为雨淋阀组开启的联动触发信号。应由消防联动控制器控制雨淋阀组的开启。②手动控制方式，应将雨淋消防泵控制箱（柜）的启动和停止按钮、雨淋阀组的启动和停止按钮，用专用线路直接连接至设置在消防控制室内的消防联动控制器的手动控制盘，直接手动控制雨淋消防泵的启动、停止及雨淋阀组的开启。故不选 A、B。选项 C，规范无此规定且雨淋阀组开启后压力开关才能动作，故选 C。根据《自动喷水灭火系统设计规范》第 11.0.7 条，预作用系统、雨淋系统和自动控制的水幕系统，应同时具备下列三种开启报警阀组的控制方式：①自动控制；②消防控制室（盘）远程控制；③预作用装置或雨淋报警阀处现场手动应急操作。故不选 D。

33. D 本题考查的知识点是自动喷水灭火系统喷头的分类。根据喷头灵敏度，喷头分为早期抑制快速响应（ESFR）喷头、快速响应喷头、特殊响应喷头和标准响应喷头。早期抑制快速响应（ESFR）喷头的响应时间指数为 RTI ≤ 28 ± 8（m·s）$^{0.5}$；快速响应喷头的响应时间指数为 RTI ≤ 50（m·s）$^{0.5}$；特殊响应喷头的响应时间指数为 50 < RTI ≤ 80（m·s）$^{0.5}$；标准响应喷头的响应时间指数为 80 < RTI ≤ 350（m·s）$^{0.5}$。故选 D。

34. C 本题考查的知识点是泡沫灭火系统的设计要求。根据《泡沫灭火系统技术标准》第 4.1.2 条，储罐区低倍数泡沫灭火系统的选择应符合下列规定：水溶性甲、乙、丙类液体和其他对普通泡沫有破坏作用的甲、乙、丙类液体固定顶储罐，应选用液上喷射系统，故选 C。选项 D 半液上喷射形式属于干扰项，这个概念不存在。

35. D 本题考查的知识点是厂房内任一点至最近安全出口的直线距离规定。根据《建筑设计防火规范》第 2.1.1 条，高层建筑是指建筑高度大于 27 m 的住宅建筑和建筑高度大于 24 m 的非单层厂房、仓库和其他民用建筑。故本题 24 m 的木器厂为多层建筑。根据该规范第 3.1.1 条规定，木器厂房为丙类厂房。根据该规范第 3.7.4 条，本题一级丙类多层木器厂房厂内任一点至最近安全出口的最大直线距离为 60 m，故选 D。

36. B 本题考查的知识点是汽车库的分类。根据《汽车库、修车库、停车场设计防火规范》第 3.0.1 条，汽车库、修车库、停车场的分类应根据停车（车位）数量和总建筑面积确定，并应符合下表的规定。

汽车库的分类

名称		Ⅰ	Ⅱ	Ⅲ	Ⅳ
汽车库	停车数量/辆	>300	151~300	51~150	≤50
	总建筑面积 S/m^2	$S>10\,000$	$5\,000<S≤10\,000$	$2\,000<S≤5\,000$	$S≤2\,000$

注：①当屋面露天停车场与下部汽车库共用汽车坡道时，其停车数量应计算在汽车库的车辆总数内。②室外坡道、屋面露天停车场的建筑面积可不计入汽车库的建筑面积之内。③公交汽车库的建筑面积可按本表的规定值增加 2 倍。

该汽车库停车总数为 40+50+50+20=160（辆），计算面积为 1 600+1 600+1 600=4 800（m^2），属于Ⅱ类，故选 B。

37. B 本题考查的知识点是机械式汽车库防火。根据《汽车库、修车库、停车场设计防火规范》第 5.1.3 条第 1 款，室内无车道且无人员停留的机械式汽车库，停车数量超过 100 辆时，应采用无门、窗、洞口的防火墙分隔为多个停车数量不大于 100 辆的区域，但当采用防火隔墙和耐火极限不低于 1.00 h 的不燃性楼板分隔成多个停车单元，且停车单元内的停车数量不大于 3 辆时，应分隔为停车数量不大于 300 辆的区域，故不选 A。根据该规范第 5.1.3 条第 2 款，汽车库内应设置火灾自动报警系统和自动喷水灭火系统，自动喷水灭火系统应选用快速响应喷头，故选 B。根据该规范第 5.1.3 条第 3 款，楼梯间及停车区的检修通道上应设置室内消火栓，故不选 C。根据该规范 5.1.3 条第 4 款，汽车库内应设置排烟设施，排烟口应设置在运输车辆的通道顶部，故不选 D。

38. C 本题考查的知识点是灭火器的配置计算。根据《建筑灭火器配置设计规范》，邮政信函和包裹分拣房、邮袋库灭火器配置场所危险等级属于严重危险级，且属于 A 类场所，单具灭火器最小配置灭火级别应为 3A，单位灭火级别最大保护面积为 50 m^2/A。设有室内消火栓系统和自动喷水灭火系统，修正系数为 0.5，每层至少配备 0.5×40×25/50=10A，最少配备 3A 的干粉灭火器数量为 10÷3=3.33≈4（具）。故选 C。

39. C 本题考查的知识点是综合管廊的防火分隔。根据《城市综合管廊工程技术规范》第 7.1.3 条，综合管廊主结构体应为耐火极限不低于 3.00 h 的不燃性结构，故不选 A。根据该规范第 7.1.4 条，综合管廊内不同舱室之间应采用耐火极限不低于 3.00 h 的不燃性结构进行分隔，故不选 B。根据该规范第 7.1.6 条，天然气管道舱及容纳电力电缆的舱室应每隔 200 m 采用耐火极限不低于 3.00 h 的不燃性墙体进行防火分隔。防火分隔处的门应采用甲级防火门，管线穿越防火隔断部位应采用阻火包等防火封堵措施进行严密封堵。故选 C，不选 D。

40. C 本题考查的知识点是防护冷却系统的组成结构。根据《自动喷水灭火系统设计规范》第 2.1.12 条，防护冷却系统由闭式洒水喷头、湿式报警阀组等组成，是发生火灾时用于冷却防火卷帘、防火玻璃墙等防火分隔设施的闭式系统，故选 C。

41. B 本题考查的知识点是灭火器的配置场所。根据《建筑灭火器配置设计规范》，高锰酸钾厂房属于严重危险级，故选 B。选项 A 的油淬火处理车间、选项 C 的工业用燃油锅炉房、选项 D 的卷烟厂包装厂房均属于中危险级，故不选 A、C、D。

42. D 根据《火灾自动报警系统设计规范》第 8.1.1 条的规定，可燃气体探测报警系统应由可燃气体报警控制器、可燃气体探测器和火灾声光警报器等组成，故不选 A。根据该规范第 8.2.1 条，探测气体密度小于空气密度的可燃气体探测器应设置在被保护空间的顶部，探测气体密度大于空气密度的可燃气体探测器应设置在被保护空间的下部，探测气体密度与空气密度相当时，可燃气体探测器可设置在被保护空间的中间部位或顶部。瓦斯主要成分是甲烷，比空气轻，故不选 C。根据《石油化工可燃气体和有毒气体检测报警设计标准》第 3.0.2 条，可燃气体和有毒气体的检测报警应采用两级报警，故不选 B。根据该规范第 6.1.2 条，检测比空气重的可燃气体或有毒气体时，探测器的安装高度距地坪（或楼地板）0.3～0.6 m，故选 D。

43. B 本题考查的知识点是公共建筑可以只设 1 个疏散门的情况。根据《建筑设计防火规范》第 5.5.15 条，公共建筑内房间的疏散门数量应经计算确定且不应少于 2 个。除托儿所、幼儿园、老年人照料设施、医疗建筑、教学建筑内位于走道尽端的房间外，符合下列条件之一的房间可设置 1 个疏散门：位于两个安全出口之间或袋形走道两侧的房间，对于托儿所、幼儿园、老年人照料设施，建筑面积不大于 50 m²；对于医疗建筑、教学建筑，建筑面积不大于 75 m²；对于其他建筑或场所，建筑面积不大于 120 m²；位于走道尽端的房间，建筑面积小于 50 m² 且疏散门的净宽度不小于 0.9 m，或由房间内任一点至疏散门的直线距离不大于 15 m、建筑面积不大于 200 m² 且疏散门的净宽度不小于 1.4 m；歌舞娱乐放映游艺场所内建筑面积不大于 50 m² 且经常停留人数不超过 15 人的厅、室。选项 A 至少设 2 个疏散门，故不选 A。选项 B 可设 1 个疏散门，故选 B。选项 C 至少设 2 个疏散门，故不选 C。选项 D 至少设 2 个疏散门，故不选 D。

44. D 本题考查的知识点是灭火器的选择。图书火灾属于 A 类火灾，根据《建筑灭火器配置设计规范》第 4.2.1 条，A 类火灾场所应选择水型灭火器、磷酸铵盐干粉灭火器、泡沫灭火器或卤代烷灭火器，故选 D。

45. B 根据《火灾自动报警系统设计规范》第 3.2.2 条，区域报警系统应由火灾探测器、手动火灾报警按钮、火灾声光警报器及火灾报警控制器等组成，系统中可包括消防控制室图形显示装置和指示楼层的区域显示器，故选 B。

46. C 根据《消防应急照明和疏散指示系统技术标准》第2.0.11条的条文说明，集中控制型消防应急照明及疏散指示系统的组成分为两种不同的方式：灯具的蓄电池电源采用集中电源供电方式时，系统由应急照明控制器、集中电源集中控制型消防应急灯具、应急照明集中电源等系统部件组成；灯具的蓄电池电源采用自带蓄电池供电方式时，系统由应急照明控制器、自带电源集中控制型消防应急灯具、应急照明配电箱等系统部件组成。故选C。

47. D 本题考查的知识点是消防水池有效容积的计算。根据消防水池有效容积计算公式，该消防水池有效容积 V=（20×2+30×1−10×2）×3 600÷1 000（单位换算）=180（m^3），故选D。

48. D 本题考查的知识点是地铁站平面布置。根据《地铁设计防火标准》第4.1.5条第1款，站台层、站厅付费区、站厅非付费区的乘客疏散区以及用于乘客疏散的通道内，严禁设置商铺和非地铁运营用房，故不选A。在站厅非付费区的乘客疏散区外设置的商铺，不得经营和储存甲、乙类火灾危险性的商品，不得储存可燃性液体类商品。每个站厅商铺的总建筑面积不应大于100 m^2，单处商铺的建筑面积不应大于30 m^2。故不选B、C，选D。

49. D 本题考查的知识点是配电线路的电气火灾隐患特征。根据《民用建筑电气设计标准》第13.8.1条，火灾自动报警系统的导线选择及其敷设，应满足火灾时连续供电或传输信号的需要。所有消防线路应采用铜芯电线或电缆，故不选A。根据《建筑设计防火规范》第10.2.3条，配电线路敷设在有可燃物的闷顶、吊顶内时，应采取穿金属导管、采用封闭式金属槽盒等防火保护措施，故不选B。根据《火灾自动报警系统施工及验收标准》第3.2.6条，金属管路入盒外侧应套锁母，内侧应装护口，在吊顶内敷设时，盒的内外侧均应套锁母。塑料管入盒应采取相应固定措施，故不选C。低压配电系统虽通常为220 V/380 V，但由于线路上存在电阻，故为了弥补线路上的电压损失，变配电所提供的电压一般为230 V/400 V，因此，在距变配电所近的线路电压是大于220 V的，这是允许的，电气设备也是可以承受的，故选D。

50. C 根据《火灾自动报警系统设计规范》第4.6.3条，疏散通道上设置的防火卷帘的联动控制设计，应符合下列规定：防火分区内任两只独立的感烟火灾探测器或任一只专门用于联动防火卷帘的感烟火灾探测器的报警信号应联动控制防火卷帘下降至距楼板面1.8 m处；任一只专门用于联动防火卷帘的感温火灾探测器的报警信号应联动控制防火卷帘下降到楼板面；在卷帘的任一侧距卷帘纵深0.5～5 m内应设置不少于2只专门用于联动防火卷帘的感温火灾探测器。故选C。

51. D 根据《火灾自动报警系统设计规范》第3.4.1条，具有消防联动功能的火灾自动报警系统的保护对象中应设置消防控制室。根据该规范第3.2.1条第2款，不仅需要报警，同时需要联动自动消防设备，且只设置一台具有集中控制功能的火灾报警控制器和消防联动控制器的保护对象，应采用集中报警系统，并应设置一个消防控制室。故不选A。根据该规范第3.4.3条，消防控制室应设有用于火灾报警的外线电话，故不选B。根据该规范第3.4.4条，消防控制室应有相应的竣工图纸、各分系统控制逻辑关系说明、设备使用说明书、系统操作规程、应急预案、值班制度、维护保养制度及值班记录等文件资料，故不选C。根据该规范第3.4.8条第3款，消防控制室内设备面盘后的维修距离不宜小于1 m，故选D。

52. C 本题考查的知识点是石油化工企业平面布置。根据《石油化工企业设计防火标准》第4.2.3条，全厂性办公楼、中央控制室、中央化验室、总变电所等重要设施应布置在相对高处，故不选A。根据该标准第4.2.8条，罐区泡沫站应布置在罐组防火堤外的非防爆区，与可燃液体罐的防火间距不宜小于20 m，故不选B。根据该标准第4.2.8A条，事故水池和雨水监测池宜布置在厂区边缘的较低处，可与污水处理场集中布置。事故水池距明火地点的防火间距不应小于25 m，距可能携带可燃液体的高架火炬防火间距不应小于60 m。故选C。根据该标准第4.2.8B条，区域性含油污水提升设施应布置在装置及单元外，距离明火地点、重要设施及工艺装置内的变配电、机柜间等的防火间距不应小于15 m，距可能携带可燃液体的高架火炬防火间距不应小于60 m，故不选D。

53. D 本题考查的知识点是灭火器的配置要求和计算。根据《建筑灭火器配置设计规范》第7.2.1条第2款，灭火器配置设计的计算单元应按下列规定划分，当一个楼层或一个水平防火分区内各场所的危险等级和火灾种类不相同时，应将其分别作为不同的计算单元，故不选A。根据该规范第7.2.1条第3款，同一计算单元不得跨越防火分区和楼层，故不选B。根据该规范附录D，电影摄影棚灭火器配置场所危险等级为严重危险级，电影摄影棚存在A类和E类火灾物质，根据该规范第6.2.4条，E类火灾场所的灭火器最低配置基准不应低于该场所内A类（或B类）火灾的规定。根据该规范第6.2.1条，严重危险级单具灭火器最低配置灭火级别为3A，而MF/ABC4灭火级别为2A，无论灭火器数量多少，都不符合规范，故不选C。民用机场检票厅为中危险级场所，存在A类和E类火灾物质，根据该规范第5.2.4条，E类火灾场所的灭火器，其最大保护距离不应低于该场所内A类（或B类）火灾的规定。根据该规范第5.2.1条，最大保护距离为20 m，故选D。

54. C 本题考查的知识点是室内消火栓设置要求。根据《消防给水及消火栓系统技术规范》第7.4.6条，室内消火栓的布置应满足同一平面有2支消防水枪的2股充实水柱同时达到任何部位的要求，但建筑高度小于或等于24 m且体积小于或等于5 000 m³的多层仓库、建筑高度小于或等于54 m且每单元设置1部疏散楼梯的住宅，以及该规范表3.5.2中规定可采用1支消防水枪的场所，可采用1支消防水枪的1股充实水柱到达室内任何部位。纸箱包装仓库属于丙类仓库，高度小于24 m，体积4 800 m³，可采用1支消防水枪的1股充实水柱到达室内任何部位。根据该规范第7.4.10条，室内消火栓宜按直线距离计算其布置间距，消火栓按1支消防水枪的1股充实水柱布置的建筑物，消火栓的布置间距不应大于50 m。又根据该规范第7.4.7条，室内消火栓应设置在楼梯间及其休息平台和前室、走道等明显易于取用，以及便于火灾扑救的位置。故该仓库每层宜在楼梯平台布置2个消火栓，由于距离大于50 m，仍应在仓库中设置1个消火栓，仓库为2层，至少应设6个消火栓，故选C。

55. A 本题考查的知识点是消防水泵设置要求。根据《消防给水及消火栓系统技术规范》第5.1.9第1款，轴流深井泵安装于水井时，其淹没深度应满足其可靠运行的要求，在水泵出流量为150%设计流量时，其最低淹没深度应是第一个水泵叶轮底部水位线以上不少于3.2 m，且海拔高度每增加300 m，深井泵的最低淹没深度应至少增加0.3 m。题干所列石油库海拔为1 200 m，最低淹没深度为3.2+0.3×1 200÷300=4.4 m，故选A。

56. B 本题考查的知识点是消防洒水软管的设置要求。根据《自动喷水灭火系统设计规范》第8.0.4条，消防洒水软管仅适用于轻危险级或中危险级Ⅰ级的场所，且系统应为湿式系统，故不选A，选B。消防洒水软管应设置在吊顶内，故不选C。消防洒水软管的长度不应超过1.8 m，故不选D。

57. B 本题考查的知识点是自动喷水灭火系统的设计参数。根据《自动喷水灭火系统设计规范》附录A，该建筑地上3层，每层建筑面积均为1 500 m^2，则总建筑面积为4 500 m^2，判断该超市火灾危险等级为中危险级Ⅰ级，根据该规范第5.0.1条，因为层高为5 m，所以最低喷水强度为6 L/（min·m^2）。根据该规范第5.0.13条，装设网格、栅板类通透性吊顶的场所，系统的喷水强度应按该规范第5.0.1条规定的值的1.3倍确定。所以最低喷水强度为7.8 L/（min·m^2），故选B。

58. D 本题考查的知识点是汽车库防火分隔。根据《汽车库、修车库、停车场设计防火规范》第4.1.4条第1款，汽车库与托儿所、幼儿园、老年人建筑，中小学校的教学楼、病房楼等建筑之间，应采用耐火极限不低于2.00 h的楼板完全分隔，故不选A。根据该规范第4.1.4条第2款，汽车库与托儿所、幼儿园、老年人建筑，中小学校的教学楼、病房楼等的安全出口和疏散楼梯应分别独立设置，故不选B。根据该规范第5.1.6第3款，汽车库、修车库与其他建筑合建时，汽车库、修车库的外墙门、洞口的上方，应设置耐火极限不低于1.00 h、宽度不小于1 m、长度不小于开口宽度的不燃性防火挑檐，故不选C。根据该规范第5.1.6第4款，汽车库、修车库的外墙上、下层开口之间墙的高度，不应小于1.2 m或设置耐火极限不低于1.00 h、宽度不小于1 m的不燃性防火挑檐，故选D。

59. D 本题考查的知识点是不同厂房和储罐的火灾危险性类别。根据《建筑设计防火规范》第5.2.1条，在总平面布局中，应合理确定建筑的位置、防火间距、消防车道和消防水源等，不宜将民用建筑布置在甲、乙类厂（库）房，甲、乙、丙类液体储罐，可燃气体储罐和可燃材料堆场的附近。根据该规范第3.1.1条表3.1.1及其条文说明，生产的火灾危险性应根据生产中使用或产生的物质性质及其数量等因素划分，可分为甲、乙、丙、丁、戊类，其中液化石油气储罐为甲类储罐，制氧厂为乙类生产厂房，电解食盐厂房为甲类生产厂房，棉花加工厂为丙类生产厂房。故选D。

60. A 本题考查的知识点是保持视觉连续的疏散指示标志的设置场所。根据《建筑设计防火规范》第10.3.6条，下列建筑或场所应在疏散走道和主要疏散路径的地面上增设能保持视觉连续的灯光疏散指示标志或蓄光疏散指示标志：①总建筑面积大于8 000 m^{2}的展览建筑；②总建筑面积大于5 000 m^{2}的地上商店；③总建筑面积大于500 m^{2}的地下或半地下商店；④歌舞娱乐放映游艺场所；⑤座位数超过1 500个的电影院、剧场，座位数超过3 000个的体育馆、会堂或礼堂；⑥车站、码头建筑和民用机场航站楼中建筑面积大于3 000 m² 的候车、候船厅和航站楼的公共区。故选A。

61. D　本题考查的知识点是汽车库的防火分区。根据《汽车库、修车库、停车场设计防火规范》第5.1.4条，甲、乙类物品运输车的汽车库、修车库，每个防火分区的最大允许建筑面积不应大于500 m²。该车库建筑面积2 000 m²，至少划分4个防火分区，故选D。

62. D　根据《火灾自动报警系统设计规范》第5.2节，点型火灾探测器包括点型离子感烟火灾探测器、点型光电感烟火灾探测器、点型感温火灾探测器、点型红外火焰探测器、点型紫外火焰探测器、图像型火焰探测器、点型一氧化碳火灾探测器、点型采样吸气式感烟火灾探测器。故选D。

63. D　本题考查的知识点是水喷雾灭火系统的设置要求。根据《水喷雾灭火系统技术规范》第3.2.12条，用于保护甲$_B$、乙、丙类液体储罐的系统，其设置应符合下列规定：①固定顶储罐和按固定顶储罐对待的内浮顶储罐的冷却水环管宜沿罐壁顶部单环布置，当采用多环布置时，着火罐顶层环管保护范围内的冷却水供给强度应按该规范表3.1.2规定的2倍计算，故不选A。②储罐抗风圈或加强圈无导流设施时，其下面应设置冷却水环管，故不选B。③当储罐上的冷却水环管分割成两个或两个以上弧形管段时，各弧形管段间不应连通，并应分别从防火堤外连接水管，且应分别在防火堤外的进水管道上设置能识别启闭状态的控制阀，故不选C。④冷却水立管应用管卡固定在罐壁上，其间距不宜大于3 m。立管下端应设置锈渣清扫口，锈渣清扫口距罐基础顶面应大于300 mm，且集锈渣的管段长度不宜小于300 mm，故选D。

64. A　本题考查的知识点是汽车库的安全疏散。根据《汽车库、修车库、停车场设计防火规范》第6.0.3条第1款，建筑高度大于32 m的高层汽车库、室内地面与室外出入口地坪的高差大于10 m的地下汽车库应采用防烟楼梯间，其他汽车库、修车库应采用封闭楼梯间，故选A。根据该规范第6.0.3条第2款，楼梯间和前室的门采用乙级防火门，并应向疏散方向开启，故不选B。根据该规范第6.0.3条第3款，疏散楼梯的宽度不应小于1.1 m，故不选C。根据该规范第6.0.6条，汽车库室内任一点至最近人员安全出口的疏散距离不应大于45 m，当设置自动灭火系统时，其距离不应大于60 m。对于单层或设置在建筑首层的汽车库，室内任一点至室外最近出口的疏散距离不应大于60 m。故不选D。

65. D　根据《建筑设计防火规范》第8.5.3条第3款，公共建筑内建筑面积大于100 m²且经常有人停留的地上房间应设置排烟设施，故不选A。根据《建筑防烟排烟系统技术标准》第4.6.3条第1款，建筑空间净高小于或等于6 m的场所，其排烟量应按不小于60 m³/（h·m²）计算，且取值不小于15 000 m³/h，或设置有效面积不小于该房间建筑面积2%的自然排烟窗（口）。如设施自然排烟，自然排烟窗的开口有效面积为200×0.02=4（m²），故不选B。如设置机械排烟，该场所的排烟量为60×200=12 000（m³/h），小于15 000 m³/h，故取15 000 m³/h，故选D，不选C。

66. C　根据《建筑防烟排烟系统技术标准》第3.1.3条第2款，建筑高度小于或等于

50 m 的公共建筑、工业建筑和建筑高度小于或等于 100 m 的住宅建筑，当独立前室、共用前室及合用前室的机械加压送风口设置在前室的顶部或正对前室入口的墙面时，楼梯间可采用自然通风系统；当机械加压送风口未设置在前室的顶部或正对前室入口的墙面时，楼梯间应采用机械加压送风系统。故不选 B。根据该标准第 3.1.5 条第 1 款，建筑高度小于或等于 50 m 的公共建筑、工业建筑和建筑高度小于或等于 100 m 的住宅建筑，当采用独立前室且其仅有一个门与走道或房间相通时，可仅在楼梯间设置机械加压送风系统；当独立前室有多个门时，楼梯间、独立前室应分别独立设置机械加压送风系统。故不选 A。根据该标准第 3.2.1 条，采用自然通风方式的封闭楼梯间、防烟楼梯间，应在最高部位设置面积不小于 1 m² 的可开启外窗或开口；当建筑高度大于 10 m 时，尚应在楼梯间的外墙上每 5 层内设置总面积不小于 2 m² 的可开启外窗或开口，且布置间隔不大于 3 层。故选 C，不选 D。

67. A 本题考查的知识点是室内消火栓设置要求。根据《消防给水及消火栓系统技术规范》第 7.4.12 条第 2 款，高层建筑、厂房、库房和室内净空高度超过 8 m 的民用建筑等场所，消火栓栓口动压不应小于 0.35 MPa，且消防水枪充实水柱应按 13 m 计算；其他场所，消火栓栓口动压不应小于 0.25 MPa，且消防水枪充实水柱应按 10 m 计算。该教学楼属于上述条款所指的"其他类场所"，故选 A。

68. D 根据《消防给水及消火栓系统技术规范》第 11.0.17 条，消防水泵的双路电源自动切换时间不应大于 2 s，故不选 A。根据该规范第 11.0.3 条，消防水泵应确保从接到启泵信号到水泵正常运转的自动启动时间不应大于 2 min，故不选 B。根据该规范第 11.0.12 条，消防水泵控制柜应设置机械应急启泵功能，并应保证在控制柜内的控制线路发生故障时由有管理权限的人员在紧急时启动消防水泵。机械应急启动时，应确保消防水泵在报警 5 min 内正常工作。故不选 C。根据该规范第 11.0.9 条，消防水泵控制柜设置在专用消防水泵控制室时，其防护等级不应低于 IP30；与消防水泵设置在同一空间时，其防护等级不应低于 IP55，故选 D。

69. D 本题考查的知识点是汽车库的排烟。根据《汽车库、修车库、停车场设计防火规范》第 8.2.2 条，防烟分区的建筑面积不宜大于 2 000 m²，故不选 A。防烟分区不应跨越防火分区，防烟分区可采用挡烟垂壁、隔墙或从顶棚下突出不小于 0.5 m 的梁划分，故不选 B。根据该规范第 8.2.4 条第 2 款，自然排烟口应设置在外墙上方或屋顶上，并应设置方便开启的装置，故不选 C。根据该规范第 8.2.4 条第 3 款，房间外墙上的排烟口（窗）宜沿外墙周长方向均匀分布，排烟口（窗）的下沿不应低于室内净高的 1/2，并应沿气流方向开启，故选 D。

70. D 本题考查的知识点是灭火器的适用场所。变配电室为 E 类火灾，根据《建筑灭火器配置设计规范》第 4.2.5 条，E 类火灾场所应选择磷酸铵盐干粉灭火器、碳酸氢钠干粉灭火器、卤代烷灭火器或二氧化碳灭火器，但不得选用装有金属喇叭喷筒的二氧化碳灭火器，故选 D。

71. C 本题考查的知识点是特别场所及单、多层公共建筑内装修要求。根据《建筑内部装修设计防火规范》第4.0.12条,经常使用明火器具的餐厅、科研试验室,其装修材料的燃烧性能等级除A级外,应在表5.1.1、表5.2.1、表5.3.1、表6.0.1、表6.0.5规定的基础上提高一级。根据该规范第5.1.1条,单、多层民用建筑内部各部位装修材料的燃烧性能等级,不应低于该规范表5.1.1的规定。其中营业面积大于100 m² 的餐饮场所顶棚的装修为A级,墙面装修为B_1级,地面装修为B_1级,隔断装修为B_1级,固定家具为B_2级。本题按照要求应该提高一级,即顶棚的装修为A级,墙面装修为A级,地面装修为A级,隔断装修为A级,固定家具为B_1级。故选C。

72. A 根据《消防应急照明和疏散指示系统技术标准》第3.4.8条的条文说明,采用自带电源型灯具的集中控制型系统,应急照明控制器通过应急照明配电箱配接灯具,应急照明控制器采用通信总线与应急照明配电箱进行数据通信。11层消防应急灯具未正常点亮可能是应急照明控制器出了故障,未能成功向应急配电箱发出指令,或11层的应急照明配电箱故障,未能成功接收到应急照明控制器的指令,故选A。根据该规范第3.6.3条,应急照明配电箱与灯具的通信中断时,非持续型灯具的光源应应急点亮、持续型灯具的光源由节电点亮模式转入应急点亮模式,故不选B。根据该规范第3.3.1条第2款,当灯具采用自带蓄电池供电时,灯具的主电源应通过应急照明配电箱一级分配电后为灯具供电,应急照明配电箱的主电源输出断开后,灯具应自动转入自带蓄电池供电,故不选C。根据该规范第3.6.4条,应急照明控制器与应急照明配电箱的通信中断时,应急照明配电箱应连锁控制其配接的非持续型照明灯的光源应急点亮、持续型灯具的光源由节电点亮模式转入应急点亮模式,故不选D。

73. C 本题考查的知识点是局部应用系统的设置要求。根据《自动喷水灭火系统设计规范》第12.0.1条,局部应用系统应用于室内最大净空高度不超过8 m 的民用建筑中,为局部设置且保护区域总建筑面积不超过1 000 m² 的湿式系统。设置局部应用系统的场所应为轻危险级或中危险级I级场所。故不选A、B。根据该规范第12.0.2条,局部应用系统应采用快速响应洒水喷头,持续喷水时间不应低于0.5 h,故选C,不选D。

74. D 本题考查的知识点是室外消火栓设置要求。根据《消防给水及消火栓系统技术规范》第7.3.2条,建筑室外消火栓的数量应根据室外消火栓设计流量和保护半径经计算确定,保护半径不应大于150 m,每个室外消火栓的出流量宜按10~15 L/s计算。故本题应配40/(10~15)≈3~4(个)。根据该规范第7.2.5条,市政消火栓的保护半径不应超过150 m,间距不应大于120 m,故应设置4个消火栓。根据该规范第7.3.3条,室外消火栓宜沿建筑周围均匀布置,且不宜集中布置在建筑一侧;建筑消防扑救面一侧的室外消火栓数量不宜少于2个。故选D。

75. C 本题考查的知识点是工业场所的救援窗口的设置要求。根据《建筑设计防火规范》第7.2.4条,厂房、仓库、公共建筑的外墙应在每层的适当位置设置可供消防救援人员进入的窗口。根据该规范第7.2.5条,供消防救援人员进入的窗口的净高度和净宽度均不应小于1 m,下沿距室内地面不宜大于1.2 m,间距不宜大于20 m且每个防火分区不应少于2个,设置位置应与消防车登高操作场地相对应。窗口的玻璃应易于破碎,并应设置可在室外易于识别的明显标志。故选项 A 应该各层设置救援窗口，不选 A。选项 B 救援窗口净高度为 0.8 m 错误，应至少为 1 m，故不选 B。选项 D 该办公楼每层 2 个防火分区，每层应设置至少 4 个救援窗口，故不选 D。

76. B 本题考查的知识点是泡沫灭火系统的设计要求。根据《泡沫灭火系统技术标准》第 3.1.2 条，系统主要组件宜按下列规定涂色：①泡沫消防水泵、泡沫液泵、泡沫液储罐、泡沫产生器、泡沫液管道、泡沫混合液管道、泡沫管道、管道过滤器宜涂红色，故不选 A。②给水管道宜涂绿色，虽选项 B 中的后半句正确，但前半句泡沫消防水泵宜涂绿色描述错误，故选 B。③当管道较多，泡沫系统管道与工艺管道涂色有矛盾时，可涂相应的色带或色环，故不选 C。④隐蔽工程管道可不涂色，故不选 D。

77. C 本题考查的知识点是室外消火栓设置要求。《消防给水及消火栓系统技术规范》第 3.3.2 条规定了建筑物室外消火栓设计流量最低要求，且成组布置的建筑物应按消火栓设计流量较大的相邻两座建筑物的体积之和确定。由题干可知，相邻两座建筑的最大体积和为 $500 \times 30 + 600 \times 20 = 27\,000$（$m^3$），应为 30 L/s，故选 C。

78. D 本题考查的知识点是灭火器的配置要求。根据《建筑灭火器配置设计规范》第 6.1.3 条，当住宅楼每层的公共部位建筑面积超过 100 m^2 时，应配置 1 具 1A 的手提式灭火器；每增加 100 m^2 时，增配 1 具 1A 的手提式灭火器，故选 D。

79. D 根据《火灾自动报警系统设计规范》第 5.2.1 条，点型感烟火灾探测器房间最大适用高度是 12 m，故不选 A。根据该规范第 6.2.13 条，一氧化碳火灾探测器可设置在气体能够扩散到的任何部位，故不选 B。根据该规范第 6.2.11 条，点型探测器宜水平安装，当倾斜安装时，倾斜角不应大于 45°，故不选 C。根据该规范第 6.2.8 条，点型探测器至空调送风口边的水平距离不应小于 1.5 m，并宜接近回风口安装。探测器至多孔送风顶棚孔口的水平距离不应小于 0.5 m。故选 D。

80. B 根据《大型商业综合体火灾风险检查指引（试行）》，儿童活动场所的检查重点包括：①查看儿童活动场所是否违规设置在地下空间或者建筑的四层及四层以上楼层。②核对场所安全出口、疏散走道是否规范要求，设在高层建筑时是否按要求设置独立的安全出口和疏散楼梯。③查看场所内的房间、走道、墙壁、座椅是否违规采用泡沫、海绵、毛毯等易燃可燃材料装修装饰。故不选 A、C、D。又根据《建筑设计防火规范》第 5.4.4 条，托儿所、幼儿园的儿童用房和儿童游乐厅等儿童活动场所宜设置在独立的建筑内，且不应设置在地下或半地下；当采用一、二级耐火等级的建筑时，不应超过 3 层；采用三级耐火等级的建筑时，不应超过 2 层；采用四级耐火等级的建筑时，应为单层；确需设置在其他民用建筑内时，应符合下列规定：①设置在一、二级耐火等级的建筑内时，应布置在首层、二层或三层；②设置在三级耐火等级的建筑内时，应布置在首层或二层；③设置在四级耐火等级的建筑内时，应布置在首层；④设置在高层建筑内时，应设置独立的安全出口和疏散楼梯；⑤设置在单、多层建筑内时，宜设置独立的安全出口和疏散楼梯。故选 B。

二、多项选择题（共20题，每题2分。每题的备选项中，有2个或2个以上符合题意，至少有1个错项。错选，本题不得分；少选，所选的每个选项得0.5分）

81. DE　本题考查的知识点是泡沫灭火系统的设计要求。根据《泡沫灭火系统技术标准》第4.1.2条，储罐区低倍数泡沫灭火系统的选择应符合下列规定：①非水溶性甲、乙、丙类液体固定顶储罐，可选用液上喷射系统，条件适宜时也可选用液下喷射系统，故选D和E。②水溶性甲、乙、丙类液体和其他对普通泡沫有破坏作用的甲、乙、丙类液体固定顶储罐，应选用液上喷射系统。液下喷射系统不适用于储存甲醇的固定顶储罐，故不选A。③外浮顶和内浮顶储罐应选用液上喷射系统，故不选B、C。

82. ABD　根据《火灾自动报警系统设计规范》第4.10.1条的条文说明，火灾时可立即切断的非消防电源有普通动力负荷、自动扶梯、排污泵、空调用电、康乐设施、厨房设施等。火灾时不应立即切断的非消防电源有：正常照明、生活给水泵、安全防范系统设施、地下室排水泵、客梯和Ⅰ～Ⅲ类汽车库作为车辆疏散口的提升机。故选A、B、D。

83. ABE　根据《火灾自动报警系统设计规范》第11.1.1条，火灾自动报警系统的传输线路和50 V以下供电的控制线路，应采用电压等级不低于交流300 V/500 V的铜芯绝缘导线或铜芯电缆，故选A。根据该规范第11.1.2条，火灾自动报警系统传输线路的线芯截面选择，除应满足自动报警装置技术条件的要求外，还应满足机械强度的要求。穿管敷设的铜芯绝缘导线线芯的最小截面面积不应小于1 mm²，故选B。根据该规范第11.2.3条，线路暗敷设时，应采用金属管、可挠（金属）电气导管或B₁级以上的刚性塑料管保护，并应敷设在不燃烧体的结构层内，且保护层厚度不宜小于30 mm；线路明敷设时，应采用金属管、可挠（金属）电气导管或金属封闭线槽保护。故不选C、D。根据该规范第11.2.6条，采用穿管水平敷设时，除报警总线外，不同防火分区的线路不应穿入同一根管内，故选E。

84. ABCD　本题考查的知识点是自动喷水灭火系统喷头的布置。根据《自动喷水灭火系统设计规范》第7.1.14条，顶板或吊顶为斜面时，喷头的布置应符合下列要求：①喷头应垂直于斜面，并应按斜面距离确定喷头间距，故选A、B；②坡屋顶的屋脊处应设一排喷头，故选C。当屋顶坡度不小于1/3时，喷头溅水盘至屋脊的垂直距离不应大于800 mm，故选D；当屋顶坡度小于1/3时，喷头溅水盘至屋脊的垂直距离不应大于600 mm，故不选E。

85. ABE　本题考查的知识点是民用建筑分类、民用建筑之间的防火间距及防火间距可减小的情况。根据《建筑设计防火规范》第5.2.2条，选项A，建筑高度为35 m高层住宅建筑与建筑高度25 m的高层酒店，防火间距为13 m，符合要求，故选A。根据该规范第5.2.3条，民用建筑与单独建造的变电站的防火间距应符合该规范第3.4.1条有关室外变配电站的规定，但与单独建造的终端变电站的防火间距，可根据变电站的耐火等级按该规范第5.2.2条有关民用建筑的规定确定。民用建筑与10 kV及以下的预装式变电站的防火间距不应小于3 m。选项B符合要求，故选B。根据该规范第5.2.6条，建筑高度大于100 m的民用建筑与相邻建筑的防火间距，当符合该规范第3.4.5条、第3.5.3条、第4.2.1条和第5.2.2条允许减小的条件时，仍不应减小。选项C高层住宅与超高层酒店防火间距为 13 m，不可缩减，故不选 C。根据该规范第 5.2.2 条，相邻两座建筑中较低一座建筑的耐火等级不低于二级，相邻较低一面外墙为防火墙且屋顶无天窗，屋顶的耐火极限不低于 1.00 h 时，其防火间距不应小于 3.5 m；对于高层建筑，不应小于 4 m。选项 D，防火间距应为不小于 4 m，故不选 D。根据该规范第 5.2.2 条，相邻两座高度相同的一、二级耐火等级建筑中相邻任一侧外墙为防火墙，屋顶的耐火极限不低于 1.00 h 时，其防火间距不限。故选 E。

86. ABE 本题考查的知识点是柴油发电机房的平面布置要求。根据《建筑设计防火规范》第 5.4.13 条，布置在民用建筑内的柴油发电机房应符合下列规定：宜布置在首层或地下一、二层，故选 A。不应布置在人员密集场所的上一层、下一层或贴邻。应采用耐火极限不低于 2.00 h 的防火隔墙和不低于 1.50 h 的不燃性楼板与其他部位分隔，故选 B，门应采用甲级防火门，故不选 C。机房内设置储油间时，其总储存量不应大于 1 m³，故选 E，储油间应采用耐火极限不低于 3.00 h 的防火隔墙与发电机间分隔，故不选 D。

87. ACDE 根据《火灾自动报警系统设计规范》第 4.2.4 条第 1 款，当自动控制的水幕系统用于防火卷帘的保护时，应由防火卷帘下落到楼板面的动作信号与本报警区域内任一火灾探测器或手动火灾报警按钮的报警信号作为水幕阀组启动的联动触发信号，并应由消防联动控制器联动控制水幕系统相关控制阀组的启动。故选 A。根据该规范第 4.2.3 条第 1 款，雨淋系统应由同一报警区域内两只及以上独立的感温火灾探测器或一只感温火灾探测器与一只手动火灾报警按钮的报警信号，作为雨淋阀组开启的联动触发信号，并应由消防联动控制器控制雨淋阀组的开启。根据《自动喷水灭火系统设计规范》第 11.0.6 条，雨淋报警阀的自动控制方式可采用电动、液（水）动或气动。《火灾自动报警系统设计规范》里规定的是电动控制方式，故不选 B，选 C。根据《火灾自动报警系统设计规范》第 4.2.2 条第 1 款，预作用系统应由同一报警区域内两只及以上独立的感烟火灾探测器或一只感烟火灾探测器与一只手动火灾报警按钮的报警信号，作为预作用阀组开启的联动触发信号，并应由消防联动控制器控制预作用阀组的开启。又根据《自动喷水灭火系统设计规范》第 11.0.5 条，处于准工作状态时严禁误喷的场所，宜采用仅有火灾自动报警系统直接控制的预作用系统；处于准工作状态时严禁管道充水的场所和用于替代干式系统的场所，宜采用由火灾自动报警系统和充气管道上设置的压力开关控制的预作用系统。故选 D、E。

88. CD 本题考查的知识点是消防水泵接合器的设置要求。根据《消防给水及消火栓系统技术规范》第 5.4.1 条，下列场所的室内消火栓给水系统应设置消防水泵接合器：①高层民用建筑；②设有消防给水的住宅、超过 5 层的其他多层民用建筑；③超过 2 层或建筑面积大于 10 000 m² 的地下或半地下建筑（室）、室内消火栓设计流量大于 10 L/s 平战结合的人防工程；④高层工业建筑和超过 4 层的多层工业建筑；⑤城市交通隧道。根据该规范第 5.4.2 条，自动喷水灭火系统、水喷雾灭火系统、泡沫灭火系统和固定消防炮灭火系统等水灭火系统，均应设置消防水泵接合器。选项 A，根据《建筑设计防火规范》第 8.2.1 条第 2 款，建筑高度不大于 21 m 的住宅建筑，可不设置室内消火栓，故不选 A。选项 B 为不超过 4 层的工业建筑，故不选 B。选项 C 属于城市交通隧道，故选 C。选项 D 设置自动喷水灭火系统，故选 D。根据《消防给水及消火栓系统技术规范》第 3.5.2 条，体积小于或等于 5 000 m³ 的商场、餐厅、旅馆、医院等人防工程，室内消火栓设计流量不应小于 5 L/s，选项 E 不确定，故不选 E。

89. CD 本题考查的知识点是多功能厅的平面布置要求。根据《建筑设计防火规范》第 5.4.8 条，建筑内的会议厅、多功能厅等人员密集的场所，宜布置在首层、二层或三层。设置在三级耐火等级的建筑内时，不应布置在三层及以上楼层。确需布置在一、二级耐火等级建筑的其他楼层时，应符合下列规定：一个厅、室的疏散门不应少于 2 个，且建筑面积不宜大于 400 m²；设置在地下或半地下时，宜设置在地下一层，不应设置在地下三层及以下楼层；设置在高层建筑内时，应设置火灾自动报警系统和自动喷水灭火系统等自动灭火系统。选项 A 多功能厅不能设在地下三层，故不选 A。选项 B 多功能厅设在地上四层时，一个厅、室的疏散门不应少于 2 个，且建筑面积不宜大于 400 m²，本题建筑面积为 500 m²，故不选 B。选项 C、D 符合要求，故选 C、D。选项 E 设置在三级耐火等级的建筑内时，不应布置在三层及以上楼层，故不选 E。

90. ABCD 本题考查的知识点是气体灭火系统的设置场合。根据《建筑设计防火规范》第 8.3.9 条第 7 款，下列场所应设置自动灭火系统，并宜采用气体灭火系统：国家、省级或藏书量超过 100 万册的图书馆内的特藏库；中央和省级档案馆内的珍藏库和非纸质档案库；大、中型博物馆内的珍品库房；一级纸绢质文物的陈列室。故选 A、B、C、D。根据该规范第 8.3.4 条第 4 款，藏书量超过 50 万册的图书馆属于宜设置自动喷水灭火系统的场所，故不选 E。

91. ACE 本题考查的知识点是气体灭火系统的设置要求。根据《气体灭火系统设计规范》第 3.4.1 条，IG541 混合气体灭火系统的灭火设计浓度不应小于灭火浓度的 1.3 倍，惰化设计浓度不应小于惰化浓度的 1.1 倍，故选 A，不选 B。根据该规范第 3.4.3 条，当 IG541 混合气体灭火剂喷放至设计用量的 95% 时，其喷放时间不应大于 60 s，且不应小于 48 s，故选 C。根据该规范第 4.3.2 条，储存容器应采用无缝容器，故选 E。根据该规范第 3.4.4 条，通信机房、电子计算机房内的电气设备火灾，灭火浸渍时间宜采用 10 min，故不选 D。

92. BD 本题考查的知识点是石油库选址要求。根据《石油库设计规范》第 5.1.8 条，同一个地上储罐区内，相邻罐组储罐之间的防火距离，应符合下列规定：①储存甲ᴮ、乙类液体的固定顶储罐和浮顶采用易熔材料制作的内浮顶储罐与其他罐组相邻储罐之间的防火距离，不应小于相邻储罐中较大罐直径的 1 倍，故不选 A。②外浮顶储罐、采用钢制浮顶的内浮顶储罐、储存丙类液体的固定顶储罐与其他罐组储罐之间的防火距离，不应小于相邻储罐中较大罐直径的 0.8 倍，故选 B。根据该规范第 5.1.7 条，相邻储罐区储罐之间的防火距离，应符合下列规定：①地上储罐区与覆土立式油罐相邻储罐之间的防火距离不应小于 60 m，故不选 C。②储存 Ⅰ、Ⅱ 级毒性液体的储罐与其他储罐区相邻储罐之间的防火距离，不应小于相邻储罐中较大罐直径的 1.5 倍，且不应小于 50 m，故选 D。③其他易燃、可燃液体储罐区相邻储罐之间的防火距离，不应小于相邻储罐中较大罐直径的 1 倍，且不应小于 30 m。选项 E 未明确储罐类型，故不选 E。

93. AB 本题考查的知识点是建筑室外楼梯的设置要求。根据《建筑设计防火规范》第 6.4.5 条，室外疏散楼梯应符合下列规定：栏杆扶手的高度不应小于 1.1 m，楼梯的净宽度不应小于 0.9 m，故不选 C。倾斜角度不应大于 45°，故不选 D。梯段和平台均应采用不燃材料制作。平台的耐火极限不应低于 1.00 h，梯段的耐火极限不应低于 0.25 h，故选 A。通向室外楼梯的门应采用乙级防火门，并应向外开启，故选 B。除疏散门外，楼梯周围 2 m 内的墙面上不应设置门、窗、洞口。疏散门不应正对梯段，故不选 E。

94. CD 本题考查的知识点是高位消防水箱设置。根据《消防给水及消火栓系统技术规范》第 5.2.1 条，临时高压消防给水系统的高位消防水箱的有效容积要求，一类高层公共建筑，不应小于 36 m³，故不选 A。根据该规范第 5.2.6 第 4 款，高位消防水箱外壁与建筑本体结构墙面或其他池壁之间的净距，应满足施工或装配的需要，无管道的侧面，净距不宜小于 0.7 m；安装有管道的侧面，净距不宜小于 1 m，且管道外壁与建筑本体墙面之间的通道宽度不宜小于 0.6 m，设有人孔的水箱顶，其顶面与其上面的建筑物本体板底的净空不应小于 0.8 m。故不选 B，选 C。根据该规范第 5.2.6 第 5 款，进水管的管径应满足消防水箱 8 h 充满水的要求，但管径不应小于 DN32，进水管宜设置液位阀或浮球阀，故选 D。根据该规范第 5.2.6 第 6 款，进水管应在溢流水位以上接入，进水管口的最低点高出溢流边缘的高度应等于进水管管径，但最小不应小于 100 mm，最大不应大于 150 mm，故不选 E。

95. ACDE 根据《火灾自动报警系统设计规范》第 4.5.1 条第 1 款，应由加压送风口所在防火分区内的两只独立的火灾探测器或一只火灾探测器与一只手动火灾报警按钮的报警信号，作为送风口开启和加压送风机启动的联动触发信号，并应由消防联动控制器联动控制相关层前室等需要加压送风场所的加压送风口开启和加压送风机启动。又根据《建筑防烟排烟系统技术标准》第 5.1.3 条，当防火分区内火灾确认后，应能在 15 s 内联动开启常闭加压送风口和加压送风机。并应符合下列规定：①应开启该防火分区楼梯间的全部加压送风机；②应开启该防火分区内着火层及其相邻上下层前室及合用前室的常闭送风口，同时开启加压送风机。故选 A、C、E，不选 B。根据该标准第 5.1.2 条，机械防烟系统中任一常闭加压送风口开启时，加压风机应能自动启动。前室内常闭送风口打开，楼梯间的加压风机不应自动启动，故选 D。

96. BCE 本题考查的知识点是住宅建筑的安全出口和楼梯的设置要求。根据《建筑设计防火规范》第 5.5.27 条，住宅建筑的疏散楼梯设置应符合下列规定：建筑高度不大于 21 m 的住宅建筑可采用敞开楼梯间；与电梯井相邻布置的疏散楼梯应采用封闭楼梯间，当户门采用乙级防火门时，仍可采用敞开楼梯间，故不选 A。建筑高度大于 21 m、不大于 33 m 的住宅建筑应采用封闭楼梯间，故选 B；当户门采用乙级防火门时，可采用敞开楼梯间，故选 C。建筑高度大于 33 m 的住宅建筑应采用防烟楼梯间，故不选 D。户门不宜直接开向前室，确有困难时，每层开向同一前室的户门不应大于 3 樘且应采用乙级防火门，故选 E。

97. ABC 根据《自动喷水灭火系统设计规范》第 5.0.1 条和第 5.0.2 条，方案 1 中，高层办公楼火灾危险等级为中危险级 I 级，喷水强度为 6 L/(min·m²)，作用面积为 160 m²，故选 A。方案 2 中，地下汽车库火灾危险等级为中危险级 II 级，喷水强度为

8 L/（min·m²），作用面积为 160 m²，故选 B。方案 3 中，对于民用建筑高大空间场所，中庭，高度 10 m，此时喷水强度为 12 L/（min·m²），作用面积为 160 m²，故选 C。方案 4 中，体育馆，高度 13 m，喷水强度应为 15 L/（min·m²），作用面积为 160 m²，方案 4 错误，故不选 D。方案 5 中，会展中心，高度 16 m，喷水强度应为 20 L/（min·m²），作用面积为 160 m²，方案 5 错误，故不选 E。

98. ACE 本题考查的知识点是排水设置。根据《消防给水及消火栓系统技术规范》第 9.2.3 条，消防电梯的井底排水设施应符合下列规定：①排水泵集水井的有效容量不应小于 2 m³，故选 A；②排水泵的排水量不应小于 10 L/s，故选 C。根据该规范第 9.2.2 条，室内消防排水宜排入室外雨水管道，故选 E。

99. BC 本题考查的知识点是高层建筑内部装修要求及装修材料等级划分。根据《建筑内部装修设计防火规范》第 3.0.2 条的条文说明，常用建筑内部装修材料燃烧性能等级划分举例，纯毛装饰布为 B_2 级，半硬质 PVC 塑料地板为 B_2 级。根据《建筑设计防火规范》第 5.1.1 条，建筑高度为 24 m 的综合楼是多层公共建筑。根据《建筑内部装修设计防火规范》第 5.1.3 条，除该规范第 4 章规定的场所和该规范表 5.1.1 中序号为 11~13 规定的部位外，当单层、多层民用建筑需做内部装修的空间内装有自动灭火系统时，除顶棚外，其内部装修材料的燃烧性能等级可在该规范表 5.1.1 规定的基础上降低一级；当同时装有火灾自动报警装置和自动灭火系统时，其装修材料的燃烧性能等级可在该规范表 5.1.1 规定的基础上降低一级。但舞厅属于表 5.1.1 中序号为 12 的场所，不降低要求。根据第 5.1.1 条规定，舞厅属于歌舞娱乐游艺场所。选项 A，设置燃烧性能等级为 B_2 级的吧台，固定家具应为 B_1 级，故不选 A。选项 B，墙面粘贴燃烧性能等级为 B_1 级的多彩涂料，符合墙面 B_1 要求，故选 B。选项 C，安装燃烧性能等级为 A 级的顶棚，符合顶棚应用 A 级材料的要求，故选 C。选项 D，室内装饰选用纯毛装饰布为 B_2 级，但是室内装饰应为 B_1 级材料，故不选 D。选项 E，地面铺设半硬质 PVC 塑料地板，半硬质 PVC 塑料地板燃烧性能等级为 B_2 级，不符合地面应用 B_1 级材料的要求，故不选 E。

100. ACE 本题考查的知识点是厂房中只设一个安全出口的条件，各类厂房的生产的火灾危险性类别。根据《建筑设计防火规范》第 3.7.2 条，厂房内每个防火分区或一个防火分区内的每个楼层，其安全出口的数量应经计算确定，且不应少于 2 个；当符合下列条件时，可设置 1 个安全出口：甲类厂房，每层建筑面积不大于 100 m²，且同一时间的作业人数不超过 5 人；乙类厂房，每层建筑面积不大于 150 m²，且同一时间的作业人数不超过 10 人；丙类厂房，每层建筑面积不大于 250 m²，且同一时间的作业人数不超过 20 人；丁、戊类厂房，每层建筑面积不大于 400 m²，且同一时间的作业人数不超过 30 人；地下或半地下厂房（包括地下或半地下室），每层建筑面积不大于 50 m²，且同一时间的作业人数不超过 15 人。根据第 3.1.1 条及其条文说明生产的火灾危险性举例，金属冶炼厂房属于丁类厂房，硝化棉厂房属于甲类厂房，高锰酸钾厂房属于乙类厂房，谷物加工厂房属于丙类厂房，制砖厂房属于戊类厂房。选项 B、D 至少设 2 个安全出口，选项 A、C、E 可设 1 个安全出口，故选 A、C、E。

消防安全技术实务
模考通关试卷（五）参考答案及解析

一、单项选择题（共80题，每题1分。每题的备选项中，只有1个最符合题意）

1. C 本题考查的知识点是建筑的分类。根据《建筑设计防火规范》第5.1.1条表5.1.1及其条文说明（1），表中"一类"第2项中的"其他多种功能组合"，是指公共建筑中具有两种或两种以上的公共使用功能，不包括住宅与公共建筑组合建造的情况。本题建筑为多种功能组合建筑，属于公共建筑；一类高层公共建筑为建筑高度大于50 m的公共建筑或建筑高度24 m以上部分任一楼层建筑面积大于1 000 m²的商店、展览、电信、邮政、财贸金融建筑和其他多种功能组合的建筑，本题建筑高度为50 m，大于24 m部分每层建筑面积为1 000 m²，为二类公共建筑；根据第5.1.1条表5.1.1及其条文说明（2），本条表5.1.1中的"独立建造的老年人照料设施"，包括与其他建筑贴邻建造的老年人照料设施；对于与其他建筑上下组合建造或设置在其他建筑内的老年人照料设施，其防火设计要求应根据该建筑的主要用途确定其建筑分类，本题老年人照料设施为合建，非独立设置；综合判断该建筑为高层二类公共建筑。故选C。

2. B 本题考查的知识点是木结构建筑的燃烧性能和耐火等级。根据《建筑设计防火规范》第11.0.1条，轻型木结构建筑的屋顶，除防水层、保温层及屋面板外，其他部分均应视为屋顶承重构件，且不应采用可燃性构件，耐火极限不应低于0.50 h，故选B。

3. B 本题考查的知识点是火灾危险性分类。根据《建筑设计防火规范》第3.1.1条，生产的火灾危险性应根据生产中使用或产生的物质性质及其数量等因素划分，可分为甲、乙、丙、丁、戊类，其中乙类物质包含闪点不小于28 ℃，但小于60 ℃的液体，该条款的条文说明中将松节油归为乙类，由此可判断松节油的闪点≥28 ℃且<60 ℃，故选B。

4. C 本题考查的知识点是汽车库的平面布置要求。根据《电动汽车分散充电设施工程技术标准》第6.1.5条，新建汽车库内配建的分散充电设施在同一防火分区内应集中布置，可以布置在一、二级耐火等级的汽车库的首层、二层或三层；当设置在地下或半地下时，宜布置在地下车库的首层，不应布置在地下建筑四层及以下，故选C。

5. A 本题考查的知识点是火力发电厂的防火分隔。根据《火力发电厂与变电站设计防火标准》第5.3.6条，集中控制室应采用耐火极限分别不低于2.00 h和1.50 h的防火隔墙和楼板与其他部位分隔，隔墙上的门窗应采用乙级防火门窗，故选A。

6. C　本题考查的知识点是火灾风险评估理论。根据火灾发展系数α，火灾发展阶段可分为极快、快速、中速和慢速四种类型。依据火灾发展系数与美国消防协会标准中示例材料的对应关系，实木家具生产车间可对应堆积木板，火焰蔓延分级为快速，故选C。

7. C　本题考查的知识点是避难层相关知识。根据《建筑设计防火规范》第5.5.23条第1款，第一个避难层（间）的楼地面至灭火救援场地地面的高度不应大于50 m，两个避难层（间）之间的高度不宜大于50 m，故不选A。根据该规范第5.5.23条第4款，管道井和设备间应采用耐火极限不低于2.00 h的防火隔墙与避难区分隔，管道井和设备间的门不应直接开向避难区；确需直接开向避难区时，与避难层区出入口的距离不应小于5 m，且应采用甲级防火门。故不选B、D。根据《建筑防烟排烟系统技术标准》第3.3.12条，设置机械加压送风系统的避难层（间），尚应在外墙设置可开启外窗，其有效面积不应小于该避难层（间）地面面积的1%，故选C。

8. D　本题考查的知识点是机械防烟储烟仓要求。根据《建筑防烟排烟系统技术标准》第4.6.2条，当采用机械排烟方式时，储烟仓的厚度不应小于空间净高的10%，且不应小于500 mm。同时，储烟仓底部距地面的高度应大于安全疏散所需的最小清晰高度，最小清晰高度应按标准的相关规定经计算确定。故选D。

9. D　本题考查的知识点是地下民用建筑的装修材料等级。根据《建筑内部装修设计防火规范》第5.3.1条，地下民用建筑是指单、多、高层民用建筑的地下部分，单独建造在地下的民用建筑以及平战结合的地下人防工程。根据该规范表5.3.1，墙面可采用B_1级材料的有：宾馆、饭店的客房及公共活动用房、办公场所和其他公共场所。故选D。

10. D　本题考查的知识点是变电站防火。根据《火力发电厂与变电站设计防火标准》第11.3.2条，总油量超过100 kg的屋内油浸变压器，应设置单独的变压器室，故不选A。根据该标准第11.3.3条，屋内单台总油量为100 kg以上的电气设备，应设置挡油设施及将事故油排至安全处的设施，挡油设施的容积宜按油量的20%设计，故不选B。根据该标准第11.3.5条，地下变电站的变压器应设置能储存最大一台变压器油量的事故储油池，故不选C。

11. D　本题考查的知识点是七氟丙烷灭火系统的设计要求。根据《气体灭火系统设计规范》第3.3.8条，七氟丙烷灭火系统的灭火浸渍时间应符合下列规定：①木材、纸张、织物等固体表面火灾，宜采用20 min。②通信机房、电子计算机房内的电气设备火灾，应采用5 min。③其他固体表面火灾，宜采用10 min。④气体和液体火灾，不应小于1 min。故选D。

12. D　本题考查的知识点是隧道的消防给水。根据《建筑设计防火规范》第12.1.2条，该隧道为三类隧道。根据该规范第12.2.2条第2款，消防用水量应按隧道的火灾延续时间和隧道全线同一时间发生一次火灾计算确定。一、二类隧道的火灾延续时间不应小于3 h；三类隧道，不应小于2 h。故不选A。根据该规范第12.2.2条第5款，隧道内的消火栓用水量不应小于20 L/s，隧道外的消火栓用水量不应小于30 L/s。对于长度小于1 000 m的三类隧道，隧道内、外的消火栓用水量可分别为10 L/s和20 L/s。故不选B、C。根据该规范第12.2.2条第8款，隧道内消火栓的间距不应大于50 m，消火栓的栓口距地面高度宜为1.1 m，故选D。

13. A　本题考查的知识点是全淹没式干粉灭火系统的设计要求。根据《干粉灭火系统设计规范》第 3.2.3 条，全淹没灭火系统的干粉喷射时间不应大于 30 s，即 0.5 min，故选 A。

14. B　本题考查的知识点是局部应用干粉灭火系统的设计要求。根据《干粉灭火系统设计规范》第 3.1.3 条第 2 款，采用局部应用灭火系统的保护对象应符合下列规定：在喷头和保护对象之间，喷头喷射角范围内不应有遮挡物，故不选 A。根据该规范第 3 款，当保护对象为可燃液体时，液面至容器缘口的距离不得小于 150 mm，故选 B。根据该规范第 3.3.2 条，室内局部应用灭火系统的干粉喷射时间不应小于 30 s；室外或有复燃危险的室内局部应用灭火系统的干粉喷射时间不应小于 60 s。故不选 C、D。

15. B　本题考查的知识点是地铁的防火分隔要求。根据《地铁设计防火标准》第 4.1.1 条，下列建筑的耐火等级应为一级：①地下车站及其出入口通道、风道；②地下区间、联络通道、区间风井及风道；③控制中心；④主变电所；⑤易燃物品库、油漆库；⑥地下停车库、列检库、停车列检库、运用库、联合检修库及其他检修用房。主变电所应为一级耐火等级，故不选 C、D。根据该标准第 4.1.4 条，车站（车辆基地）控制室（含防灾报警设备室）、变电所、配电室、通信及信号机房、固定灭火装置设备室、消防水泵房、废水泵房、通风机房、环控电控室、站台门控制室、蓄电池室等火灾时需运作的房间，应分别独立设置，并应采用耐火极限不低于 2.00 h 的防火隔墙和耐火极限不低于 1.50 h 的楼板与其他部位分隔。故选 B，不选 A。

16. D　本题考查的知识点是室外消火栓设置。根据《消防给水及消火栓系统技术规范》第 7.3.7 条，工艺装置区等采用高压或临时高压消防给水系统的场所，其周围应设置室外消火栓，数量应根据设计流量经计算确定，且间距不应大于 60 m。当工艺装置区宽度大于 120 m 时，宜在该装置区内的路边设置室外消火栓。故不选 A、B。根据该规范第 7.3.9 条第 2 款，工艺装置休息平台等处需要设置的消火栓的场所应采用室内消火栓，并应符合该规范第 7.4 节的有关规定，故不选 C。根据该规范第 7.3.10 条，室外消防给水引入管当设有倒流防止器，且火灾时因其水头损失导致室外消火栓不能满足该规范第 7.2.8 条的要求时，应在该倒流防止器前设置一个室外消火栓，故选 D。

17. B　根据《石油化工可燃气体和有毒气体检测报警设计标准》第 5.1.2 条，可燃气体的第二级报警信号和报警控制单元的故障信号，应送至消防控制室进行图形显示和报警，故不选 A。根据该标准第 5.5.2 条，报警值设定应符合下列规定：①可燃气体的一级报警设定值应小于或等于 25%LEL。②可燃气体的二级报警设定值应小于或等于 50%LEL。故选 B。根据该标准第 6.1.1 条，探测器应安装在无冲击、无振动、无强电磁场干扰、易于检修的场所，探测器安装地点与周边工艺管道或设备之间的净空不应小于 0.5 m，故不选 C。根据《火灾自动报警系统设计规范》第 8.1.2 条，可燃气体探测报警系统应独立组成，可燃气体探测器不应接入火灾报警控制器的探测器回路；当可燃气体的报警信号需接入火灾自动报警系统时，应由可燃气体报警控制器接入，故不选 D。

18. D　本题考查的知识点是汽车加油加气站的消防设施。根据《汽车加油加气加氢站技术标准》第 13.4.1 条，加气站、加油加气合建站、加油加氢合建站内设置有 LPG 设备、LNG设备的露天场所和设置有CNG设备、氢气设备与液氢设备的房间内、箱柜内、罩棚下,应设置可燃气体检测器。同时根据该标准第13.4.2条,可燃气体检测器一级报警设定值应小于或等于可燃气体爆炸下限的25%。故不选A。根据该标准第13.5.1条,汽车加油加气加氢站应设置紧急切断系统,该系统应能在事故状态下实现紧急停车和关闭紧急切断阀的保护功能。故不选B。根据该标准第14.2.5条,布置有LPG或LNG设备的房间内的地坪应采用不发生火花地面。橡胶地面属于不发生火花地面,故不选C。根据该标准第12.1.1条第5款,LPG泵、LNG泵、液氢增压泵、压缩机操作间(棚、箱),应按建筑面积每50 m² 配置不少于2具5 kg手提式干粉灭火器。本题LPG泵和LNG泵、压缩机操作间建筑面积为100 m²,应配备4具5 kg手提式干粉灭火器,故选D。

19. D 根据《火灾自动报警系统设计规范》第3.1.5条,任一台火灾报警控制器所连接的火灾探测器、手动火灾报警按钮和模块等设备总数和地址总数,均不应超过3 200点,其中每一总线回路连接设备的总数不宜超过200点,且应留有不少于额定容量10%的余量;任一台消防联动控制器地址总数或火灾报警控制器(联动型)所控制的各类模块总数不应超过1 600点,每一联动总线回路连接设备的总数不宜超过100点,且应留有不少于额定容量10%的余量。9 000/3 200=2.812 5,5 000/1 600=3.125,二者取整数后最大数为4,故选D。

20. A 本题考查的是水喷雾灭火系统喷头的设计要求。根据《水喷雾灭火系统设计规范》第3.2.6条,当保护对象为甲、乙、丙类液体和可燃气体储罐时,水雾喷头与保护储罐外壁之间的距离不应大于0.7 m,故选A。根据该规范第3.2.7条,当保护对象为球罐时,水雾喷头的布置尚应符合下列规定:①水雾喷头的喷口应朝向球心,故不选B;②水雾锥沿纬线方向应相交,沿经线方向应相接,故不选C、D。

21. C 本题考查的知识点是物质储存火灾危险性和不按物质危险特性确定生产火灾危险性类别的最大允许量。根据《建筑设计防火规范》第3.1.3条,氨为乙类2项,爆炸下限大于或等于10%的气体;氢气属于甲类2项,爆炸下限小于10%的气体;一氧化碳为乙类2项,爆炸下限大于或等于10%的气体;乙炔属于甲类2项,爆炸下限小于10%的气体。该房间容积为 $2 \times 200 = 400$(m³),则A、C的最大允许量为2 000 L,B、D的最大允许量为400 L,故选C。

22. C 本题考查的知识点是装修材料的燃烧性能等级。根据《建筑内部装修设计防火规范》第3.0.4条,安装在金属龙骨上燃烧性能等级达到 B_1 级的纸面石膏板、矿棉吸声板,可作为A级装修材料使用,故不选A。根据该规范第3.0.5条,单位面积质量小于300 g的纸质、布质壁纸,当直接粘贴在A级基材上时,可作为 B_1 级装修材料使用,故不选B。根据该规范第3.0.6条,施涂于A级基材上的无机装修涂料,可作为A级装修材料使用,故选C。施涂于A级基材上,湿涂覆比小于1.5 kg/m²,且涂层干膜厚度不大于1 mm 的有机装修涂料,可作为 B_1 级装修材料使用,故不选D。

23. A 本题考查的知识点是室内消火栓系统设置要求。根据《建筑设计防火规范》

第 8.2.1 条第 1 款,建筑占地面积大于 300 m² 的厂房和仓库应设置室内消火栓系统;根据该规范第 8.2.1 条第 2 款,高层公共建筑和建筑高度大于 21 m 的住宅建筑应设置室内消火栓系统。故选 A,不选 D。根据该规范第 8.2.2 条第 3 款,粮食仓库、金库、远离城镇且无人值班的独立建筑,可不设置室内消火栓系统,故不选 B。根据该规范第 8.2.2 条第 4 款,存有与水接触能引起燃烧爆炸的物品的建筑,可不设置室内消火栓系统。电石的成分为 CaC_2,遇水反应,故不选 C。

24. C 本题考查的知识点是隧道的供电安全。根据《建筑设计防火规范》第 12.1.2 条,该隧道属于二类隧道。根据该规范第 12.5.1 条,一、二类隧道的消防用电应按一级负荷要求供电;三类隧道的消防用电应按二级负荷要求供电。故不选 A。根据该规范第 12.5.3 条,隧道两侧、人行横通道和人行疏散通道上应设置疏散照明和疏散指示标志,其设置高度不宜大于 1.5 m,故不选 B。一、二类隧道内疏散照明和疏散指示标志的连续供电时间不应小于 1.5 h,故选 C。根据该规范第 12.5.4 条,隧道内严禁设置可燃气体管道;电缆线槽应与其他管道分开敷设。当设置 10 kV 及以上的高压电缆时,应采用耐火极限不低于 2.00 h 的防火分隔体与其他区域分隔。故不选 D。

25. C 本题考查的知识点是地铁站安全疏散。根据《地铁设计防火标准》第 4.2.3 条,地下一层侧式站台与同层站厅公共区可划为同一个防火分区,但站台上任一点至车站直通地面的疏散通道口的最大距离不应大于 50 m,故不选 A。当大于 50 m 时,应在与同层站厅的邻接面处或站厅的适当位置采用耐火极限不低于 2.00 h 的防火隔墙等进行分隔,选项 B 在不大于 50 m 的情况下设置防火分隔,高于规范的最低防火要求,设置正确,故不选 B。根据该标准第 5.1.1 条,站台至站厅或其他安全区域的疏散楼梯、自动扶梯和疏散通道的通过能力,应保证在远期或客流控制期中超高峰小时最大客流量时,一列进站列车所载乘客及站台上的候车乘客能在 4 min 内全部撤离站台,并应能在 6 min 内全部疏散至站厅公共区或其他安全区域,故选 C,不选 D。

26. B 本题考查的知识点是石油化工企业的消防规划。根据《石油化工企业设计防火标准》第 4.1.9 条,石油化工企业与相邻工厂或设施的防火间距不应小于下表的规定。高架火炬的防火间距应根据人或设备允许的辐射热强度计算确定,对可能携带可燃液体的高架火炬的防火间距不应小于下表的规定。故选 B。

石油化工企业与相邻设施的防火间距 (单位:m)

相邻设施	防火间距				
	液化烃罐组(罐外壁)	甲、乙类液体罐组(罐外壁)	可能携带可燃液体的高架火炬(火炬筒中心)	甲、乙类工艺装置或设施(最外侧设备外缘或建筑物的最外轴线)	全厂性或区域性重要设施(最外侧设备外缘或建筑物的最外轴线)
居民区、公共福利设施、村庄	300	100	120	100	25

27. B 根据《建筑防烟排烟技术标准》第4.1.4条第3款，总建筑面积大于1 000 m² 的歌舞娱乐放映游艺场所，当设置机械排烟系统时，尚应按该标准第4.4.14条～第4.4.16条的要求在外墙或屋顶设置固定窗，故选B。

28. C 本题考查的知识点是照明开关电气火灾隐患的特征。由下表可知，故选C。

照明开关电气火灾隐患的特征

选型	①开关的选型不符合市场准入制度要求 ②建筑内采用开关的通断位置不一致 ③开关所控灯具的总额定电流值大于该灯控开关的额定电流
设置	①开关接在N线上 ②放置在可燃物上或被可燃物覆盖
运行	①导线与开关连接处松动，面板松动或破损 ②在工作时有过热或打火、放电现象 ③开关端子处的温升超过45 K

29. C 根据《线型感温火灾探测器》第3.5条，线型感温火灾探测器按探测报警功能分为：①探测型；②探测报警型，故不选A。根据该规范第3.1条，线型感温火灾探测器按敏感部件形式分为：①缆式；②空气管式；③分布式光纤；④光纤光栅；⑤线式多点型，故不选B。根据该规范第3.2条的规定，线型感温火灾探测器按动作性能分为：①定温；②差温；③差定温，故选C。根据该规范第3.4条，线型感温火灾探测器按定位方式分为：①分布定位；②分区定位，故不选D。

30. B 根据《建筑防烟排烟系统技术标准》第4.2.4条，公共建筑、工业建筑防烟分区的空间净高H满足3 m < H ≤ 6 m时，其长边最大允许长度为36 m。当工业建筑采用自然排烟系统时，其防烟分区的长边长度尚不应大于建筑内空间净高的8倍。4×8=32（m），小于36 m，故选B。

31. A 根据《建筑防烟排烟系统技术标准》第3.3.4条，设置机械加压送风系统的楼梯间的地上部分与地下部分，其机械加压送风系统应分别独立设置。当受建筑条件限制，且地下部分为汽车库或设备用房时，可共用机械加压送风系统，故选A。根据该标准第3.3.11条，设置机械加压送风系统的封闭楼梯间、防烟楼梯间，尚应在其顶部设置不小于1 m²的固定窗。靠外墙的防烟楼梯间，尚应在其外墙上每5层内设置总面积不小于2 m²的固定窗。故不选B。根据该标准第3.4.4条，机械加压送风量应满足走廊至前室至楼梯间的压力呈递增分布，余压值应符合下列规定：①前室、封闭避难层（间）与走道之间的压差应为25～30 Pa；②楼梯间与走道之间的压差应为40～50 Pa。故不选C。根据该标准第3.3.2条，除该标准另有规定外，采用机械加压送风系统的防烟楼梯间及其前室应分别设置送风井（管）道、送风口（阀）和送风机，故不选D。

32. B 本题考查的知识点是建筑灭火器的型号、规格和配置要求。根据《建筑灭火器配置设计规范》第6.2.1条，严重危险级A类场所，单具灭火器最小配置灭火级别是3A。

选项 A 中的 MF/ABC3 灭火级别是 2A，不符合要求，故不选 A。选项 B 中的 MF/ABC6 灭火级别是 3A，符合要求，故选 B。选项 C 中的 MT3 为二氧化碳灭火器，不能扑救 A 类火灾，故不选 C。选项 D 中的 MP6 为水基型泡沫灭火器，灭火级别只有 1A，也不符合要求，故不选。

33. A 本题考查的知识点是泡沫灭火系统类型的选择。根据《泡沫灭火系统技术标准》第 4.1.2 条，储罐区低倍数泡沫灭火系统的选择应符合下列规定：①非水溶性甲、乙、丙类液体固定顶储罐，可选用液上喷射系统，条件适宜时也可选用液下喷射系统；②水溶性甲、乙、丙类液体和其他对普通泡沫有破坏作用的甲、乙、丙类液体固定顶储罐，应选用液上喷射系统；③外浮顶和内浮顶储罐应选用液上喷射系统。题干为内浮顶储罐，故应选择设置液上喷射系统。另外根据《石油库设计规范》第 12.1.4 条，储罐的泡沫灭火系统设置方式，应符合下列规定：容量大于 500 m³ 的水溶性液体地上立式储罐和容量大于 1 000 m³ 的其他甲$_B$、乙、丙$_A$ 类易燃、可燃液体地上立式储罐，应采用固定式泡沫灭火系统。所以该 5 000 m³ 的油罐应选择安装固定式液上喷射泡沫灭火系统，故选 A。

34. D 本题考查的知识点是洁净厂房消防设施。制药生产线生产车间属于洁净厂房，根据《洁净厂房设计规范》第 7.4.5 条，洁净厂房内设有贵重设备、仪器的房间设置固定灭火设施时，当设置自动喷水灭火系统时，宜采用预作用式自动喷水灭火系统；当设置气体灭火系统时，不应采用卤代烷 1211 以及能导致人员窒息和对保护对象产生二次损害的灭火剂。故选 D。

35. D 本题考查的知识点是燃烧基础理论。闪点是可燃性液体性质的主要标志之一，是衡量液体火灾危险性大小的重要参数。闪点越低，火灾危险性越大，反之则越小，故不选 A。闪点与可燃性液体的饱和蒸气压有关，饱和蒸气压越高，闪点越低，故不选 B。当液体的温度高于其闪点时，液体随时有可能被火源引燃或发生自燃，若液体的温度低于闪点，则液体不会发生闪燃，更不会发生着火，故不选 C。常见的几种易燃或可燃液体的闪点见下表，故选 D。

常见的几种易燃或可燃液体的闪点

名称	闪点 /℃	名称	闪点 /℃
汽油	−50	二硫化碳	−30
煤油	38 ~ 74	甲醇	11
酒精	12	丙酮	−18
苯	−14	乙醛	−38
乙醚	−45	松节油	35

36. C 本题考查的知识点是高层建筑避难走道设计要求。根据《建筑设计防火规范》第 6.4.14 条第 1 款，避难走道防火隔墙的耐火极限不应低于 3.00 h，楼板的耐火极限不应

低于 1.50 h，故不选 A。根据该规范第 6.4.14 条第 4 款，避难走道内部装修材料的燃烧性能等级应为 A 级，故不选 B。根据《建筑防烟排烟系统技术标准》第 3.1.9 条第 1、2 款，避难走道应在其前室及避难走道分别设置机械加压送风系统，但下列情况可仅在前室设置机械加压送风系统：避难走道一端设置安全出口，且总长度小于 30 m；避难走道两端设置安全出口，且总长度小于 60 m。故选 C，不选 D。

37. D 本题考查的知识点是干粉灭火系统的设计要求。根据《干粉灭火系统设计规范》第 5.2.6 条，喷头的单孔直径不得小于 6 mm。故选 D。

38. A 根据《自动喷水灭火系统设计规范》第 11.0.2 条，预作用系统应由火灾自动报警系统、消防水泵出水干管上设置的压力开关、高位消防水箱出水管上的流量开关和报警阀组压力开关直接自动启动消防水泵，故选 A。

39. B 本题考查的知识点是灭火器的配置计算。根据《建筑灭火器配置设计规范》附录 D，实验室存放有贵重实验仪器设备和文献资料，设备贵重或可燃物多的实验室属于严重危险级场所，实验室火灾类型涉及 A 类和 E 类火灾。根据该规范第 6.2.1 条和第 6.2.4 条规定，该场所单具灭火器的最小灭火级别为 3A，单位灭火级别最大保护面积为 50 m²/A。根据该规范第 4.2.1 条，A 类火灾场所应选择水型灭火器、磷酸铵盐干粉灭火器、泡沫灭火器或卤代烷灭火器。根据该规范第 4.2.5 条，E 类火灾场所应选择磷酸铵盐干粉灭火器、碳酸氢钠干粉灭火器、卤代烷灭火器或二氧化碳灭火器，但不得选用装有金属喇叭喷筒的二氧化碳灭火器。因此，为保证灭火器适用类型，可选择磷酸铵盐干粉灭火器。根据该规范第 7.3.1 条，计算单元的最小需配灭火级别应按下式计算：

$$Q=K\times(S\div U)$$

式中　Q——计算单元的最小需配灭火级别（A 或 B）；
　　　S——计算单元的保护面积（m²）；
　　　U——A 类或 B 类火灾场所单位灭火级别最大保护面积（m²/A 或 m²/B）；
　　　K——修正系数。

根据已知条件，$S=800$ m²，$U=50$ m²/A，根据该规范第 7.3.2 条，设有室内消火栓系统的修正系数为 0.9，那么，每层需要配备的灭火级别为 $Q=0.9\times(800\div 50)=14.4A$。选项 A 中的 MF/ABC4 灭火器的灭火级别为 2A，不符合要求，故不选 A；选项 B 和选项 C 中的 MF/ABC5 和 MF/ABC6 都是 3 kg 的 ABC 干粉灭火器，但为满足每层 14.4A÷3A=4.8 的要求，至少应配备 5 具，故选 B。选项 D 中的灭火器为 7 kg 的二氧化碳灭火器，不能满足灭火需要。故不选 D。

40. C 本题考查的知识点是自动喷水灭火系统喷头的设置要求。根据《自动喷水灭火系统设计规范》第 7.1.4 条，直立型、下垂型扩大覆盖面积洒水喷头应采用正方形布置，其布置间距不应大于下表的规定，一只喷头的最大保护面积见下表。故选 C。

直立型、下垂型喷头扩大覆盖面积洒水喷头布置

火灾危险等级	正方形布置的边长 /m	一只喷头的最大保护面积 /m²	喷头与端墙的距离 /m	
			最大	最小
轻危险级	5.4	29	2.7	0.1
中危险级Ⅰ级	4.8	23	2.4	
中危险级Ⅱ级	4.2	17.5	2.1	
严重危险级	3.6	13	1.8	

41. B 本题考查的知识点是需增设能保持视觉连续的疏散指示标志的场所。根据《建筑设计防火规范》第10.3.6条，下列建筑或场所应在疏散走道和主要疏散路径的地面上增设能保持视觉连续的灯光疏散指示标志或蓄光疏散指示标志：总建筑面积大于8 000 m²的展览建筑；总建筑面积大于5 000 m²的地上商店；总建筑面积大于500 m²的地下或半地下商店；歌舞娱乐放映游艺场所；座位数超过1 500个的电影院、剧场，座位数超过3 000个的体育馆、会堂或礼堂；车站、码头建筑和民用机场航站楼中建筑面积大于3 000 m²的候车、候船厅和航站楼的公共区。故选B。

42. B 根据《建筑设计防火规范》第10.1.1条，下列建筑物的消防用电应按一级负荷供电：①建筑高度大于50 m的乙、丙类厂房和丙类仓库；②一类高层民用建筑。故不选A。根据该规范第10.1.2条的规定，下列建筑物、储罐（区）和堆场的消防用电应按二级负荷供电：①室外消防用水量大于30 L/s的厂房（仓库）；②室外消防用水量大于35 L/s的可燃材料堆场、可燃气体储罐（区）和甲、乙类液体储罐（区）；③粮食仓库及粮食筒仓；④二类高层民用建筑；⑤座位数超过1 500个的电影院、剧场，座位数超过3 000个的体育馆，任一层建筑面积大于3 000 m²的商店和展览建筑，省（市）级及以上的广播电视、电信和财贸金融建筑，室外消防用水量大于25 L/s的其他公共建筑。故选B，不选C。建筑高度为30 m的住宅建筑为二类高层民用建筑，故不选D。

43. C 本题考查的知识点是液下喷射泡沫灭火系统的设置要求。煤油和润滑油的火灾危险性分别为乙类和丙类。根据《泡沫灭火系统技术标准》第4.2.5条，液下喷射系统泡沫喷射口的设置，应符合下列规定：泡沫进入甲、乙类液体的速度不应大于3 m/s；泡沫进入丙类液体的速度不应大于6 m/s；故不选A、B。泡沫喷射口宜采用向上的斜口型，其斜口角度宜为45°，泡沫喷射管的长度不得小于喷射管直径的20倍。当设有一个喷射口时，喷射口宜设在储罐中心；当设有一个以上喷射口时，应沿罐周均匀设置，且各喷射口的流量宜相等，故选C。泡沫喷射口应安装在高于储罐积水层0.3 m的位置，故不选D。

44. A 根据《消防应急照明和疏散指示系统技术标准》第2.0.11条，按照灯具蓄电池电源供电方式的不同，集中控制型消防应急照明及疏散指示系统的组成分为两种不同的方式：灯具的蓄电池电源采用集中电源供电方式时，系统由应急照明控制器、集中电源集中控制型消防应急灯具、应急照明集中电源等系统部件组成；灯具的蓄电池电源采用自带蓄电池供电方式时，系统由应急照明控制器、自带电源集中控制型消防应急灯具、应急照明

配电箱等系统部件组成。故选 A。

45. C 本题考查的知识点是石油库泡沫灭火系统的设置。根据《石油化工企业设计防火标准》第 3.0.2 条条文说明，煤油的火灾危险性为乙类。根据《石油库设计规范》第 12.1.4 条，储罐的泡沫灭火系统设置方式，应符合下列规定：容量大于 500 m³ 的水溶性液体地上立式储罐和容量大于 1 000 m³ 的其他甲$_B$、乙、丙$_A$ 类易燃、可燃液体地上立式储罐，应采用固定式泡沫灭火系统，故不选 A、B。容量小于或等于 500 m³ 的水溶性液体地上立式储罐和容量小于或等于 1 000 m³ 的其他易燃、可燃液体地上立式储罐，可采用半固定式泡沫灭火系统，故选 C。地上卧式储罐、覆土立式油罐、丙$_B$ 类液体立式储罐和容量不大于 200 m³ 的地上储罐，可采用移动式泡沫灭火系统，故不选 D。

46. C 根据《消防应急照明和疏散指示系统技术标准》第 3.2.1 条第 4 款，设置在距地面 8 m 及以下的灯具的电压等级及供电方式应符合下列规定，①应选择 A 型灯具；②地面上设置的标志灯应选择集中电源 A 型灯具；③未设置消防控制室的住宅建筑，疏散走道、楼梯间等场所可选择自带电源 B 型灯具。故不选 A。根据该条第 7 款，在隧道场所、潮湿场所内设置时，灯具及其连接附件的防护等级不应低于 IP65，故不选 B。根据该条第 6 款的规定，室内高度为 3.5 ~ 4.5 m 的场所，应选择大型或中型标志灯，故选 C。根据该条第 8 款的规定，标志灯应选择持续型灯具，故不选 D。

47. D 本题考查的知识点是细水雾灭火系统的设计要求。根据《细水雾灭火系统技术规范》第 3.4.9 条，系统的设计持续喷雾时间应符合下列规定：①用于保护电子信息系统机房、配电室等电子、电气设备间，图书库、资料库、档案库、文物库、电缆隧道和电缆夹层等场所时，系统的设计持续喷雾时间不应小于 30 min，故不选 A、B；②用于保护油浸变压器室、涡轮机房、柴油发电机房、液压站、润滑油站、燃油锅炉房等含有可燃液体的机械设备间时，系统的设计持续喷雾时间不应小于 20 min，故不选 C；③用于扑救厨房内烹饪设备及其排烟罩和排烟管道部位的火灾时，系统的设计持续喷雾时间不应小于 15 s，故选 D。

48. A 本题考查的知识点是汽车库的安全疏散。根据《汽车库、修车库、停车场设计防火规范》第 6.0.3 条第 1 款，建筑高度大于 32 m 的高层汽车库、室内地面与室外出入口地坪的高差大于 10 m 的地下汽车库应采用防烟楼梯间，其他汽车库、修车库应采用封闭楼梯间，故选 A。根据该条第 2 款，楼梯间和前室的门采用乙级防火门，并应向疏散方向开启。选项 B 为甲级防火门，高于规范最低要求，设置正确。故不选 B。根据该条第 3 款，疏散楼梯的宽度不应小于 1.1 m，故不选 C。根据该规范第 6.0.6 条，汽车库室内任一点至最近人员安全出口的疏散距离不应大于 45 m，当设置自动灭火系统时，其距离不应大于 60 m。对于单层或设置在建筑首层的汽车库，室内任一点至室外最近出口的疏散距离不应大于 60 m。故不选 D。

49. C 本题考查的知识点是火力发电厂安全疏散设施。根据《火力发电厂与变电站设计防火标准》第 5.1.1 条，汽机房、除氧间、煤仓间、锅炉房、集中控制楼的安全出口均不应少于2个。上述安全出口可利用通向相邻车间的乙级防火门作为第二安全出口，但每个车间地面层至少必须有1个直通室外的安全出口。故不选A、B。依据该标准第5.1.2条，汽机房、除氧间、煤仓间、锅炉房最远工作地点到直通室外的安全出口或疏散楼梯的距离不应大于75 m；集中控制楼最远工作地点到直通室外的安全出口或楼梯间的距离不应大于50 m。故选C。根据该标准第5.1.3条，主厂房至少应有1个能通至各层和屋面且能直接通向室外的封闭楼梯间，其他疏散楼梯可为敞开式楼梯；集中控制楼至少应设置1个通至各层的封闭楼梯间。故不选D。

50. A 本题考查的知识点是火力发电厂火灾报警系统。根据《火力发电厂与变电站设计防火标准》第7.13.2条，单机容量为 200 MW 及以上的燃煤电厂，应设置控制中心报警系统，故选A。根据该标准第7.13.3条，200 MW 级机组及以上容量的燃煤电厂，宜按下列规定划分火灾报警区域：①每台机组为一个火灾报警区域（包括集中控制室/单元控制室、汽机房、锅炉房、煤仓间以及主变压器、启动变压器、联络变压器、厂用变压器、机组柴油发电机、空冷控制楼、点火油罐）；②办公楼、网络控制楼、微波楼和通信楼火灾报警区域（包括控制室、电子计算机房及电缆夹层）；③运煤系统火灾报警区域［包括控制室与配电间、转运站、碎煤机室、运煤栈桥（隧道）、室内储煤场或筒仓］；④脱硫系统区域；⑤液氨区。故不选B、C、D。

51. D 本题考查的知识点是石油化工企业泡沫灭火系统设置。根据《石油化工企业设计防火标准》第3.0.1条，汽油、原油、乙醇均为甲类可燃液体。根据该标准第8.7.2第1款，单罐容积等于或大于10 000 m³ 的非水溶性可燃液体储罐，储存甲、乙类和闪点等于或小于90 ℃的丙类可燃液体的固定顶罐及浮盘为易熔材料的内浮顶罐应采用固定式泡沫灭火系统，故不选A、B。根据该条第2款，单罐容积等于或大于1 000 m³ 的水溶性可燃液体储罐，储存甲、乙类和闪点等于或小于90 ℃的丙类可燃液体的浮顶罐及浮盘为非易熔材料的内浮顶罐，应采用固定式泡沫灭火系统，故不选C。根据该标准第8.7.3条，下列场所可采用移动式泡沫灭火系统：①罐壁高度小于7 m或容积等于或小于200 m³ 的非水溶性可燃液体储罐；②润滑油储罐；③可燃液体地面流淌火灾、油池火灾。润滑油为丙$_B$类液体，闪点＞120 ℃，故不可设置固定式泡沫灭火系统，故选D。

52. C 本题考查的知识点是建筑外墙内保温设计要求。根据《中华人民共和国消防法》第七十三条第四款，人员密集场所，是指公众聚集场所、医院的门诊楼、病房楼，学校的教学楼、图书馆、食堂和集体宿舍，养老院、福利院，托儿所、幼儿园，公共图书馆的阅览室，公共展览馆、博物馆的展示厅，劳动密集型企业的生产加工车间和员工集体宿舍，旅游、宗教活动场所等。选项A、B、C为人员密集场所。根据《建筑设计防火规范》第6.7.2条第1款，对于人员密集场所，用火、燃油、燃气等具有火灾危险性的场所以及各类建筑内的疏散楼梯间、避难走道、避难间、避难层等场所或部位，应采用燃烧性能等级为A级的保温材料，故不选A、B，选C。根据该条第3款，保温系统应采用不燃材料做防护层。采用燃烧性能等级为B_1级的保温材料时，防护层的厚度不应小于10 mm，故不选D。

53. A　本题考查的知识点是燃气锅炉房在建筑内的设置要求。根据《建筑设计防火规范》第5.4.15条第1款，设置在建筑内的锅炉、柴油发电机，其燃料供给管道应符合下列规定，在进入建筑物前和设备间内的管道上均应设置自动和手动切断阀，故选A。根据该规范第9.3.16条第2款，燃油或燃气锅炉房应设置自然通风或机械通风设施。燃气锅炉房应选用防爆型的事故排风机。当采取机械通风时，机械通风设施应设置导除静电的接地装置，燃气锅炉房的正常通风量应按换气次数不少于6次/h确定，事故排风量应按换气次数不少于12次/h确定。选项B排风机正常通风量不小于$900 \times 6=5\,400 \text{ m}^3/\text{h}$，故不选B。根据该规范第5.4.12条第1款，燃油或燃气锅炉、油浸变压器、充有可燃油的高压电容器和多油开关等，确需布置在民用建筑内时，不应布置在人员密集场所的上一层、下一层或贴邻，常（负）压燃油或燃气锅炉可设置在地下二层或屋顶上。设置在屋顶上的常（负）压燃气锅炉，距离通向屋面的安全出口不应小于6 m。故不选C。采用相对密度（与空气密度的比值）不小于0.75的可燃气体为燃料的锅炉，不得设置在地下或半地下，故不选D。

54. A　本题考查的知识点是爆炸危险环境的电气防爆。根据《爆炸危险环境电力装置设计规范》第5.1.1条，在爆炸性粉尘环境内，应尽量减少插座和局部照明灯具的数量。如需采用时，插座宜布置在爆炸性粉尘不易积聚的地点，局部照明灯宜布置在事故时气流不易冲击的位置。粉尘环境中安装的插座开口的一面应朝下，且与垂直面的角度不应大于60°，故选A。根据该规范第3.4.1条，爆炸性气体混合物应按其最大试验安全间隙（MESG）或最小点燃电流比（MICR）分级，故不选C。爆炸性混合物的危险性是由它的爆炸极限、传爆能力、引燃温度和最小点燃电流决定的，故不选B。在有爆炸性粉尘又有爆炸性气体的环境，选用的防爆电气设备既应是气体防爆电气设备，也应是粉尘防爆电气设备，故不选D。

55. C　本题考查的知识点是消防用水量计算。根据《消防给水及消火栓系统技术规范》第3.6.2条，不同场所消火栓系统和固定冷却水系统的火灾延续时间不应小于下表的规定。其中丙类厂房为3 h。

不同场所火灾延续时间　　　　　　　　　　（单位：h）

建筑		火灾危险性	火灾延续时间
工业建筑	仓库	甲、乙、丙类	3
		丁、戊类	2
	厂房	甲、乙、丙类	3
		丁、戊类	2

根据《自动喷水灭火系统设计规范》第5.0.16条，除该规范另有规定外，自动喷水灭火系统的持续喷水时间应按火灾延续时间不少于1 h确定。根据《消防给水及消火栓系统技术规范》第3.6.1条，消防给水一起火灾灭火用水量应按需要同时作用的室内外消防给水用水量之和计算，两座及以上建筑合用时，应取最大者，并应按下列公式计算：

$$V=V_1+V_2$$

$$V_1 = 3.6 \sum_{i=1}^{n} q_{1i} t_{1i}$$

$$V_2 = 3.6 \sum_{i=1}^{m} q_{2i} t_{2i}$$

式中 V——建筑消防给水一起火灾灭火用水总量（m^3）；

　　　V_1——室外消防给水一起火灾灭火用水量（m^3）；

　　　V_2——室内消防给水一起火灾灭火用水量（m^3）；

　　　q_{1i}——室外第 i 种水灭火系统的设计流量（L/s）；

　　　t_{1i}——室外第 i 种水灭火系统的火灾延续时间（h）；

　　　n——建筑需要同时作用的室外水灭火系统数量；

　　　q_{2i}——室内第 i 种水灭火系统的设计流量（L/s）；

　　　t_{2i}——室内第 i 种水灭火系统的火灾延续时间（h）；

　　　m——建筑需要同时作用的室内水灭火系统数量。

根据题干应选择 1 号厂房计算用水量：

室外消防用水量 $V_1 = 3.6 \times 25 \times 3 = 270$（$m^3$）

室内消防用水量 $V_2 = 3.6 \times 20 \times 3 + 3.6 \times 20 \times 1 = 216 + 72 = 288$（$m^3$）

工厂的一次火灾用水量 $V = V_1 + V_2 = 558$（m^3），故选 C。

56. D 本题考查的知识点是高层建筑消防车道和消防车登高操作面设置要求。根据《建筑设计防火规范》第 7.1.8 条第 1 款，车道的净宽度和净空高度均不应小于 4 m；第 5 款规定，消防车道的坡度不宜大于 8%。故不选 A。根据该规范第 7.1.2 条，高层民用建筑，超过 3 000 个座位的体育馆，超过 2 000 个座位的会堂，占地面积大于 3 000 m^2 的商店建筑、展览建筑等单、多层公共建筑应设置环形消防车道，确有困难时，可沿建筑的两个长边设置消防车道；对于高层住宅建筑和山坡地或河道边临空建造的高层民用建筑，可沿建筑的一个长边设置消防车道，但该长边所在建筑立面应为消防车登高操作面。故体育馆可沿建筑一个长边设置消防车道，考虑到建筑东面邻湖，应选择西面设置消防车道，且西立面为消防车登高操作面。故选 D。

57. C 本题考查的知识点是地铁排烟要求。根据《地铁设计防火标准》第 8.4.7 条第 1 款，管道、风口与阀门应采用不燃材料制作，故不选 A。根据该条第 2 款，排烟管道不应穿越前室或楼梯间，必须穿越时，管道的耐火极限不应低于 2.00 h，故不选 B。根据该标准第 8.4.5 条，火灾时需要运行的风机，从静态转换为事故状态所需时间不应大于 30 s，从运转状态转换为事故状态所需时间不应大于 60 s，故选 C。根据该标准第 8.4.2 条，地下车站的排烟风机在 280 ℃时应能连续工作不小于 1 h，地上车站和控制中心及其他附属建筑的排烟风机在 280 ℃时应能连续工作不小于 0.5 h，故不选 D。

58. D 本题考查的知识点是人防工程的防烟排烟要求。根据《人民防空工程设计防火规范》第 6.1.2 条，下列场所除符合该规范第 6.1.3 条和第 6.1.4 条的规定外，应设置机械排烟设施：①总建筑面积大于 200 m^2 的人防工程；②建筑面积大于 50 m^2，且经常有人停留或可燃物较多的房间；③丙、丁类生产车间；④长度大于 20 m 的疏散走道；⑤歌舞娱乐放映游艺场所；⑥中庭。故不选 A。根据该规范第 6.4.1 条，每个防烟分区内必须设置排烟口，排烟口应设置在顶棚或墙面的上部，故不选 B。根据该规范第 6.4.2 条，排烟口宜在该防烟分区内均匀布置，并应与疏散出口的水平距离大于 2 m，且与该分区内最远点的水平距离不应大于 30 m，故不选 C。根据该规范第 6.4.5 条，排烟口的风速不宜大于 10 m/s，故选 D。

59. C　本题考查的知识点是爆炸基础理论。各类可燃性粉尘因其燃烧热的高低、氧化速度的快慢、带电的难易、含挥发物的多少不同而具有不同的燃烧、爆炸特性。但从总体看，粉尘爆炸受颗粒的尺寸，粉尘浓度，空气的含水量、含氧量，可燃气体含量和惰性气体含量的影响。粉尘爆炸与可燃气体、蒸气一样，也有一定的浓度极限，即也存在粉尘爆炸的上、下限，及时清扫，可降低粉尘浓度，故不选 D。空气中含水量越高，粉尘的最小引爆能量越高，故不选 A。随着含氧量的增加，爆炸浓度极限范围扩大，充氮气可以降低含氧量，故不选 B。厂房定时通风不涉及相关影响因素，故选 C。

60. D　本题考查的知识点是汽车库的分级。根据《汽车库、修车库、停车场设计防火规范》第 3.0.1 条，汽车库、修车库、停车场的分类应根据停车（车位）数量和总建筑面积确定，并应符合下表的规定。

汽车库、修车库、停车场的分类

名称		Ⅰ	Ⅱ	Ⅲ	Ⅳ
汽车库	停车数量/辆	>300	151~300	51~150	≤50
	总建筑面积 S/m^2	$S>10\ 000$	$5\ 000<S≤10\ 000$	$2\ 000<S≤5\ 000$	$S≤2\ 000$

注：①当屋面露天停车场与下部汽车库共用汽车坡道时，其停车数量应计算在汽车库的车辆总数内；②室外坡道、屋面露天停车场的建筑面积可不计入汽车库的建筑面积之内；③公交汽车库的建筑面积可按本表的规定值增加 2 倍。

根据注②，该汽车库的有效面积为 5 200−200=5 000（m²），根据注③，公交汽车库的建筑面积扩大 2 倍，故属于Ⅳ类汽车库限定的面积，范围为 $S≤6\ 000\ m^2$；停车数量为 50 辆，属于Ⅳ类汽车库。故选 D。

61. D　本题考查的知识点是高位消防水箱。根据《消防给水及消火栓系统技术规范》第 5.2.1 条，临时高压消防给水系统的高位消防水箱的有效容积应满足初期火灾消防用水量的要求，工业建筑室内消防给水设计流量当小于或等于 25 L/s 时，不应小于 12 m³，大于 25 L/s 时不应小于 18 m³，故不选 A。根据该规范第 5.2.2 条，高位消防水箱的设置位置应高于其所服务的水灭火设施，且最低有效水位应满足水灭火设施最不利点处的静水压力：工业建筑不应低于 0.1 MPa，当建筑体积小于 20 000 m³ 时，不宜低于 0.07 MPa，故不选 B。自动喷水灭火系统等自动水灭火系统应根据喷头灭火需求压力确定，但最小不应小于 0.1 MPa，故不选 C。当高位消防水箱不能满足静压要求时，应设稳压泵，故选 D。

62. D　本题考查的知识点是地下人防工程防火分隔。根据《人民防空工程设计防火规范》第 3.1.7 条第 1 款，不同防火分区通向下沉式广场安全出口最近边缘之间的水平距离不应小于 13 m，广场内疏散区域的净面积不应小于 169 m²，故不选 A、B。根据该条第 2 款，广场应设置不少于一个直通地坪的疏散楼梯，疏散楼梯的总宽度不应小于相邻最大防火分区通向下沉式广场计算疏散总宽度，故不选 C。根据该条第 3 款，当确需设置防风雨篷时，篷不得封闭，并应符合下列规定：①四周敞开的面积应大于下沉式广场投影面积的 25%，经计算大于 40 m² 时，可取 40 m²；②敞开的高度不得小于 1 m；③当敞开部分采用防风雨百叶时，百叶的有效通风排烟面积可按百叶洞口面积的 60% 计算。故选 D。

63. C 本题考查的知识点是气体灭火系统的设置要求。根据《气体灭火系统设计规范》第 3.1.12 条第 2 款，喷头最小保护高度不应小于 0.3 m，故不选 A；根据该条第 4 款，喷头安装高度不小于 1.5 m 时，保护半径不应大于 7.5 m，故不选 B。根据该规范第 3.4.1 条，IG541 混合气体灭火系统的惰化设计浓度不应小于惰化浓度的 1.1 倍，故选 C。根据该规范第 3.1.7 条，灭火系统的储存装置 72 h 内不能重新充装恢复工作的，应按系统原储存量的 100% 设置备用量，故不选 D。

64. D 本题考查的知识点是消防水幕系统的设计参数。根据《自动喷水灭火系统设计规范》第 5.0.15 条，喷头设置高度不超过 4 m 时，喷水强度不应小于 0.5 L/(s·m)；当超过 4 m 时，每增加 1 m，喷水强度应增加 0.1 L/(s·m)。0.5+(6-4)×0.1=0.7 L/(s·m)，故选 D。

65. C 本题考查的知识点是地铁站的安全疏散。根据《地铁设计防火标准》第 5.5.5 条，车辆基地和其建筑上部其他功能场所的人员安全出口应分别独立设置，且不得相互借用，故不选 A。根据该标准第 5.1.11 条，站厅公共区与商业等非地铁功能的场所的安全出口应各自独立设置。两者的连通口和上、下联系楼梯或扶梯不得作为相互间的安全出口，故不选 B。根据该标准第 5.2.1 条，有人值守的设备管理区内每个防火分区安全出口的数量不应少于 2 个，并应至少有 1 个安全出口直通地面。当值守人员小于或等于 3 人时，设备管理区可利用与相邻防火分区相通的防火门或能通向站厅公共区的出口作为安全出口。故选 C。根据该标准第 5.2.4 条，站台端部通向区间的楼梯不得用作站台区乘客的安全疏散设施。换乘车站的换乘通道、换乘梯不得用作乘客的安全疏散设施。故不选 D。

66. D 根据《消防应急照明和疏散指示系统技术标准》第 3.3.4 条第 1 款，封闭楼梯间、防烟楼梯间、室外疏散楼梯灯具应单独设置配电回路，故不选 A。根据该标准第 3.3.7 条第 2 款，人员密集场所，每个防火分区应设置独立的应急照明配电箱；非人员密集场所，多个相邻防火分区可设置一个共用的应急照明配电箱。故不选 B。根据该标准第 3.3.7 条第 3 款，非集中控制型系统中，应急照明配电箱应由防火分区、同一防火分区的楼层、隧道区间、地铁站台和站厅的正常照明配电箱供电，故不选 C。根据该标准第 3.3.3 条第 5 款，配电室、消防控制室、消防水泵房、自备发电机房等发生火灾时仍需工作、值守的区域和相关疏散通道，应单独设置配电回路，故选 D。

67. C 根据《火灾自动报警系统设计规范》第 6.2.18 条，感烟火灾探测器在格栅吊顶场所的设置，应符合下列规定：①镂空面积与总面积的比例不大于 15% 时，探测器应设置在吊顶下方。②镂空面积与总面积的比例大于 30% 时，探测器应设置在吊顶上方。③镂空面积与总面积的比例为 15%~30% 时，探测器的设置部位应根据实际试验结果确定。故选 C。

68. D　本题考查的知识点是消防水源。根据《消防给水及消火栓系统技术规范》第 4.1.3 条，消防水源应符合下列规定：①市政给水、消防水池、天然水源等可作为消防水源，并宜采用市政给水；②雨水清水池、中水清水池、水景和游泳池可作为备用消防水源。故选 D。

69. B　本题考查的知识点是自动喷水灭火系统喷头的设置。根据《自动喷水灭火系统设计规范》第 6.5.1 条，每个报警阀组控制的最不利点洒水喷头处应设末端试水装置，其他防火分区、楼层均应设直径为 25 mm 的试水阀，故不选 A。根据该规范第 6.5.2 条，试水接头出水口的流量系数，应等同于同楼层或防火分区内的最小流量系数洒水喷头，故选 B；末端试水装置的出水，应采取孔口出流的方式排入排水管道，排水立管宜设伸顶通气管，且管径不应小于 75 mm，故不选 C。依据该规范第 6.5.3 条，末端试水装置和试水阀应有标识，距地面的高度宜为 1.5 m，并应采取不被他用的措施，故不选 D。

70. D　本题考查的知识点是自动喷水灭火系统的设计要求。总建筑面积为 1 000 m² 及以上的地下商场属于中危险级Ⅱ级。根据《自动喷水灭火系统设计规范》第 6.1.3 条第 3 款，湿式系统的洒水喷头选型应符合下列规定：顶板为水平面的轻危险级、中危险级Ⅰ级住宅建筑、宿舍、旅馆建筑客房、医疗建筑病房和办公室，可采用边墙型洒水喷头，故不选 A；根据该条第 7 款，不宜选用隐蔽式洒水喷头；确需采用时，应仅适用于轻危险级和中危险级Ⅰ级场所，故不选 B。根据该规范第 7.1.13 条，装设网格、栅板类通透性吊顶的场所，当通透面积占吊顶总面积的比例大于 70% 时，喷头应设置在吊顶上方，故不选 C。根据该规范第 6.1.7 条第 4 款，地下商业场所宜采用快速响应洒水喷头。响应时间指数（RTI）≤ 50（m·s）$^{0.5}$ 的闭式洒水喷头是快速响应喷头，故选 D。

71. C　本题考查的知识点是消防车登高操作场地内容。根据《建筑设计防火规范》第 7.2.2 条第 1 款，消防车登高操作场地应符合下列规定，场地与厂房、仓库、民用建筑之间不应设置妨碍消防车操作的树木、架空管线等障碍物和车库出入口，故不选 A。根据该规范第 7.2.1 条，高层建筑应至少沿一个长边或周边长度的 1/4 且不小于一个长边长度的底边连续布置消防车登高操作场地，该范围内的裙房进深不应大于 4 m。建筑高度不大于 50 m 的建筑，连续布置消防车登高操作场地确有困难时，可间隔布置，但间隔距离不宜大于 30 m，且消防车登高操作场地的总长度仍应符合上述规定。选项 B，场地总长 75 m，小于一个长边长度 80 m，故不选 B。选项 C 裙房进深不大于 4 m，故选 C。根据该规范第 7.2.2 条第 2 款，消防车登高操作场地的长度和宽度分别不应小于 15 m 和 10 m。对于建筑高度大于 50 m 的建筑，场地的长度和宽度分别不应小于 20 m 和 10 m。根据该条第 4 款，场地的坡度不宜大于 3%，故不选 D。

72. C 根据《火灾自动报警系统设计规范》第4.5.1条第1款，加压送风口所在防火分区内的两只独立的火灾探测器或一只火灾探测器与一只手动火灾报警按钮的报警信号，作为送风口开启和加压送风机启动的联动触发信号，并应由消防联动控制器联动控制相关层前室等需要加压送风场所的加压送风口开启和加压送风机启动，故不选A。根据《建筑防烟排烟系统技术标准》第3.3.6条第1款，除直灌式加压送风方式外，楼梯间宜每隔2~3层设一个常开式百叶送风口。常开式百叶送风口不需要联动控制，故不选B。根据该标准第5.1.3条的规定，当防火分区内火灾确认后，应能在15s内联动开启常闭加压送风口和加压送风机。并应符合下列规定：①应开启该防火分区楼梯间的全部加压送风机；②应开启该防火分区内着火层及其相邻上下层前室及合用前室的常闭送风口，同时开启加压送风机。故选C，不选D。

73. D 根据《自动喷水灭火系统设计规范》第11.0.10条，消防控制室（盘）应能显示水流指示器、压力开关、信号阀、消防水泵、消防水池及水箱水位、有压气体管道气压，以及电源和备用动力等是否处于正常状态的反馈信号，并应能控制消防水泵、电磁阀、电动阀等的操作，故不选A。根据《消防控制室通用技术要求》第5.1条，消防控制室图形显示装置应能用同一界面显示建（构）筑物周边消防车道、消防车登高操作场地、消防水源位置，以及相邻建筑的防火间距、建筑面积、建筑高度、使用性质等情况，故不选B。根据《消防给水及消火栓系统技术规范》第11.0.7条第3款，消防控制室或值班室内消防控制柜或控制盘应能显示消防水池、高位消防水箱等水源的高水位、低水位报警信号，以及正常水位，故不选C。由报警阀组的工作原理可知，压力开关只能是水流冲击动作，不受外界控制。故选D。

74. C 本题考查的知识点是灭火器的配置。根据《建筑灭火器配置设计规范》第4.2.3条，C类火灾场所应选择磷酸铵盐干粉灭火器、碳酸氢钠干粉灭火器、二氧化碳灭火器或卤代烷灭火器。液化石油气灌装车间属于C类火灾场所，故选C。

75. D 根据《火灾自动报警系统设计规范》第10.1.4条，火灾自动报警系统主电源不应设置剩余电流动作保护和过负荷保护装置，故不选A。根据《民用建筑电气设计标准》第13.7.11条，除消防水泵、消防电梯、消防控制室的消防设备外，各防火分区的消防用电设备，应由消防电源中的双电源或双回线路电源供电，末端配电箱应安装于防火分区的配电小间或电气竖井内。由题意可知，每层一个防火分区，楼层消防配电箱就是该设备的末端配电箱，故不选B。该建筑属于高层建筑，该建筑属于二类高层公共建筑，根据《建筑设计防火规范》第10.1.2条，应按二级消防负荷供电。根据该规范第10.1.4条，消防用电按一、二级负荷供电的建筑，当采用自备发电设备作备用电源时，自备发电设备应设置自动和手动启动装置，故不选C。消防水泵、喷淋水泵、水幕泵和消防电梯要由变配电站或主配电室直接出线，采用放射式供电，故选D。

76. A 本题考查的知识点是汽车库室内消防给水。根据《汽车库、修车库、停车场设计防火规范》第3.0.1条，选项A为Ⅳ类汽车库，选项B为Ⅲ类汽车库，选项C为Ⅱ类修车库，选项D为Ⅳ类汽车库。根据该规范第7.1.8条，除该规范另有规定外，汽车库、修车库应设置室内消火栓系统，Ⅰ、Ⅱ、Ⅲ类汽车库及Ⅰ、Ⅱ类修车库的用水量不应小于10 L/s，系统管道内的压力应保证相邻两个消火栓的水枪充实水柱同时到达室内任何部位，故不选 B、C。根据该规范第 7.1.2 条，符合下列条件之一的汽车库、修车库、停车场，可不设置消防给水系统：①耐火等级为一、二级且停车数量不大于 5 辆的汽车库；②耐火等级为一、二级的Ⅳ类修车库；③停车数量不大于 5 辆的停车场。故不选 D。根据该规范第 7.1.8 条第 2 款，Ⅳ类汽车库及Ⅲ、Ⅳ类修车库的用水量不应小于 5 L/s，系统管道内的压力应保证一个消火栓的水枪充实水柱到达室内任何部位，故选 A。

77. A 本题考查的知识点是燃烧基础理论。钾熔点低，受热先熔融蒸发，随后蒸气与氧气发生燃烧反应，称为蒸发燃烧，故选 A。木炭、铁等会在其表面由氧气和可燃物直接作用而发生燃烧，称为表面燃烧，故不选 B、C。煤发生热解、气化反应，随后分解出可燃气体与氧气发生燃烧反应，称为分解反应，故不选 D。

78. B 根据《火灾自动报警系统设计规范》第 9.4.3 条，未设火灾自动报警系统时，独立式电气火灾监控探测器应将报警信号传至有人值班的场所，故不选 A。根据该规范第 9.2.2 条，剩余电流式电气火灾监控探测器不宜设置在 IT 系统的配电线路和消防配电线路中，故选 B。该建筑可以设置非独立式电气火灾监控探测器，故不选 C。根据该规范第 9.2.4 条，具有探测线路故障电弧功能的电气火灾监控探测器，其保护线路的长度不宜大于 100 m，故不选 D。

79. C 根据《建筑防烟排烟系统技术标准》第 4.2.4 条，层高 4 m 的民用建筑防烟分区最大允许面积为 1 000 m²，故不选 A。根据该标准第 4.5.4 条，补风口与排烟口设置在同一空间内相邻的防烟分区时，补风口位置不限；当补风口与排烟口设置在同一防烟分区时，补风口应设在储烟仓下沿以下；补风口与排烟口水平距离不应少于 5 m，故不选 B。根据该标准第 4.4.9 条，当吊顶内有可燃物时，吊顶内的排烟管道应采用不燃材料进行隔热，并应与可燃物保持不小于 150 mm 的距离，故选 C。根据该标准第 4.4.2 条，建筑高度超过 50 m 的公共建筑和建筑高度超过 100 m 的住宅，其排烟系统应竖向分段独立设置，且公共建筑每段高度不应超过 50 m，住宅建筑每段高度不应超过 100 m，故不选 D。

80. A 本题考查的知识点是建筑通风系统设置要求。根据《建筑设计防火规范》第 9.3.9 条第 1 款，排除有燃烧或爆炸危险气体、蒸气和粉尘的排风系统应设置导除静电的接地装置，故选 A。根据该条第 3 款，排风管应采用金属管道，并应直接通向室外安全地点，不应暗设，故不选 B。根据该规范第 9.3.11 条第 2 款，通风、空调系统的风管在穿越通风、空调机房的房间隔墙和楼板处应设置公称动作温度为 70 ℃ 的防火阀，故不选 C。根据该规范第 9.3.5 条，含有燃烧和爆炸危险粉尘的空气，在进入排风机前应采用不产生火花的除尘器进行处理。对于遇水可能形成爆炸的粉尘，严禁采用湿式除尘器。本题中，镁粉厂房遇水能爆炸，所以不能采用湿式除尘器，故不选 D。

二、多项选择题（共 20 题，每题 2 分。每题的备选项中，有 2 个或 2 个以上符合题意，至少有 1 个错项。错选，本题不得分；少选，所选的每个选项得 0.5 分）

81. AD 根据《火灾自动报警系统设计规范》第 4.5.3 条，消防控制室内的消防联动控制器上能手动控制送风口、电动挡烟垂壁、排烟口、排烟窗、排烟阀的开启或关闭及防烟风机、排烟风机等设备的启动或停止，防烟、排烟风机的启动、停止按钮应采用专用线路直接连接至设置在消防控制室内的消防联动控制器的手动控制盘，并应直接手动控制防烟、排烟风机的启动、停止。故不选 B。对于送风口、排烟口，平时处于常闭状态，火灾时开启，消防控制室只能远程手动控制排烟口开启，不能控制关闭，复位关闭只能到设备现场手动操作，故选 A。根据该规范第 4.5.2 条的条文说明，排烟系统在自动控制方式下，同一防烟分区内两只独立的火灾探测器或一只火灾探测器与一只手动报警按钮报警信号的"与"逻辑联动启动排烟口或排烟阀。根据《建筑防烟排烟系统技术标准》第 5.2.3 条，当火灾确认后，火灾自动报警系统应在 15 s 内联动开启相应防烟分区的全部排烟阀、排烟口、排烟风机和补风设施，并应在 30 s 内自动关闭与排烟无关的通风、空调系统，故不选 C。根据《火灾自动报警系统设计规范》第 4.5.1 条第 2 款，同一防烟分区内且位于电动挡烟垂壁附近的两只独立的感烟火灾探测器的报警信号，作为电动挡烟垂壁降落的联动触发信号，并应由消防联动控制器联动控制电动挡烟垂壁的降落。选项 D 不符合规范。根据《建筑防烟排烟系统技术标准》第 5.2.5 条，当火灾确认后，火灾自动报警系统应在 15 s 内联动相应防烟分区的全部活动挡烟垂壁，60 s 以内挡烟垂壁应开启到位，故选 D。根据该标准第 5.2.2 条第 4 款，系统中任一排烟阀或排烟口开启时，排烟风机、补风机自动启动，故不选 E。

82. DE 根据《建筑内部装修设计防火规范》第 4.0.17 条，建筑内部的配电箱、控制面板、接线盒、开关、插座等不应直接安装在低于 B_1 级的装修材料上。木饰面板为可燃材料，故不选 A。根据《建筑设计防火规范》第 10.2.5 条，可燃材料仓库内宜使用低温照明灯具，并应对灯具发热部件采取隔热等防火措施，不应使用卤钨灯等高温照明灯具。配电箱及开关应设置在仓库外。故不选 B。根据该规范第 10.2.2 条，电力电缆不应和输送甲、乙、丙类液体管道、可燃气体管道、热力管道敷设在同一管沟内，故不选 C。根据该规范第 10.2.4 条，开关、插座和照明灯具靠近可燃物时，应采取隔热、散热等防火措施。卤钨灯和额定功率不小于 100 W 的白炽灯泡的吸顶灯、槽灯、嵌入式灯，其引入线应采用瓷管、矿棉等不燃材料作隔热保护。额定功率不小于 60 W 的白炽灯、卤钨灯、高压钠灯、金属卤化物灯、荧光高压汞灯（包括电感镇流器）等，不应直接安装在可燃物体上或采取其他防火措施。故选 D、E。

83. ADE 本题考查的知识点是建筑材料燃烧性能等级和附件信息标识内容。根据《建筑材料及制品燃烧性能分级》第 4 章，建筑材料及制品的燃烧性能等级分为 A 级、B_1 级、B_2 级、B_3 级，故选 A。B_3 级为易燃材料，故不选 B。根据该规范附录第 B.2 条，附加信息标识 s1 为产烟特性等级。故不选 C。根据该规范附录第 B.1.2 条，A_2 级、B 级和 C 级建筑材料及制品应给出以下附加信息：产烟特性等级、燃烧滴落物/微粒等级（铺地材料除外)、烟气毒性等级。故选E。根据该规范附录第B.1.3条，D级建筑材料及制品应给出以下附加信息：产烟特性等级；燃烧滴落物/微粒等级。故选D。

84. BCE 本题考查的知识点是燃烧基础理论。液体燃烧的典型特征有闪燃、沸溢、喷溅，故选B、C、E。

85. BCD 本题考查的知识点是高层建筑内部装修要求及装修材料等级划分。根据《建筑内部装修设计防火规范》第3.0.2条条文说明，常用建筑内部装修材料燃烧性能等级划分举例规定，天然木材为B_2级，难燃羊毛毯为B_1级，石膏板为A级，纯毛挂毯为B_2级。根据《建筑设计防火规范》第5.1.1条，建筑高度为86 m的酒店是一类高层公共建筑。根据《建筑内部装修设计防火规范》第5.2.1条，建筑面积为400 m^2的会议厅的墙面用B_1级材料，天然木材为B_2级，不符合要求，故不选A。建筑面积为20 m^2的客房铺设的地面用B_1级材料，难燃羊毛毯符合要求，故选B。建筑面积为100 m^2的娱乐场所顶棚应为A级材料，石膏板符合要求，故选C。建筑面积为150 m^2的餐厅内采用B_2级家具，木制桌椅符合要求，故选D。建筑面积为150 m^2的办公室内装饰用B_1级材料，纯毛挂毯为B_2级，不符合要求，故不选E。

86. ABCD 根据《消防给水及消火栓系统技术规范》第7.1.6条，干式消火栓系统当采用雨淋阀、电磁阀和电动阀时，在消火栓箱处应设置直接开启快速启闭装置的手动按钮，故选B。根据该条的条文说明，当干式消火栓系统采用干式报警阀时如同干式自动喷水灭火系统。根据《自动喷水灭火系统设计规范》第11.0.1条，湿式系统、干式系统应由消防水泵出水干管上设置的压力开关、高位消防水箱出水管上的流量开关和报警阀组压力开关直接自动启动消防水泵。故选A、C、D。根据《火灾自动报警系统设计规范》第4.3.1条的条文说明，当建筑物内无火灾自动报警系统时，消火栓按钮用导线直接引至消防泵控制箱（柜），启动消防泵，故不选E。

87. ABDE 本题考查的知识点是石油化工企业储罐区设置。根据《石油化工企业设计防火标准》第6.2.6条，罐组的总容积应符合下列规定：①浮顶罐组的总容积不应大于600 000 m^3，故选A。②内浮顶罐组的总容积：采用钢制单盘或双盘时不应大于360 000 m^3；采用易熔材料制作的内浮顶及其与采用钢制单盘或双盘内浮顶的混合罐组不应大于240 000 m^3；故选B，不选C。③固定顶罐组的总容积不应大于120 000 m^3，故选D。④固定顶罐和浮顶、内浮顶罐的混合罐组的总容积不应大于120 000 m^3，故选E。

88. BCE 本题考查的知识点是稳压泵的设置。根据《消防给水及消火栓系统技术规范》第5.3.2条，消防给水系统管网的正常泄漏量应根据管道材质、接口形式等确定，当没有管网泄漏量数据时，稳压泵的设计流量宜按消防给水设计流量的1%~3%计，且不宜小于1 L/s，故不选A。根据该规范第5.3.3条第3款，稳压泵的设计压力应保持系统最不利点处水灭火设施在准工作状态时的静水压力应大于0.15 MPa，故选B。根据该规范第5.3.4条，设置稳压泵的临时高压消防给水系统应设置防止稳压泵频繁启停的技术措施，当采用气压水罐时，其调节容积应根据稳压泵启泵次数不大于15次/h计算确定，但有效储水容积不宜小于150 L，故选C。根据该规范第5.3.5条，稳压泵吸水管应设置明杆闸阀，稳压泵出水管应设置消声止回阀和明杆闸阀，故不选D。根据该规范第5.3.3条第1款，稳压泵的设计压力应满足系统自动启动和管网充满水的要求，故选E。

89. AC 根据《自动喷水灭火系统设计规范》第11.0.1条，湿式系统、干式系统应由消防水泵出水干管上设置的压力开关、高位消防水箱出水管上的流量开关和报警阀组压力开关直接自动启动消防水泵，直接启动即使用专用线路接到水泵控制器实现启动，不经过火灾自动报警系统，也不受火灾自动报警系统控制，故选A，不选D。当水泵控制器处于手动状态时，消防水泵无法从远程启动，只能在水泵房现场手动启动，故选C，不选B。根据《消防给水及消火栓系统技术规范》第11.0.12条的条文说明，压力开关、流量开关等弱电信号和硬拉线是通过继电器来自动启动消防泵的，如果弱电信号因故障或继电器等故障不能自动或手动启动消防泵时，应依靠消防泵房设置的机械应急启动装置启动消防泵，故不选E。

90. AC 本题考查的知识点是加油加气站报警系统。根据《汽车加油加气加氢站技术标准》第13.4.1条，加气站、加油加气合建站、加油加氢合建站内设置有LPG设备、LNG设备的露天场所和设置有CNG设备、氢气设备与液氢设备的房间内、箱柜内、罩棚下，应设置可燃气体检测器，故选A。根据该标准第13.4.2条，可燃气体检测器一级报警设定值应小于或等于可燃气体爆炸下限的25%，故不选B。根据该标准第13.4.3条，LPG储罐和LNG储罐应设置液位上限、下限报警装置和压力上限报警装置，故选C。根据该标准第13.4.4条，报警器宜集中设置在控制室或值班室内，故不选D。根据该标准第13.4.5条，报警系统应配有不间断电源，供电时间不宜少于60 min，故不选E。

91. ABE 本题考查的知识点是地铁站的排烟设施。根据《地铁设计防火标准》第8.1.1条，下列场所应设置排烟设施：①地下或封闭车站的站厅、站台公共区，故选A。②同一个防火分区内总建筑面积大于200 m²的地下车站设备管理区，地下单个建筑面积大于50 m²且经常有人停留或可燃物较多的房间，故选B。③连续长度大于一列列车长度的地下区间和全封闭车道，故不选C。④车站设备管理区内长度大于20 m的内走道，长度大于60 m的地下换乘通道、连接通道和出入口通道，故不选D，选E。

92. BE 本题考查的知识点是燃煤电厂的平面布置。根据《火力发电厂与变电站设计防火标准》第4.0.8条第2款，消防站车库正门应朝向厂区道路，距厂区道路边缘不宜小于15 m，故不选A。根据该标准第4.0.10条，厂区采用阶梯式竖向布置时，可燃液体储罐区不宜毗邻布置在高于全厂重要设施或人员集中场所的台阶上。确需毗邻布置在高于上述场所的台阶上时，应采取防止火灾蔓延和可燃液体流散的措施。故选B。根据该标准第4.0.11条第2款，点火油罐区四周应设置1.8 m高的围墙；当利用厂区围墙作为点火油罐区的围墙时，该段厂区围墙应为2.5 m高的实体围墙，故不选C。根据该标准第4.0.12条，制氢站、供氢站宜布置为独立建（构）筑物；四周应设置不低于2.5 m高的不燃烧体实体围墙；故不选D。根据该标准第4.0.13条第1款，液氨区应单独布置在通风条件良好的厂区边缘地带，避开人员集中活动场所和主要人流出入口，并宜位于厂区全年最小频率风向的上风侧，故选 E。

93. ADE　本题考查的知识点是高层厂房疏散楼梯宽度计算问题。根据《建筑设计防火规范》第 3.7.5 条，厂房内疏散楼梯、走道、门的各自总净宽度，应根据疏散人数按每百人的最小疏散净宽度不小于下表的规定计算确定。但疏散楼梯的最小净宽度不宜小于 1.1 m，疏散走道的最小净宽度不宜小于 1.4 m，门的最小净宽度不宜小于 0.9 m。当每层疏散人数不相等时，疏散楼梯的总净宽度应分层计算，下层楼梯总净宽度应按该层及以上疏散人数最多一层的疏散人数计算。首层外门的总净宽度应按该层及以上疏散人数最多一层的疏散人数计算，且该门的最小净宽度不应小于 1.2 m。

厂房内疏散楼梯、走道和门的每百人最小疏散净宽度

厂房层数/层	1~2	3	≥4
最小疏散净宽度/(m/百人)	0.6	0.8	1

首层外门的净宽度为应按该层及以上疏散人数最多一层的疏散人数计算，取 260 人，建筑高度为 5 层，百人疏散净宽度指标取 1 m/百人，得到首层外门净宽度应不小于 $260 \div 100 \times 1 = 2.6$（m），故不选 C。二层至一层的疏散楼梯总净宽度应不小于 2.6 m，故不选 B。三层至二层的疏散楼梯总净宽度应不小于 $200 \div 100 \times 1 = 2$（m），故选 D。四层至三层的疏散楼梯总净宽度应不小于 2 m，故选 A。根据该规范第 3.7.6 条规定，高层厂房和甲、乙、丙类多层厂房的疏散楼梯应采用封闭楼梯间或室外楼梯。建筑高度大于 32 m 且任一层人数超过 10 人的厂房应采用防烟楼梯间或室外楼梯。故选 E。

94. ACD　本题考查的知识点是灭火器的配置。根据《建筑灭火器配置设计规范》第 4.2.1 条，A 类火灾场所应选择水型灭火器、磷酸铵盐干粉灭火器、泡沫灭火器或卤代烷灭火器。该医疗仓库属于 A 类火灾场所，故选 A、C、D。

95. ABC　本题考查的知识点是自动喷水灭火系统的设计要求。根据《自动喷水灭火系统设计规范》第 5.0.15 条，当采用防护冷却系统保护防火卷帘、防火玻璃墙等防火分隔设施时，系统应独立设置，故选 A。根据该条第 1 款，喷头设置高度不应超过 8 m；当设置高度为 4~8 m 时，应采用快速响应洒水喷头，故选 C。根据该条第 2 款，喷头设置高度不超过 4 m 时，喷水强度不应小于 0.5 L/(s·m)；当超过 4 m 时，每增加 1 m，喷水强度应增加 0.1 L/(s·m)。题干中喷头高度为 5 m，喷水强度应为 0.6 L/(s·m)，故不选 D。根据该条第 3 款，喷头的设置应确保喷洒到被保护对象后布水均匀，喷头间距应为 1.8~2.4 m；喷头溅水盘与防火分隔设施的水平距离不应大于 0.3 m，故不选 E。根据该条第 4 款，持续喷水时间不应小于系统设置部位的耐火极限要求，故选 B。

96. AB　本题考查的知识点是泡沫灭火系统的设计要求。根据《泡沫灭火系统技术标准》第 4.1.10 条，储罐区固定式系统应具备半固定式系统功能，故选 A。根据该标准第 4.2.2 条，泡沫混合液供给强度及连续供给时间应符合下列规定：非水溶性液体储罐液上喷射系统，固定式泡沫混合液供给强度不应小于 6 L/(min·m²)，故选 B。对于甲类液体，氟蛋白泡沫液连续供给时间不应小于 60 min，故不选 C。根据该标准第 4.1.11 条，固定式

系统的设计应满足自泡沫消防水泵启动至泡沫混合液或泡沫输送到保护对象的时间不大于 5 min 的要求，故不选 D。根据该标准第 4.2.3 条，液上喷射系统泡沫产生器的设置，应符合下列规定：当储罐直径大于 30 m 且不大于 35 m 时，数量不少于 4 个，故不选 E。

97. **ABCE** 本题考查的知识点是泡沫灭火系统管道的材质要求。根据《泡沫灭火系统技术标准》第 3.7.3 条，低倍数泡沫灭火系统的水与泡沫混合液及泡沫管道应采用钢管，故选 A。根据该标准第 3.7.4 条，中倍数泡沫灭火系统的干式管道宜采用镀锌钢管，故选 B。高倍数泡沫产生器与其管道过滤器的连接管道应采用奥氏体不锈钢管，故选 C。根据该标准第 3.7.5 条，泡沫液管道应采用奥氏体不锈钢管，故不选 D。根据该标准第 3.7.7 条，泡沫–水喷淋系统的管道应采用热镀锌钢管，故选 E。

98. **ABDE** 本题考查的知识点是预作用系统的设计要求。根据《自动喷水灭火系统设计规范》第 5.0.17 条，利用有压气体作为系统启动介质的干式系统和预作用系统，其配水管道内的气压值应根据报警阀的技术性能确定；利用有压气体检测管道是否严密的预作用系统，配水管道内的气压值不宜小于 0.03 MPa，且不宜大于 0.05 MPa。故选 A、B。根据该规范第 6.1.4 条，预作用系统应采用直立型洒水喷头或干式下垂型洒水喷头，故不选 C，选 D。根据该规范第 11.0.2 条，预作用系统应由火灾自动报警系统、消防水泵出水干管上设置的压力开关、高位消防水箱出水管上的流量开关和报警阀组压力开关直接自动启动消防水泵，故选 E。

99. **AC** 本题考查的知识点是柴油发电机房设施要求。根据《建筑设计防火规范》第 5.4.13 条第 1 款和第 2 款，布置在民用建筑内的柴油发电机房应符合下列规定：宜布置在首层或地下一、二层。不应布置在人员密集场所的上一层、下一层或贴邻。本题柴油发电机房设置在地下一层，首层为商场，属于人员密集场所，故选 A。根据该条第 3 款，柴油发电机房应采用耐火极限不低于 2.00 h 的防火隔墙和不低于 1.50 h 的不燃性楼板与其他部位分隔，门应采用甲级防火门，故不选 B。根据该条第 4 款，机房内设置储油间时，其总储存量不应大于 1 m³，储油间应采用耐火极限不低于 3.00 h 的防火隔墙与发电机间分隔；确需在防火隔墙上开门时，应设置甲级防火门。故选 C。根据该条第 6 款，应设置与柴油发电机容量和建筑规模相适应的灭火设施，当建筑内其他部位设置自动喷水灭火系统时，机房内应设置自动喷水灭火系统。本建筑设置自动喷水灭火系统，所以该建筑柴油发电机房也应设自动喷水灭火系统，故不选 D。根据该规范第 5.1.1 条，本建筑高度为 85 m，属于一类高层公共建筑。根据该规范第 5.1.3 条，民用建筑的耐火等级应根据其建筑高度、使用功能、重要性和火灾扑救难度等确定，并应符合下列规定：地下或半地下建筑（室）和一类高层建筑的耐火等级不应低于一级；本题属于耐火等级为一级的一类高层公共建筑。根据该规范第 4.2.1 条，柴油属于丙类可燃液体，容量为 5 m³ 的丙类液体储罐与一级耐火等级的高层民用建筑的防火间距为 40 m。根据该规范第 4.2.1 条注释，直埋地下的甲、乙、丙类液体卧式罐，当单罐容量不大于 50 m³，总容量不大于 200 m³ 时，与建筑物的防火间距可按规范规定减少 50%。本题按照 40×50%=20（m），故不选 E。

100. **ACD** 本题考查的知识点是体育馆的人员安全疏散设计分析。根据《建筑设防火规范》第5.5.20条及其条文说明，对于体育馆观众厅的人数容量，表5.5.20-2中规定的疏散宽度指标，按照观众厅容量的大小分为三档：3 000～5 000人、5 001～10 000人和10 001～20 000人。每个档次中所规定的百人疏散宽度指标（m/百人），是根据人员出观众厅的疏散时间分别控制在3 min、3.5 min、4 min来确定的，故选A，不选B。题干中每个疏散门的宽度为2.2 m，根据该规范第5.5.20条的条文说明，疏散1股人流需要0.55 m考虑，2.2÷0.55=4，则2.2 m为4股人流所需宽度，故不选E。选项C观众厅设计22个疏散门，则每个疏散门的平均疏散人数为10 000÷22≈455（人）；又根据该规范第5.5.16条的条文说明，池座平坡地面按43人/min，楼座阶梯地面按37人/min，本题为阶梯地面，取每股人流通过能力为37人/min，疏散门宽设计为2.2 m，可通过4股人流，则通过每个疏散门需要的疏散时间为455/（4×37）≈3.1（min），疏散时间控制在3.5 min以内，则疏散门的设计数量符合要求，故选C。根据该规范表5.5.20-2，观众厅座位数为5 001～10 000座，阶梯地面的百人疏散净宽度为0.43 m/百人，故选D。

后 记

为适应注册消防工程师资格考试的需要,根据注册消防工程师资格考试大纲、考试教材及相关国家标准规范,我们组织消防领域专家、学者经多次研讨,对历年考试情况进行了梳理,编写了"注册消防工程师资格考试辅导用书"之模考通关试卷系列考试辅导用书,分三册,包括《消防安全技术实务模考通关试卷》《消防安全技术综合能力模考通关试卷》《消防安全案例分析模考通关试卷》。

模考通关试卷系列考试辅导用书,与考前冲刺系列考试辅导用书相配套,旨在适应应试人员考前冲刺需求,提供考前冲刺套题。内容上,由作者参考历年试题难度,结合知识点出现频度,组织编写了5套试卷,并予以详细解析,建议应试人员结合考试时间安排,自选时间进行模拟练兵。

《消防安全技术实务模考通关试卷》编写人员由中国人民警察大学消防专业教育专家组成,编写分工如下:韩海云编写第一套题,王滨滨编写第二套题,张福东编写第三套题,杨卫国编写第四套题,赵杨编写第五套题。

虽然编写成员精益求精,但是由于水平有限,书中难免有错漏和不足之处,恳请广大读者批评指正。

注册消防工程师资格考试辅导用书编委会

2023年1月